Die Übersichten

Extraseiten: Mit den farbig markierten Extraseiten können Sie Lerninhalte anwenden, üben und vertiefen.

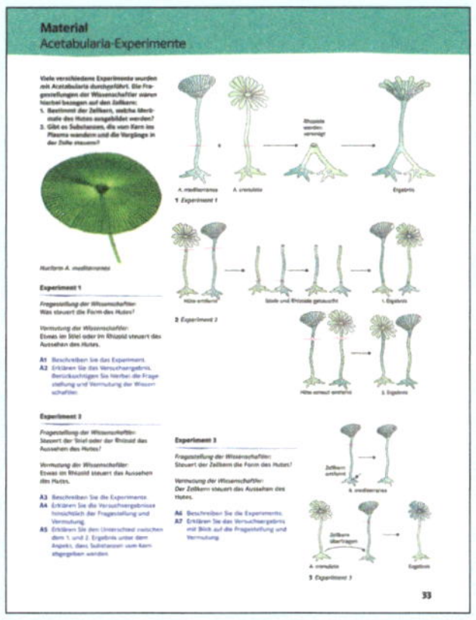

Material

Mit den Inhalten dieser Seiten üben Sie, selbstständig komplexe Aufgaben zu lösen – auch eine gute Vorbereitung auf Klausuren und das Abitur.

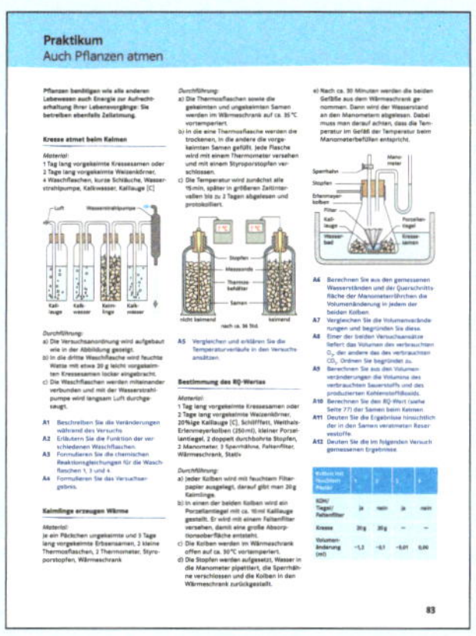

Praktikum

Hier arbeiten Sie praktisch, indem Sie Experimente planen, durchführen und auswerten.

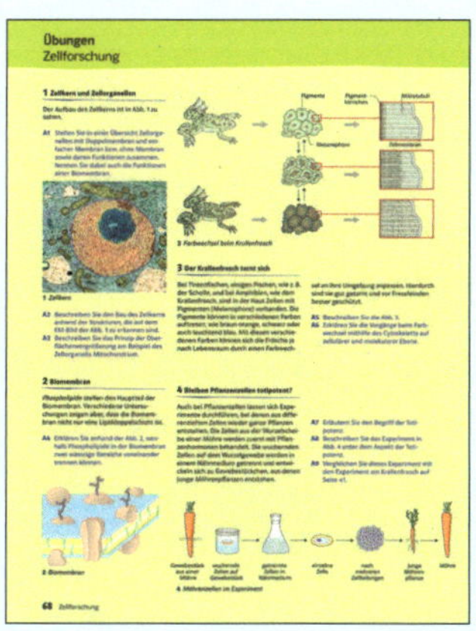

Übungen

Am Ende jedes Kapitels finden Sie eine Zusammenfassung und Aufgaben zum Üben für Klausur und Abitur.

Die Lösungen zu diesen Aufgaben finden Sie am Ende des Buches.

Methoden

Diese Seiten zeigen Ihnen die grundlegenden Methoden im Überblick. Hier können Sie bei der Arbeit mit dem Buch immer wieder nachschlagen.

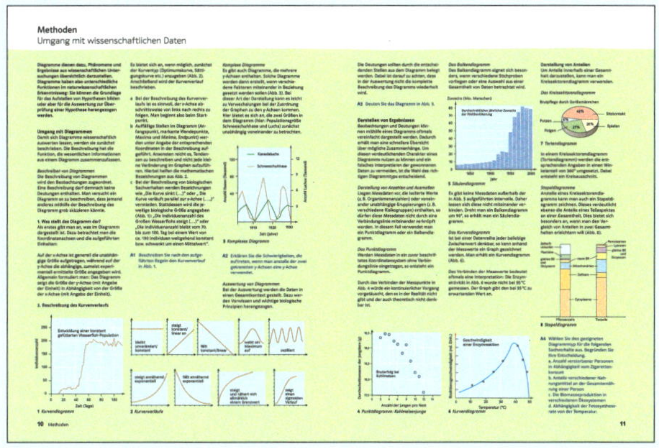

Basiskonzepte

Auf diesen Seiten werden grundlegende Prinzipien der Biologie vorgestellt.

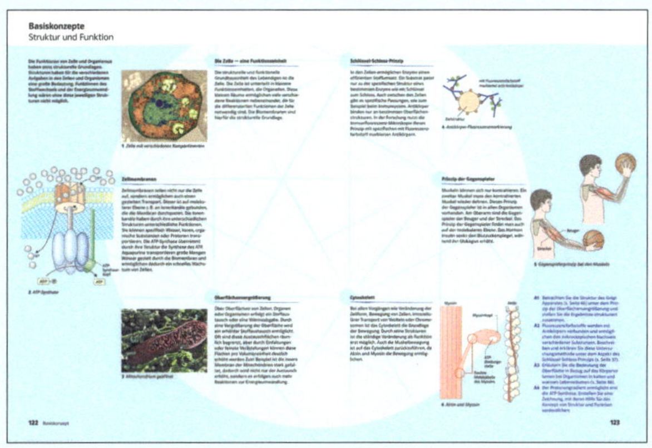

Glossar

Die wichtigsten Fachbegriffe zu den Themen werden kurz und prägnant erklärt.

Aufgaben mit Anforderungsbereichen

Die Schwierigkeit der Aufgaben ist abgestuft in einfach, mittel und schwierig.

○ Anforderungsbereich I (einfach)
◒ Anforderungsbereich II (mittel)
● Anforderungsbereich III (schwierig)

Laura Graebe

NATURA

Biologie für Gymnasien

bearbeitet von

Horst Bickel
Inga Bokelmann
Mirko Schäfer

Einführungsphase

Ernst Klett Verlag
Stuttgart • Leipzig

t4e5z2

Gefahren und Experimente im Unterricht

Eine Naturwissenschaft wie Biologie ist ohne Experimente nicht denkbar. Auch in Natura Oberstufe findet sich eine Reihe von Versuchen.

Experimentieren mit Chemikalien ist jedoch nie völlig gefahrlos. Deswegen ist es wichtig, vor jedem Versuch mit dem Lehrer die möglichen Gefahrenquellen zu besprechen. Insbesondere müssen immer wieder die im Labor selbstverständlichen Verhaltensregeln beachtet werden. Die Vorsichtsmaßnahmen richten sich nach der Gefahr durch die jeweils verwendeten Stoffe.

Die geltenden Richtlinien zur Vermeidung von Unfällen beim Experimentieren sind zu beachten.

Da Experimentieren grundsätzlich umsichtig erfolgen muss, wird auf die üblichen Verhaltensregeln und die Regeln für die Sicherheit und den Gesundheitsschutz beim Umgang mit Gefahrstoffen im Unterricht nicht bei jedem Versuch gesondert hingewiesen.

Beim Experimentieren muss immer eine Schutzbrille getragen werden.

Zu gefährlichen Stoffen und Gefahrensymbolen erhalten Sie Informationen mit dem oben genannten Code.

1. Auflage

1 9 8 7 6 5 | 22 21 20 19 18

Alle Drucke dieser Auflage sind unverändert und können im Unterricht nebeneinander verwendet werden.
Die letzte Zahl bezeichnet das Jahr des Druckes.

Autoren: Dr. Horst Bickel, Inga Bokelmann, Mirko Schäfer
Wissenschaftliche Fachberatung: Prof. Dr. Susanne Bickel, Prof. Dr. Siegfried Kluge

Redaktion: Rolf Strecker
Mediengestaltung: Ingrid Walter

Gestaltung: normaldesign GbR, Schwäbisch Gmünd
Umschlaggestaltung: normaldesign GbR, Schwäbisch Gmünd; unter Verwendung folgender Fotos:
1. Getty Images RF (Glowimages), München; 2. Corbis (Jeff Kerr / Science Photo Library), Düsseldorf; 3. Corbis (Andrew Syred / Science Photo Library), Düsseldorf

Illustrationen: Wolfgang Herzig, grafik-design, Essen; Jörg Mair, München; Otto Nehren, Achern; Ingrid Schobel, Illustration und Kartographie, München; Nora Wirth, Frankfurt, sowie Prof. Jürgen Wirth, Visuelle Kommunikation, Dreieich, unter Mitarbeit von Matthias Balonier und Evelyn Junqueira
Reproduktion: Meyle + Müller, Medien-Management, Pforzheim
Druck: PASSAVIA Druckservice GmbH & Co. KG, Passau

Printed in Germany
ISBN 978-3-12-045451-9

9 783120 454519

Inhalt

Arbeitsmethoden in der Biologie

1 Zellforschung

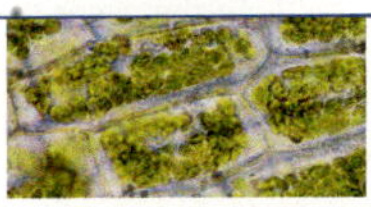

2 Energiestoffwechsel

Basiskonzepte

Anhang

Methoden
Wie forschen Biologen?

Die Biologie ist eine Naturwissenschaft. Sie erforscht die Natur und besonders das Leben. Neue naturwissenschaftliche Erkenntnisse können nur durch Beobachtungen und Experimente gewonnen werden. Diese können im Bereich der Organismen, der Zellen oder molekularer Vorgänge liegen.

Phänomene beobachten
Biologische Phänomene lassen sich direkt in der Natur oder im Labor beobachten. Einige Phänomene können direkt beobachtet werden, andere nur mithilfe des Mikroskops oder anderer technischer Geräte. Hierbei sind bei den Untersuchungen Grenzen durch die Entwicklung der Geräte gegeben. Den Feinbau einer Zelle konnte man beispielsweise erst untersuchen, nachdem das Elektronenmikroskop entwickelt worden war und für die Zelluntersuchungen zur Verfügung stand.

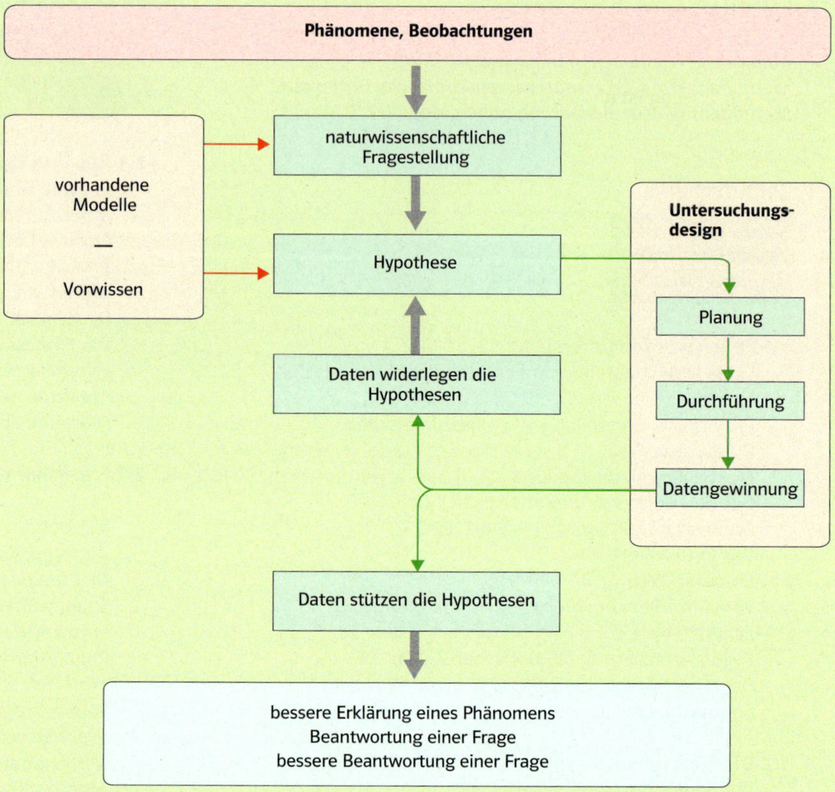

4 *Naturwissenschaftliche Fragestellung*

1 *Forschung an Organismen*

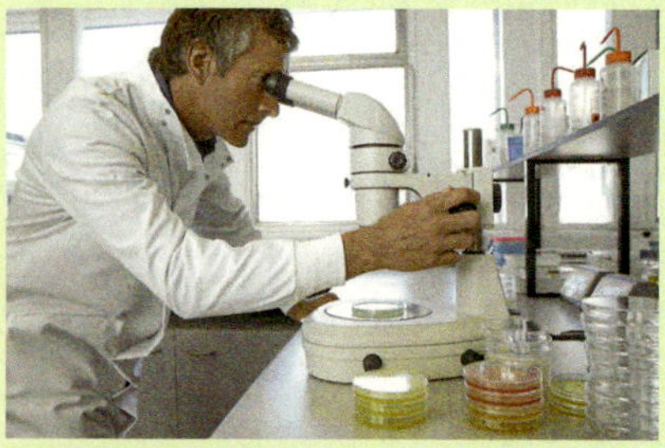
2 *Forschung auf Zellebene*

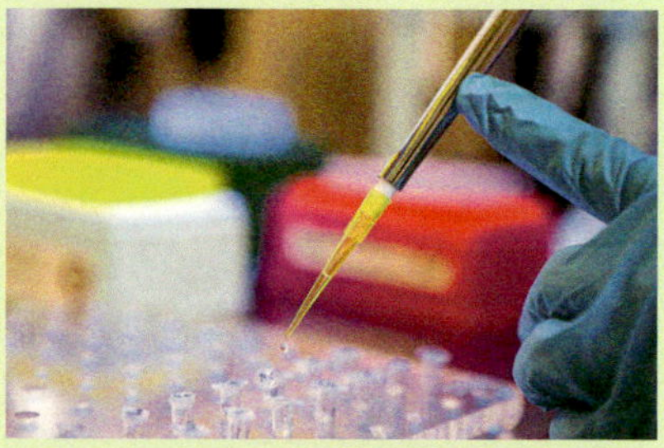
3 *Forschung auf Molekülebene*

Beobachtungen an Organismen, wie das Wachstum von Pflanzen, lassen sich direkt in der Natur ohne technische Hilfsmittel durchführen. Die meisten Pflanzen wachsen dabei in die Richtung des Lichts. Dieser Vorgang hat eine große biologische Bedeutung, da die meisten Pflanzen Licht zur Fotosynthese benötigen. Besonders bei Gräsern, wie z. B. Getreide, ist dies gut zu beobachten (Abb. 5).

5 *Keimendes Getreide*

Fragestellungen entwickeln
Die Beobachtung des Phänomens, dass Gräser sich beim Wachstum nach dem Licht ausrichten, führte zu wissenschaftlichen Fragestellungen, welcher Teil der Pflanze für diese Lichteinwirkung zuständig ist. Ist es die *Coleoptile*, eine Schutzhülle um das erste Blatt der Pflanze, oder sind es weitere noch nicht erkennbare Faktoren, die eine Rolle spielen?

Weiterführende Fragestellungen sind möglich, da nicht nur das Pflanzenteil, sondern auch der Wirkungsmechanismus des Lichts auf die Pflanze untersucht werden könnte. Für ein eindeutiges zuverlässiges Experiment, durch das auch eine eindeutige Antwort gefunden werden soll, ist eine präzise Fragestellung notwendig (Abb. 4).

Die Frage kann nicht durch Überlegungen beantwortet werden. Hier muss ein Experiment oder auch mehrere durchgeführt werden. Die erste Fragestellung der Wissenschaftler war in diesem Beispiel: Welcher Teil der Coleoptile ist für die Ausrichtung der Pflanze zum Licht verantwortlich?

Hypothesenbildung

Die Hypothesenbildung erfolgt aus der Fragestellung. Eine Hypothesenbildung ohne Fragestellung ist nicht möglich, da sie eine mögliche Antwort zu einer Fragestellung darstellt. Die Fragestellung wird mit bereits vorhandenem Vorwissen zu diesen Phänomenen und einer möglichst exakten Recherche in der Fachliteratur erweitert (Abb. 4). In diesem Beispiel können drei Hypothesen aufgestellt werden:

1. Die Coleoptilenspitze steuert das Wachstum der Pflanze in die Richtung des Lichts.
2. Die seitliche Pflanzenfläche steuert das Wachstum der Pflanze in die Richtung des Lichts.
3. Die Spitze und die seitliche Fläche steuern das Wachstum in die Richtung des Lichts.

Experimente durchführen

Experimente werden nun passend zur Überprüfung der Hypothesen entwickelt (Abb. 4). Manchmal können es auch verschiedene Experimente sein, die zu einer Fragestellung passen. Es muss jedoch beachtet werden, dass immer nur ein Faktor verändert wird, da ansonsten keine Aussage möglich ist, welcher der verschiedenen Faktoren die entscheidende Rolle spielt (Abb.4). Gleichzeitig müssen die Experimente so geplant werden, dass sie immer wiederholbar sind. Es wurden vier verschiedene Experimente durchgeführt, die eine Klärung der Fragestellung erbringen sollten (Abb. 6):

a) Die Coleoptile blieb unverändert.
b) Die Spitze der Coleoptile wurde entfernt.
c) Die Spitze der Coleoptile wurde mit einer lichtundurchlässigen Kappe versehen.
d) Die Seitenflächen der Coleoptile wurden mit lichtundurchlässigem Material ummantelt.

Danach wurden die Pflanzen in allen Experimenten seitlich belichtet. Bei den experimentell nicht veränderten Pflanzen zeigte sich, dass eine Bewegung zum Licht erfolgte (a). Ein Fehler im Versuchsaufbau konnte durch dieses Kontrollexperiment ausgeschlossen werden.

Ergebnisse der Experimente

Die Daten aus den Experimenten wurden aufgezeichnet und ausgewertet. Bei diesen Experimenten waren es nicht viele Messdaten, sondern nur die Untersuchungsergebnisse, ob sich die präparierten wachsenden Pflanzen in die Richtung des Lichts bewegt haben oder nicht. Es müssen immer mehrere Pflanzen in einem Versuchsansatz getestet werden, um zufällige Reaktionen von einzelnen Pflanzen auszuschließen.

Diskussion der Ergebnisse

Die Ergebnisse der Experimente wurden nun mit den Hypothesen verglichen. Beim Versuchsansatz a) zeigte sich, dass die Pflanzen auf das Licht reagierten. Mit den Versuchsansätzen b) und c) konnte gezeigt werden, dass das Entfernen bzw. das Abdecken der Coleoptilenspitze die Ausrichtung zum Licht verhindert. Das Ergebnis aus Versuch d) schloss die Bedeutung der seitlichen Fläche für die Ausrichtung zum Licht endgültig aus. Die Hypothese 1 zu der Fragestellung der Wissenschaftler konnte durch die Versuche b) und c) unterstützt und gefestigt werden. Die Hypothese 3 wurde hierdurch widerlegt. Durch das Ergebnis aus dem Versuch d) wurde die Hypothese 2 und 3 widerlegt, da keine Änderung beobachtet werden konnte. Versuch d) stützt dadurch zusätzlich die Hypothese 1.

Bessere Erklärbarkeit

Weitere Fragestellungen blieben trotzdem offen, da das Phänomen nicht erklärt werden konnte. Hierzu war eine weitere naturwissenschaftliche Fragestellung notwendig: Wodurch wird die Krümmung durch die Coleoptile gesteuert? Anhand von vorhandenem Vorwissen aus anderen Experimenten von anderen Wissenschaftlern stellte man die Hypothese auf: „Chemische Substanzen steuern die Krümmung der Pflanze".

Erweiterte Experimente

Sind chemische Substanzen bei diesem Vorgang beteiligt, müssten sie auch ohne direkte Verbindung der Coleoptile zur restlichen Pflanze wirken können. Eine feste gelatineartige Substanz, durch die sich chemische Substanzen bewegen (diffundieren) können, eignen sich für solche Untersuchungen. Hierzu wurden die Coleoptilenspitzen abgeschnitten und ein Gelatineblock wird zwischen die Pflanze und die Spitze gelegt (Abb. 7).

Ein Teil der präparierten Pflanzen wurde eine Zeit ohne Licht gehalten. Sie veränderten ihre Wachstumsrichtung nicht. Dieser Ansatz diente als Kontrollversuch, ob die Gelatine eine Wirkung ausübt. Ein zweiter Teil der präparierten Pflanzen wurde seitlich, belichtet. Die Pflanzen wuchsen nach einiger Zeit in die Richtung des Lichts.

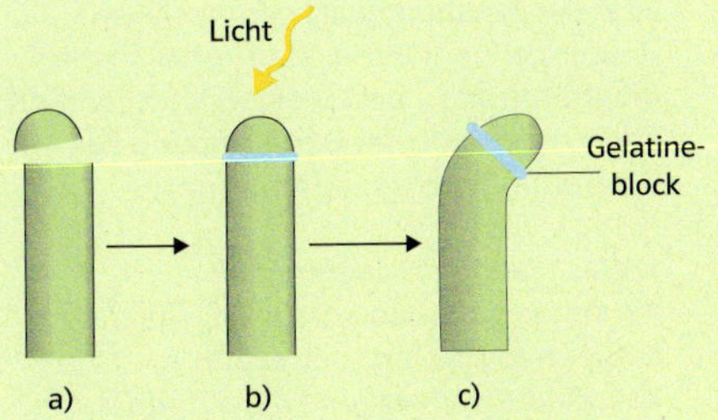

7 *Experiment zu chemischen Substanzen*

Experimente auswerten

Die Ergebnisse des Experiments zeigten, dass auch ohne direkte Verbindung der Coleoptile zur restlichen Pflanze eine Ausrichtung zum Licht erfolgt. Dieses Ergebnis wird nun mit der aufgestellten Hypothese verglichen. Die erweiterte Hypothese wurde bestätigt. Für die Krümmung sind chemische Substanzen verantwortlich, da kein direkter Kontakt zwischen den Pflanzenteilen besteht.

A1 Erklären Sie, weshalb eine naturwissenschaftliche Fragestellung nur über Experimente beantwortet werden kann.

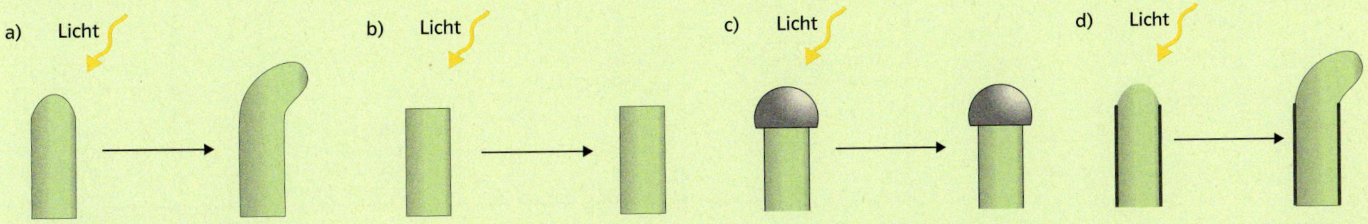

6 *Experimente zur Coleoptile*

Methoden
Wie wertet man wissenschaftliche Daten aus?

Diagramme dienen dazu, Phänomene und Ergebnisse aus wissenschaftlichen Untersuchungen übersichtlich darzustellen. Diagramme haben also unterschiedliche Funktionen im naturwissenschaftlichen Erkenntnisweg: Sie können die Grundlage für das Aufstellen von Hypothesen bilden oder aber für die Auswertung zur Überprüfung einer Hypothese herangezogen werden.

Umgang mit Diagrammen
Damit sich Diagramme wissenschaftlich auswerten lassen, werden sie zunächst beschrieben. Die Beschreibung hat die Funktion, die wesentlichen Informationen aus einem Diagramm zusammenzufassen.

Beschreiben von Diagrammen
Die Beschreibung von Diagrammen wird den Beobachtungen zugeordnet. Eine Beschreibung darf demnach keine Deutungen enthalten. Man versucht ein Diagramm so zu beschreiben, dass jemand anderes mithilfe der Beschreibung das Diagramm grob skizzieren könnte.

1. Was stellt das Diagramm dar?
Als erstes gibt man an, was im Diagramm dargestellt ist. Dazu betrachtet man die Koordinatenachsen und die aufgeführten Einheiten:

Auf der x-Achse ist generell die unabhängige Größe aufgetragen, während auf der y-Achse die abhängige, zumeist experimentell ermittelte Größe angegeben wird. Allgemein formuliert man: Das Diagramm zeigt die Größe der y-Achse (mit Angabe der Einheit) in Abhängigkeit von der Größe der x-Achse (mit Angabe der Einheit).

2. Beschreibung des Kurvenverlaufs
Es bietet sich an, wenn möglich, zunächst den Kurventyp (Optimumskurve, Sättigungskurve etc.) anzugeben (Abb. 2). Anschließend wird der Kurvenverlauf beschrieben.

a) Bei der Beschreibung des Kurvenverlaufs ist es sinnvoll, der x-Achse abschnittsweise von links nach rechts zu folgen. Man beginnt also beim Startpunkt.
b) Auffällige Stellen im Diagramm (Anfangspunkt, markante Wendepunkte, Maxima und Minima, Endpunkt) werden unter Angabe der entsprechenden Koordinaten in der Beschreibung aufgeführt. Ansonsten reicht es, Tendenzen zu beschreiben und nicht jede kleine Veränderung im Graphen aufzuführen. Hierbei helfen die mathematischen Bezeichnungen aus Abb. 2.
c) Bei der Beschreibung von biologischen Sachverhalten werden Bezeichnungen wie „Die Kurve sinkt (…)" oder „Die Kurve verläuft parallel zur x-Achse (…)" vermieden. Stattdessen wird die jeweilige biologische Größe angegeben (Abb. 1): „Die Individuenanzahl des Großen Wasserflohs steigt (…)" oder „Die Individuenanzahl bleibt vom 70. bis zum 100. Tag bei einem Wert von ca. 190 Individuen weitgehend konstant bzw. schwankt um einen Mittelwert".

A1 Beschreiben Sie nach den aufgeführten Regeln den Kurvenverlauf in Abb. 1.

Komplexe Diagramme
Es gibt auch Diagramme, die mehrere y-Achsen enthalten. Solche Diagramme werden dann erstellt, wenn verschiedene Faktoren miteinander in Beziehung gesetzt werden sollen (Abb. 3). Bei dieser Art der Darstellung kann es leicht zu Verwechslungen bei der Zuordnung der Graphen zu den y-Achsen kommen. Hier bietet es sich an, die zwei Größen in dem Diagramm (hier: Populationsgröße Schneeschuhhase und Luchs) zunächst unabhängig voneinander zu betrachten.

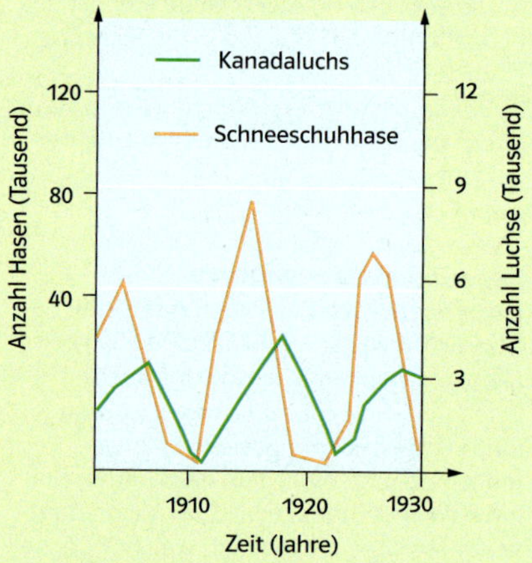

3 *Komplexes Diagramm*

A2 Erklären Sie die Schwierigkeiten, die auftreten, wenn man anstelle der zwei getrennten y-Achsen eine y-Achse verwendet.

Auswertung von Diagrammen
Bei der Auswertung werden die Daten in einen Gesamtkontext gestellt. Dazu werden Vorwissen und wichtige biologische Prinzipien herangezogen.

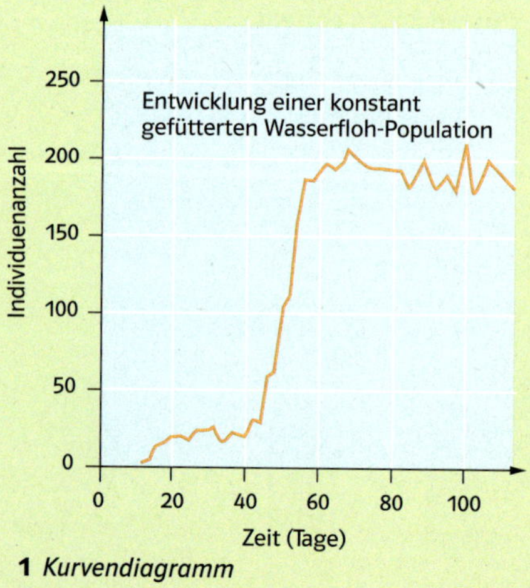

1 *Kurvendiagramm*

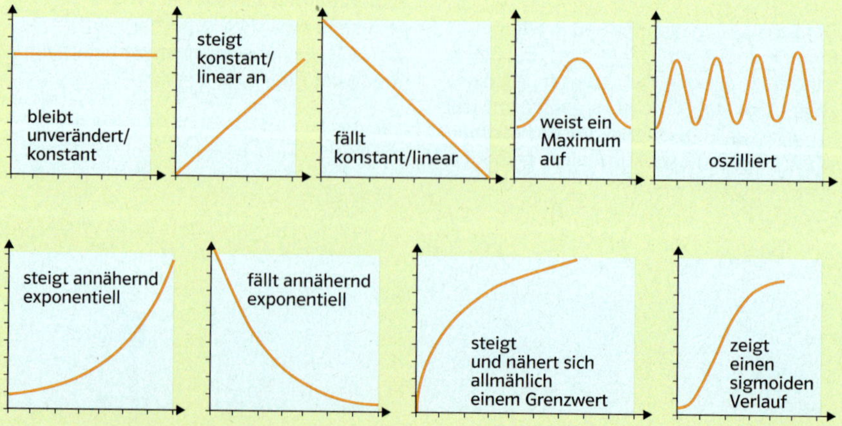

2 *Kurvenverläufe*

Die Deutungen sollten durch die entscheidenden Stellen aus dem Diagramm belegt werden. Dabei ist darauf zu achten, dass in der Auswertung nicht die komplette Beschreibung des Diagramms wiederholt wird.

A3 Deuten Sie das Diagramm in Abb. 3.

Darstellen von Ergebnissen

Beobachtungen und Deutungen können mithilfe eines Diagramms oftmals vereinfacht dargestellt werden. Dadurch erhält man eine schnellere Übersicht über mögliche Zusammenhänge. Um diesen verdeutlichenden Charakter eines Diagramms nutzen zu können und ein falsches Interpretieren der gewonnenen Daten zu vermeiden, ist die Wahl des richtigen Diagrammtyps entscheidend.

Darstellung von Anzahlen und Ausmaßen
Liegen Messdaten vor, die isolierte Werte (z. B. Organismenanzahlen) oder voneinander unabhängige Gruppierungen (z. B. verschiedene Risikogruppen) enthalten, so dürfen diese Messdaten nicht durch eine Verbindungslinie miteinander verknüpft werden. In diesem Fall verwendet man ein Punktdiagramm oder ein Balkendiagramm.

Das Punktdiagramm
Werden Messdaten in ein zuvor beschriftetes Koordinatensystem ohne Verbindungslinie eingetragen, so entsteht ein Punktdiagramm.

Durch das Verbinden der Messpunkte in Abb. 4 würde ein kontinuierlicher Vorgang vorgetäuscht, den es in der Realität nicht gibt und der auch theoretisch nicht denkbar ist.

Das Balkendiagramm
Das Balkendiagramm eignet sich besonders, wenn verschiedene Stichproben vorliegen oder eine Auswahl aus einer Gesamtheit von Daten betrachtet wird. Dreht man ein Balkendiagramm um 90°, so erhält man ein Säulendiagramm.

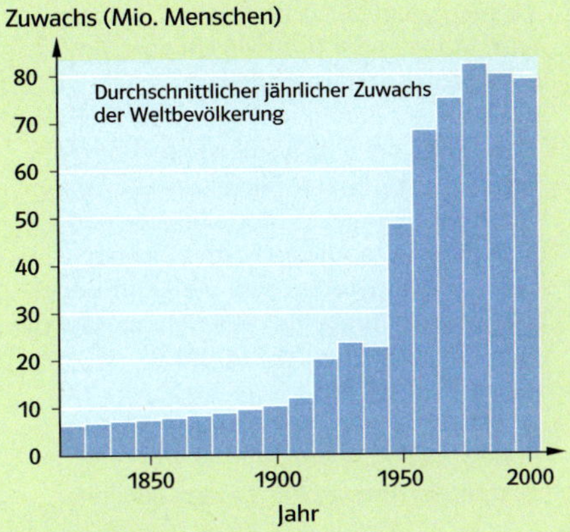

5 *Säulendiagramm*

Es gibt keine Messdaten außerhalb der in Abb. 5 aufgeführten Intervalle. Daher lassen sich diese nicht miteinander verbinden.

Das Kurvendiagramm
Ist bei einer Datenreihe jeder beliebige Zwischenwert denkbar, so kann anhand der Messwerte ein Graph gezeichnet werden. Man erhält ein Kurvendiagramm (Abb. 6).

Das Verbinden der Messwerte bedeutet oftmals eine Interpretation: Die Enzymaktivität in Abb. 6 wurde nicht bei 35 °C gemessen. Der Graph gibt den bei 35 °C zu erwartenden Wert an.

Darstellung von Anteilen
Um Anteile innerhalb einer Gesamtheit darzustellen, kann man ein Kreissektorendiagramm verwenden.

Das Kreissektorendiagramm
In einem Kreissektorendiagramm (Tortendiagramm) werden die entsprechenden Angaben in einen Winkelanteil von 360° umgesetzt. Dabei entsteht ein Kreisausschnitt.

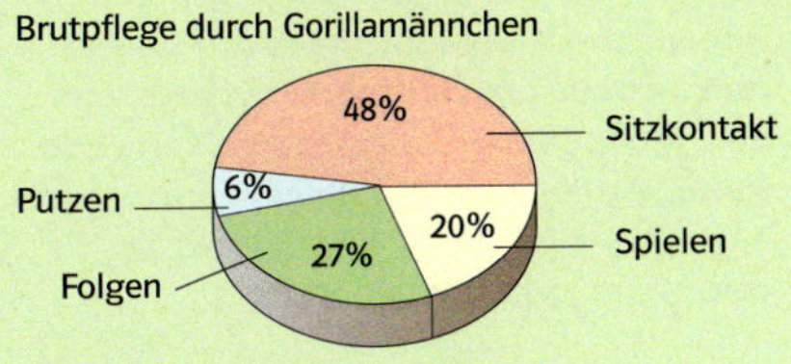

7 *Tortendiagramm*

Stapeldiagramme
Anstelle eines Kreissektorendiagramms kann man auch ein Stapeldiagramm zeichnen. Es verdeutlicht ebenso die Anteile eines Teilaspektes an einer Gesamtheit. Dies bietet sich besonders an, wenn man den Vergleich von Anteilen in zwei Gesamtheiten erleichtern will (Abb. 8).

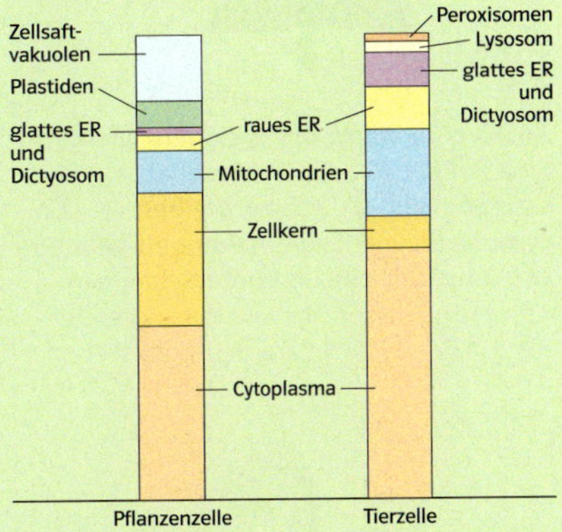

8 *Stapeldiagramm*

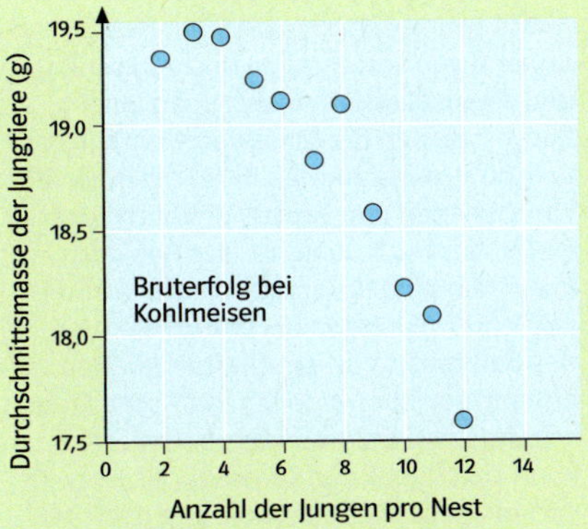

4 *Punktdiagramm: Kohlmeisenjunge*

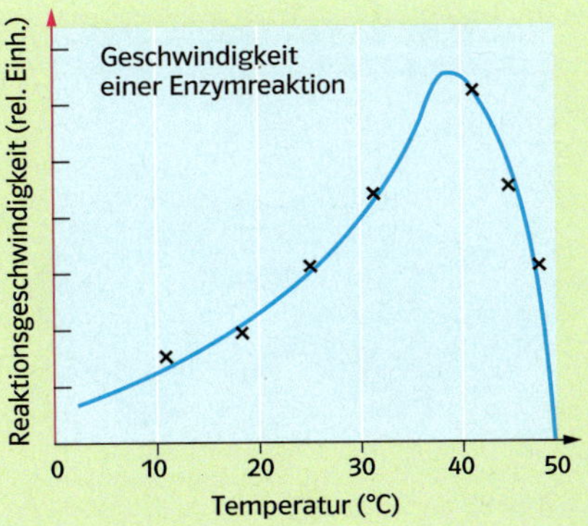

6 *Kurvendiagramm*

A4 Wählen Sie den geeigneten Diagrammtyp für die folgenden Sachverhalte aus. Begründen Sie Ihre Entscheidung.
a) Anzahl verstorbener Personen in Abhängigkeit vom Zigarettenkonsum
b) Anteile verschiedener Nahrungsmittel an der Gesamternährung einer Person
c) Biomasseproduktion in verschiedenen Ökosystemen
d) Abhängigkeit der Fotosyntheserate von der Temperatur

Methoden
Welche Bedeutung haben Modelle?

Modelle spielen in der Biologie eine große Rolle. Modelle haben verschiedene Aufgaben. Sie können sichtbare Phänomene und Strukturen besser verdeutlichen. Sie können aber auch nicht sichtbare wissenschaftliche Zusammenhänge besser verständlich und besser begreifbar machen.

Modelle zur Anschauung
Modelle können biologische Gegenstände, wie Blüten, Tiere oder Organe, zum besseren Verständnis in einer anderen Dimension darstellen. Im Prinzip sind sie Abbilder von uns bekannten Gegenständen. Modelle von Blüten zeigen den in der Natur vorhandenen Aufbau in einer vergrößerten Dimension. So kann er besser veranschaulicht werden (Abb. 1).

1 *Modell einer Blüte*

Auch verkleinerte Dimensionen spielen eine Rolle, z. B. bei den Modellen von Dinosauriern (Abb. 2). Hierbei bleiben die Körperformen und Körperhaltungen erhalten. Größenvergleiche und Unterschiede im Körperbau lassen sich auf dieser verkleinerten Ebene anschaulich verdeutlichen.

2 *Dinosauriermodelle*

Bei dem Modell einer Zelle wird durch die Übertragung vieler zweidimensionaler mikroskopischer Abbildungen in ein dreidimensionales großes Zellmodell nicht nur die Dimension verändert, sondern auch eine räumliche Struktur entwickelt (Abb. 5). Anhand dieses Modells können auch strukturelle Zusammenhänge bei Vorgängen in der Zelle, wie z. B. Plasmolyse, Mitose oder Vesikeltransport, anschaulicher erklärt werden.

Besonders bei der Auswertung elektronenmikroskopischer Bilder war die Entwicklung räumlicher Modelle notwendig, um eine verständliche Form zu entwickeln. Hierzu wurden sehr viele EM-Bilder ausgewertet und eine räumliche passende Struktur dazu entwickelt (Abb. 3).

In Abb. 4a ist die Vorstellung von 1960 dargestellt. In Abb. 4b das Modell von 1964.

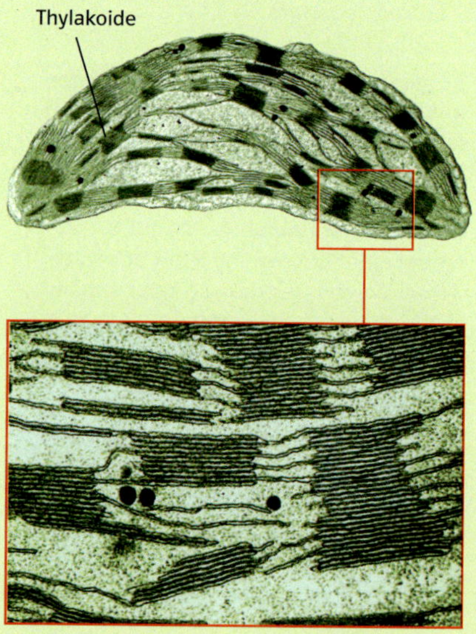

3 *TEM-Aufnahme eines Chloroplasten*

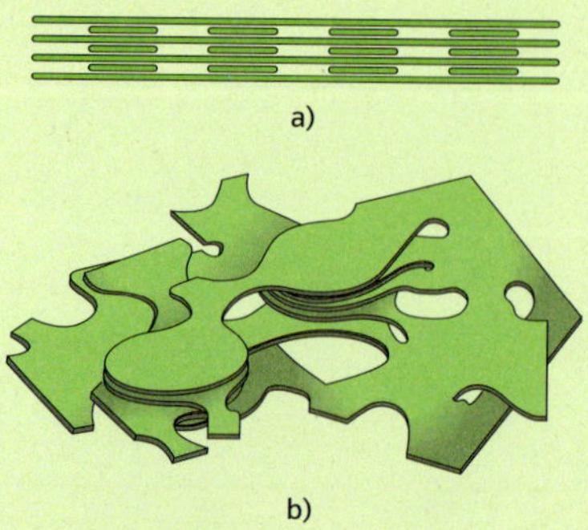

4 *Modell der Thylakoide*

5 *Modell einer Zelle*

A1 Erklären Sie anhand von Abb. 4a und Abb. 4b, wie sich ein Modell verändert und worauf dies zurückzuführen ist.

A2 Erläutern Sie an konkreten Beispielen, wie man Modelle für den eigenen Lernvorgang oder zur Verbesserung von Referaten nutzen kann.

Theoretische Modelle
Theoretische Modelle sind Vorstellungen, Bilder oder Animationen, die entwickelt werden, ohne den Aufbau oder die Funktion gesehen zu haben. Ergebnisse aus Experimenten kann man besser mit Modellvorstellungen erklären.

Von Enzymen beispielsweise entwickelten die Wissenschaftler anhand verschiedener Untersuchungen und Experimente theoretische Modelle. Diese veranschaulichen den Aufbau und die Funktion der Enzyme.

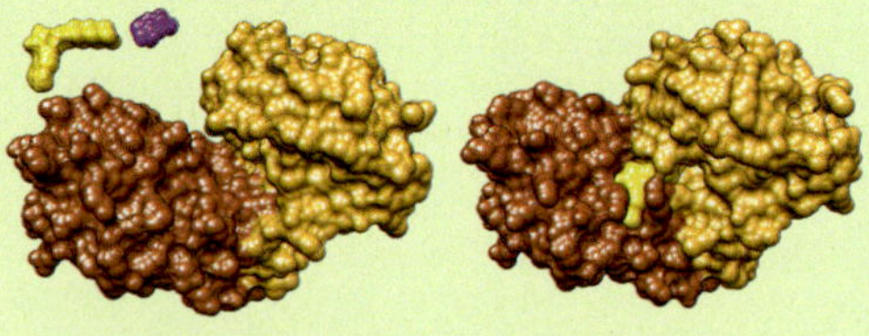

6 *Molekülmodell eines Enzyms*

Anhand von verschiedenen chemischen und physikalischen Analysen an einem Enzym werden die Messwerte mithilfe von Computerprogrammen in räumliche Bilder von Enzymen umgesetzt. Anhand dieser Bilder lässt sich nicht nur der Bau der Enzyme ermitteln, sondern auch Vorstellungen zur Funktion bei der Umsetzung des Substrats. Wissenschaftler können anhand solcher Modelle spezifische Eigenschaften von Enzymen erarbeiten. Man kann sich das aktive Zentrum des Enzyms vorstellen und die Veränderung nach der Aufnahme des Substrats (Abb. 6).

Die Beobachtung, dass eine Erhöhung der Körpertemperatur zu Veränderungen des Stoffwechsels und sogar bis zum Tode führen kann, führte zu der naturwissenschaftlichen Fragestellung, ob die Enzyme dabei eine Rolle spielen.

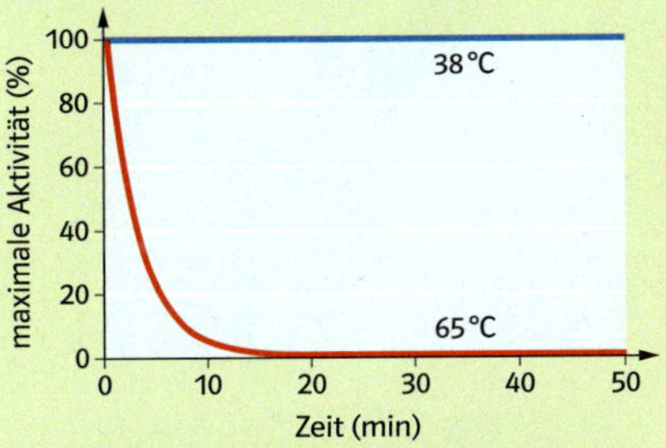

7 *Temperaturabhängige Enzymaktivität*

Die Hypothese, dass Enzyme die Aktivität mit zunehmender Temperatur ändern, sollte daher experimentell untersucht werden. Messungen der Enzymaktivität bei verschiedenen Temperaturen ergaben, dass die Enzymaktivität bei 38 °C über den gemessenen Zeitraum gleichbleibend ist, (Abb. 7). Unter denselben Bedingungen änderte sich die Enzymaktivität bei 65 °C sehr deutlich.

Die Messergebnisse und die Vorkenntnisse, dass die meisten Enzyme Proteine sind, führten zu der Vorstellung, dass sich die Enzyme räumlich verändern. Dies lässt sich mit Modellvorstellungen gut erklären, da sie die Veränderung der Enzymaktivität vereinfacht darstellen, sodass man sie besser verstehen kann.

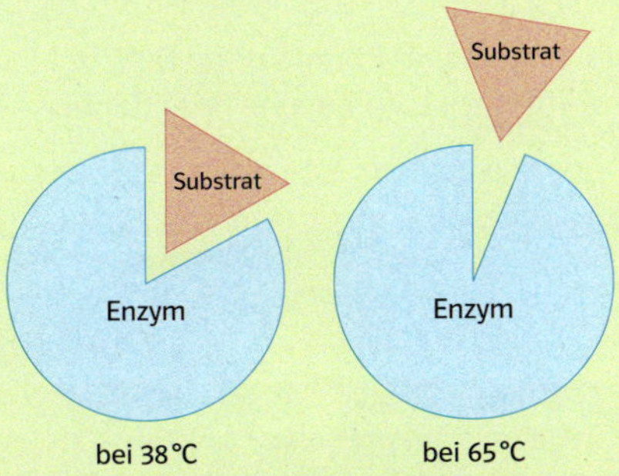

8 *Modell zur Temperaturabhängigkeit*

Gleichzeitig kann an einem Modell überlegt werden, ob diese Vorstellung auch zu einem sinnvollen Ergebnis in Bezug auf die Hypothesenformulierung führt. Es hilft bei der wissenschaftlichen Erkenntnisgewinnung in der Forschung.

Mögliche Kriterien für geeignete Modelle:
- Einfach zu verstehen und nicht komplizierter als die untersuchten Zusammenhänge.
- Eine Ähnlichkeit zu den möglichen Lösungsvorstellungen muss vorhanden sei. Dies muss nicht vom Aufbau her gelten, jedoch von der Funktion.
- Man kann effektiv damit arbeiten.

A3 Beschreiben Sie die Abb. 7.
A4 Erläutern Sie den Kurvenverlauf mithilfe des Modells in Abb. 8.
A5 Erläutern Sie alternative Modelle zu dem Kurvenverlauf.

Ein Modell wird verbessert

Ein Modell hat jedoch Grenzen bei der Erklärung von Fragestellungen. Beispielsweise sind bei den Zellen innerhalb des Dünndarms spezifische Transportproteine auf der Innenseite zum Darm für die Glucoseaufnahme notwendig. Würden sich diese auf die Rückseite der Zelle außerhalb des Darms bewegen, wären sie ohne Funktion. Man vermutete daher, dass sie sich nicht über die gesamte Zelloberfläche bewegen können. Das Fluid-Mosaikmembran-Modell ging jedoch anhand verschiedener Experimente davon aus, dass innerhalb der Biomembran die Proteine frei in der Lipidschicht in alle Richtungen dahingleiten (Abb. 9).

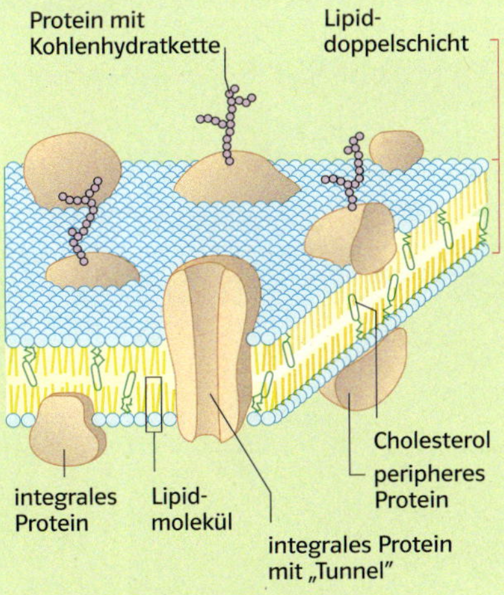

9 *Fluid-Mosaikmembran-Modell*

Mit diesem Modell ließen sich Forschungsergebnisse, bei denen einzelne Proteine sich nur in kleinem Rahmen bewegten, nicht erklären. Eine für diese Fragestellung verbesserte Modellvorstellung konnte man erst entwickeln, nachdem man die Bewegung einzelner Proteine unter dem Mikroskop verfolgen konnte. Hierzu wurden spezifische Antikörper mit Goldpartikeln beschichtet. Die spezifischen Antikörper reagieren mit den jeweiligen Proteinen. Unter dem Mikroskop wurden die Goldkugeln als Punkte sichtbar, deren Bewegung mit einer Videokamera über mehrere Sekunden verfolgt und aufgezeichnet wurden (Abb. 10). Die Ergebnisse dieser Experimente ergaben, dass die Proteine, die nur auf der Außenseite der Doppelmembran liegen, frei beweglich sind, die integralen Proteine, die die Doppelschicht durchqueren, jedoch andere Bewegungsmuster aufweisen.

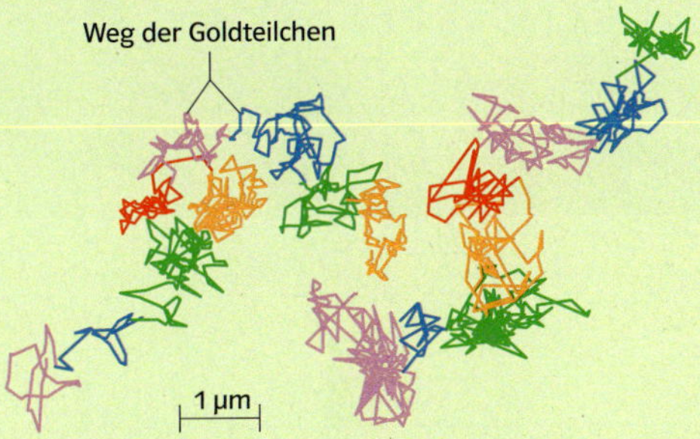

10 *Bewegungsmuster einzelner Proteine*

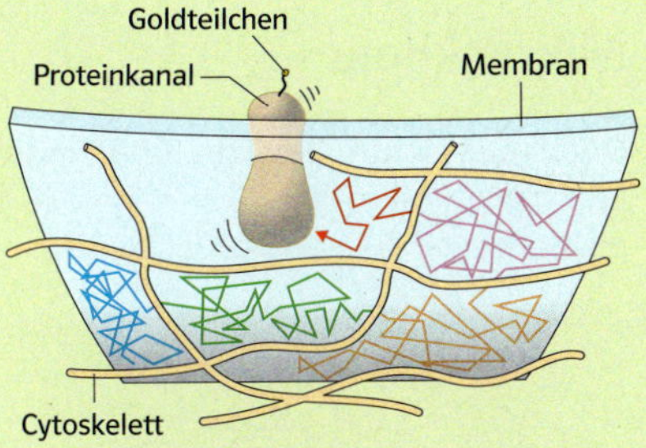

11 *Erweitertes Modell*

A6 Beschreiben Sie das Bewegungsmuster eines Proteins und erläutern Sie, wie es zu einem Muster kommen kann.
A7 Erläutern Sie anhand von Abb. 10, welche Änderungen in dem erweiterten Modell in Abb. 11 gegenüber dem ursprünglichen Fluid-Mosaikmembran-Modell vorgenommen wurden.
A8 Erläutern Sie, welche Grenzen das Fluid-Mosaikmembran-Modell zur Erklärung von Phänomenen hat und welche Vorteile das erweiterte Modell bietet.

Zellforschung

Mikroskopie

Durch das Lichtmikroskop erhält man Einblicke in Zellen. Elektronenmikroskope können noch 1000-mal stärker vergrößern.

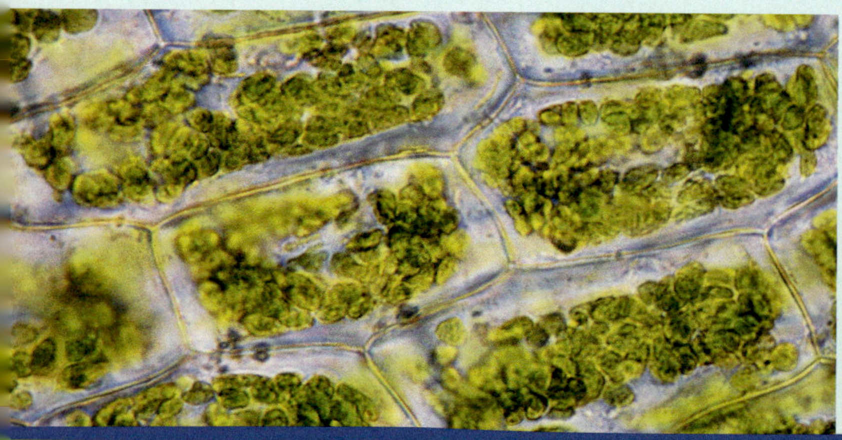

Abgrenzung

Die Zelle ist in viele kleine Räume unterteilt, in denen gleichzeitig unterschiedliche Reaktionen laufen können.

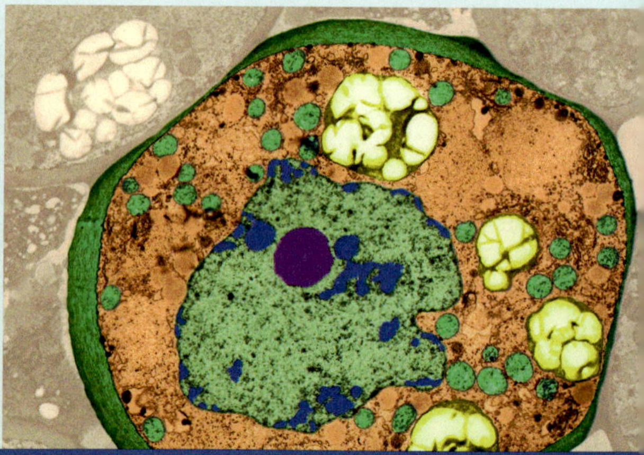

Alle Lebewesen bestehen aus Zellen. Einzeller belegen, dass alle lebensnotwendigen Vorgänge in einer einzelnen Zelle stattfinden können. Vielzeller bestehen aus unterschiedlichen Zelltypen, die an ihre jeweilige Aufgabe angepasst sind.

Stoffaustausch

Zellen stehen mit ihrer Umgebung in ständigem Stoffaustausch, der durch Grenzflächen kontrollierbar wird.

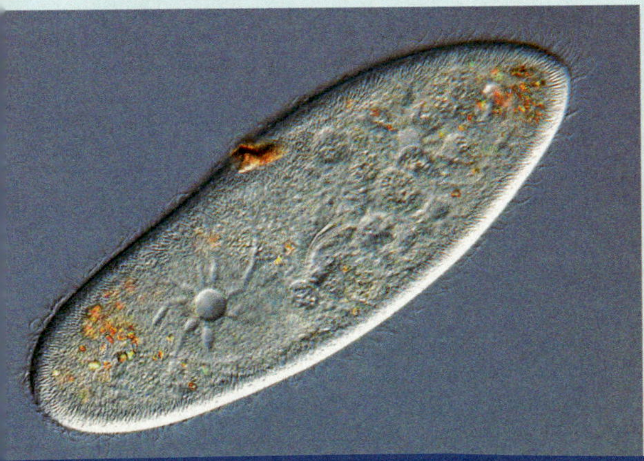

Zellteilung

Zellteilung und Zellwachstum sind die Grundvorgänge des Wachstums aller Lebewesen. Die Teilung des Zellkerns ist Voraussetzung für diese Vorgänge.

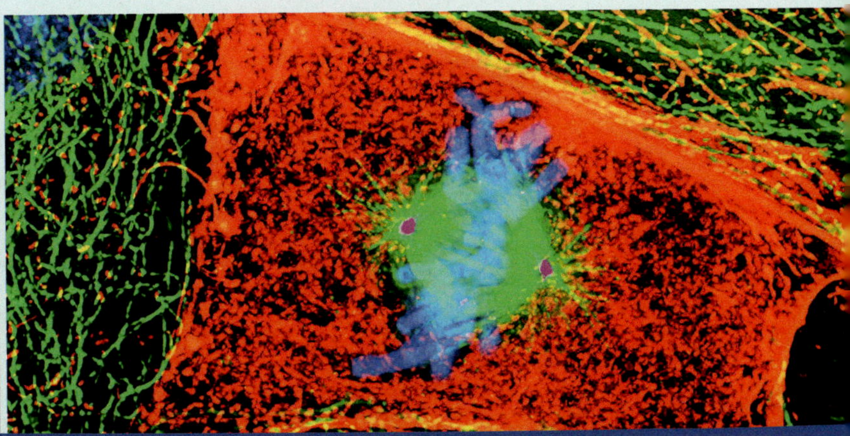

1.1 Zellen werden untersucht

Lebewesen bestehen und entstehen aus Zellen

1 *Vorstellung zur Urzeugung von Mäusen*

Heute wissen wir, dass alle Lebewesen, wie Pflanzen, Tiere oder Menschen, aus Zellen bestehen (Abb. 3).

Die Urzeugung

Dieses Wissen war nicht immer vorhanden. Bis etwa zum Jahr 1700 glaubte man bei kleineren Lebewesen an die sogenannte *Urzeugung*. Bei dieser ging man davon aus, dass kleine Lebewesen, wie Mäuse, Frösche oder Insekten, spontan aus unbelebter Materie entstehen können. Man dachte, dass Mäuse aus alten Kleidungsstücken und Getreide in dunklen Ecken (Abb. 1) oder Frösche im Frühjahr aus dem Schlamm entstehen. Eine weitere Vermutung war, dass Fliegen aus verwesendem Fleisch entstehen.

Experimente widerlegten die Urzeugung

Diese Aussagen beruhten nicht auf naturwissenschaftlichen Experimenten oder Untersuchungen, sondern auf der zufälligen Beobachtung dieser Vorgänge. Erst der Arzt Francesco Redi testete in Pisa im Jahre 1668 die Behauptung, dass Fliegen aus verwesendem Fleisch entstehen. Zu dieser Fragestellung führte er gezielt Experimente durch. Er stellte drei Gläser mit Fleischstücken auf. Ein Glas blieb offen und das Fleisch hatte Kontakt mit der Luft und Fliegen. Das zweite Glas wurde fest verschlossen und das dritte Glas wurde mit einem engmaschigen Tuch verschlossen (Abb. 4). Redi fand im unverschlossenen Glas Maden, aus denen sich Fliegen entwickelten, in den verschlossenen jedoch nicht. Bei genauerer Untersuchung des Fleisches im offenen Glas entdeckte er auch Fliegeneier, die er als Voraussetzung für die Fliegenlarven erkannte. Die Urzeugung konnte er für dieses Beispiel widerlegen, da die Eier der Fliegen der Ausgangspunkt waren und nicht das verwesende Fleisch. Auch die Luft konnte bei der Entstehung der Fliegen keine Rolle spielen, da in dem Gefäß mit dem engmaschigen luftdurchlässigen Tuch weder Maden noch Fliegen vorhanden waren.

Animalcules — kleinste Lebewesen

Der Glaube an die Urzeugung entfachte jedoch noch einmal, nachdem man nach der Entwicklung der ersten Mikroskope sehr kleine Lebewesen gefunden hatte. Ein Zeitgenosse Redis in Delft war Antony van Leeuwenhoek. Er entwickelte die ersten Mikroskope, mit denen er Regenwasser oder Körpersekrete untersuchte. Er entdeckte darin sehr kleine Lebewesen, *Animalcules* (Abb. 2). Diese Einzeller oder Bakterien waren vor der Entwicklung

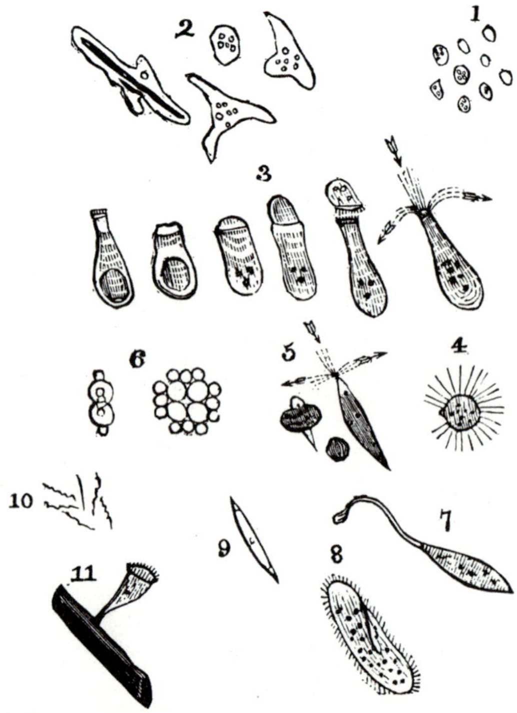

2 *Untersuchungen von Leeuwenhoek*

nh58gt

des Mikroskops unbekannt und man konnte sich nur vorstellen, dass diese Animalcules durch Urzeugung entstehen, weil sie es ja immer tun. Einige Forscher vermuteten, dass sie sich aus einer nährstoffhaltigen Umgebung entwickelten. Louis Pasteur wies 1861 jedoch nach, dass ähnlich wie bei Redis Experimenten die kleinsten Lebewesen nur dort zu finden waren, wo eine Nährlösung Zugang zur Außenwelt hatte.

Zelltheorie
Naturwissenschaftliche Fragestellungen zum Bau und zur Funktion von Zellen wurden 1838 zuerst von dem Botaniker Matthias Schleiden und dem Zoologen Theodor Schwann systematisch untersucht. Ihre Studien mit dem Lichtmikroskop an Pflanzen- und Tiergewebe zeigten, dass Zellen trotz aller Unterschiede im Aussehen der verschiedenen Lebewesen die universellen Bausteine aller Lebewesen sind. Schwann wies durch mikroskopische Beobachtungen zusätzlich nach, dass ein Ei eine lebende Eizelle darstellt, aus der sich alle weiteren Zellen des Organismus entwickeln. Der Arzt Rudolph Virchow erweiterte 1850 durch seine Untersuchungen die Vorstellung zur Funktion der Zellen. Er wies nach, dass Zellen immer nur aus Zellen entstehen können. Dies bedeutete, dass Leben nicht spontan, sondern nur aus bereits vorhandenen Zellen entsteht.

4 *Versuch von Redi zur Urzeugung*

Die *Zelltheorie* der modernen Biologie basiert auf diesen Erkenntnissen:
- Alle Organismen bestehen aus Zellen.
- Zellen sind die Grundbausteine des Lebens.
- Alle Zellen entstehen aus bereits existierenden Zellen.

A1 ◒ Vergleichen Sie die Vorstellungen zu den Animalcules mit denen zur Entstehung von Mäusen und erläutern Sie unter diesem Aspekt die Bedeutung der Experimente von Redi und Pasteur.

A2 ◒ Beschreiben Sie Abb. 3 und erläutern Sie unter dem Aspekt der Zelltheorie die Aussage der Abbildung.

A3 ◒ Erklären Sie anhand der Texte auf Seite 4, was eine naturwissenschaftliche Fragestellung ist, und beziehen Sie diese Aussage auf die Zelltheorie.

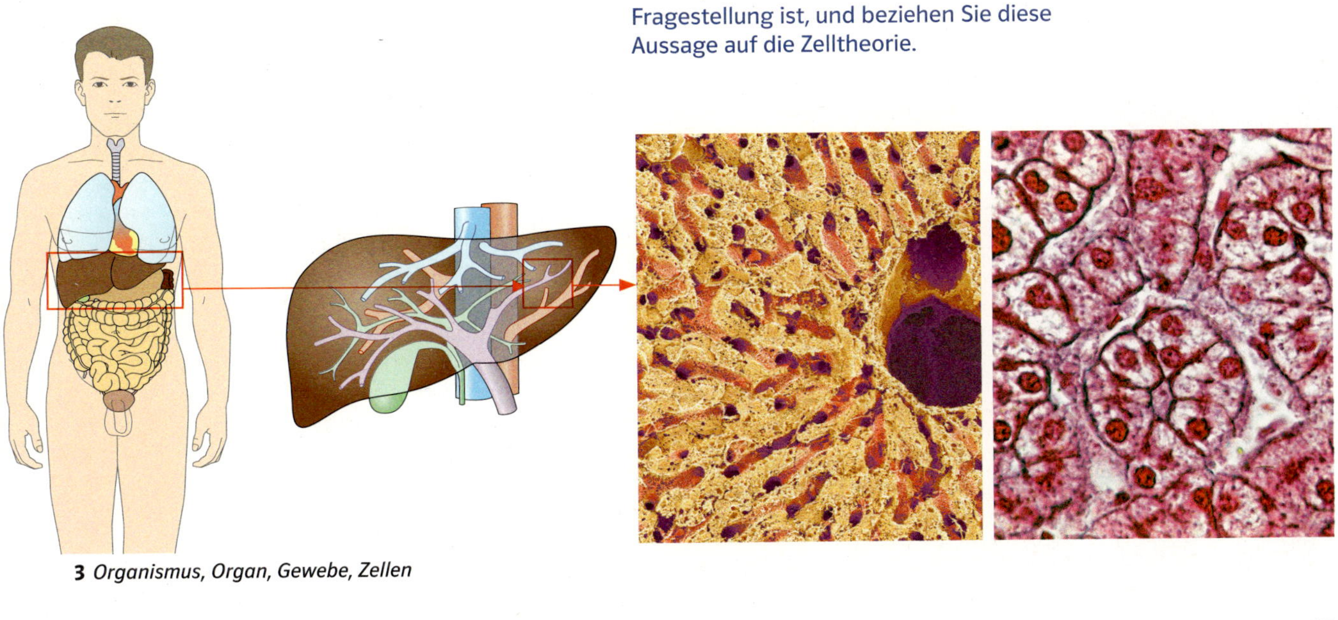

3 *Organismus, Organ, Gewebe, Zellen*

Licht- und Fluoreszenzmikroskopie

1 *Moospolster — Auge*

2 *Moosblättchen — Lupe*

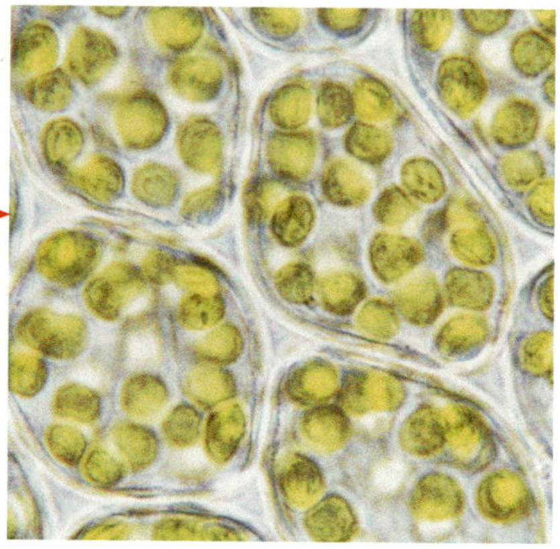

3 *Moosblattzellen — Lichtmikroskop*

Die meisten Zellen sind kleiner als 0,1 mm. Die Auflösungsgrenze des menschlichen Auges liegt bei 0,2 mm. Es ist daher nicht möglich, die inneren Strukturen einer Zelle mit bloßem Auge zu erkennen. Die Entdeckungen der Zellbiologie waren erst durch die Mikroskopie möglich. Ein weiteres Problem liegt darin, dass die meisten Zellstrukturen farblos und durchsichtig sind. Die Zellen müssen daher für viele mikroskopische Untersuchungen mit Substanzen gefärbt werden, die bestimmte Bestandteile unterschiedlich anfärben.

Der Blick durch die Lupe

Mithilfe der Sammellinse einer Lupe wird der Sehwinkel vergrößert. Dadurch wird der Gegenstand auf der Netzhaut größer dargestellt, als er in Wirklichkeit ist.

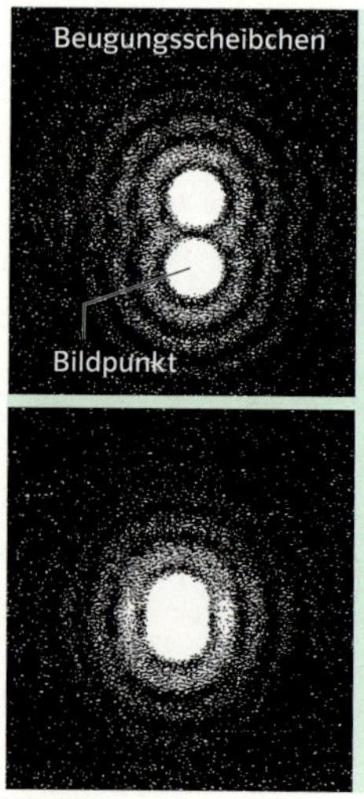

Info-Box: Auflösungsvermögen

Als Auflösungsvermögen unserer Augen oder optischer Geräte bezeichnet man den kleinsten Abstand zweier Bildpunkte, die wir als zwei Punkte getrennt wahrnehmen und die noch nicht zu einem Punkt verschmelzen. Das Auflösungsvermögen ist durch die Beugung der Lichtstrahlen begrenzt. Die Lichtstrahlen werden am Rand einer Linse (Hornhaut, Glas) gebeugt, die Ausbreitungsrichtung des Lichtstrahls ändert sich. Ein Punkt wird nicht als Punkt, sondern als unscharfer Rand (Beugungsscheibchen) abgebildet.

Durch optische Geräte wird der Sehwinkel unseres Auges vergrößert. Dadurch liegen die Bildpunkte scheinbar weiter auseinander und werden getrennt wahrgenommen.

Dieses *virtuelle Bild* ist größer als das *reelle Bild*. Zwei Bildpunkte mit 0,1 mm Abstand liegen nun scheinbar weiter auseinander und sind als zwei einzelne Punkte wahrnehmbar.

Der Blick durch das Mikroskop

Will man noch kleinere Strukturen scharf sehen, ist ein Mikroskop notwendig. Dieses besteht aus mindestens zwei *Linsen*, einer im *Objektiv* und einer im *Okular*. Die Linse im Objektiv hat eine geringe *Brennweite*, damit man das zu beobachtende Objekt sehr nahe an das Objektiv heranbringen kann. Diese Linse erzeugt ein Zwischenbild, das durch die zweite Linse im Okular wie mit einer Lupe vergrößert wird. Bedingt durch die physikalischen Eigenschaften der Linsen und des Lichts liegt die Auflösungsgrenze bei 0,2 µm. Bei noch stärkeren Vergrößerungen kann man keine weiteren Einzelheiten erkennen *(leere Vergrößerung)*. Viele kennen diesen Effekt vom Vergrößern digitaler Bilder auf dem Bildschirm.

Fluoreszenzmikroskopie

Bei der *Fluoreszenzmikroskopie* wird das Präparat bei der mikroskopischen Untersuchung mit UV-Licht beleuchtet. Die kurzwellige Strahlung führt zu einem Aufleuchten bestimmter Moleküle in längerwelliger Strahlung, z. B. in rotem oder grünem Licht. Einige natürlich vorkommende Stoffe wie Chlorophyll werden zum Aufleuchten, zur *Fluoreszenz*, angeregt. Zellen können jedoch auch mit Fluoreszenzfarbstoffen behandelt werden.

Diese Farbstoffe werden an Antikörper gebunden, die sich spezifisch an bestimmte Zellmoleküle in der Zelle anlagern, z. B. an DNA oder Eiweiße. Durch diese fluoreszierenden Sonden können gezielt Strukturen bei mikroskopischen Untersuchungen sichtbar gemacht werden. Da nur die fluoreszierenden Moleküle aufleuchten, die restliche Umgebung jedoch nicht, erscheinen die gefärbten Objekte in leuchtenden Farben vor einem schwarzen Hintergrund. Das Cytoskelett der Zellen oder die Bewegung der Chromosomen während der Mitose wurden mithilfe dieser Methode untersucht.

Fluoreszenz in Laserstrahlen

Eine neue Mikroskopiertechnik arbeitet mit Laserstrahlen und setzt durch einen technischen Trick die Auflösungsgrenze der Lichtmikroskopie um den Faktor 10 herab. Dadurch lassen sich in lebenden Zellen molekulare Strukturen und dynamische Vorgänge, z. B. die Mitose, wesentlich exakter darstellen. Die Technik beruht auf einer Kombination der Fluoreszenzmikroskopie mit zwei Laserstrahlen, die Punkt für Punkt die Strukturen in der Zelle abscannen. Mit Licht lässt sich eine Fluoreszenzemission nicht nur anregen, sondern auch löschen (STED-Mikroskopie, Stimulated Emission Depletion). Mit dem ersten Laserstrahl wird punktartig der Fluoreszenzfarbstoff angeregt. Durch die Beugung an den Linsenrändern leuchtet jedoch wie bei der Lichtmikroskopie nicht nur ein scharfer Punkt, sondern auch ein unscharfer Rand (Beugungsscheibchen). Mit einem zweiten Laserstrahl, der jedoch ringförmig Licht aussendet, wird die vom ersten Laser angeregte Emission gelöscht, jedoch nur der unscharfe Rand, nicht der zentrale Punkt (Abb. 5). Man nimmt hierdurch nur den Punkt, nicht den unscharfen Rand wahr.

A1 ◒ Beschreiben Sie die Vorteile der Fluoreszenzmikroskopie im Vergleich zur herkömmlichen Lichtmikroskopie.

A2 ○ Das menschliche Haar hat einen Durchmesser von ca. 0,1 mm. Bei Roten Blutzellen des Menschen beträgt der Durchmesser ca. 8 µm. Berechnen Sie, wie viele Rote Blutzellen nebeneinander gereiht den Durchmesser des Haares ergeben.

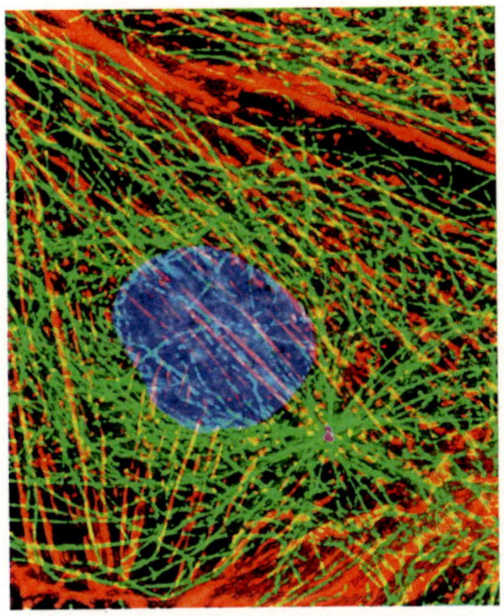

4 Fluoreszenzmikroskopie (Cytoskelett)

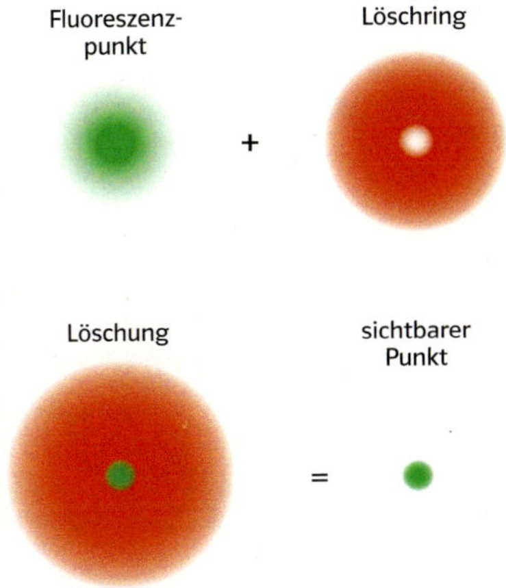

5 Prinzip der STED-Technik

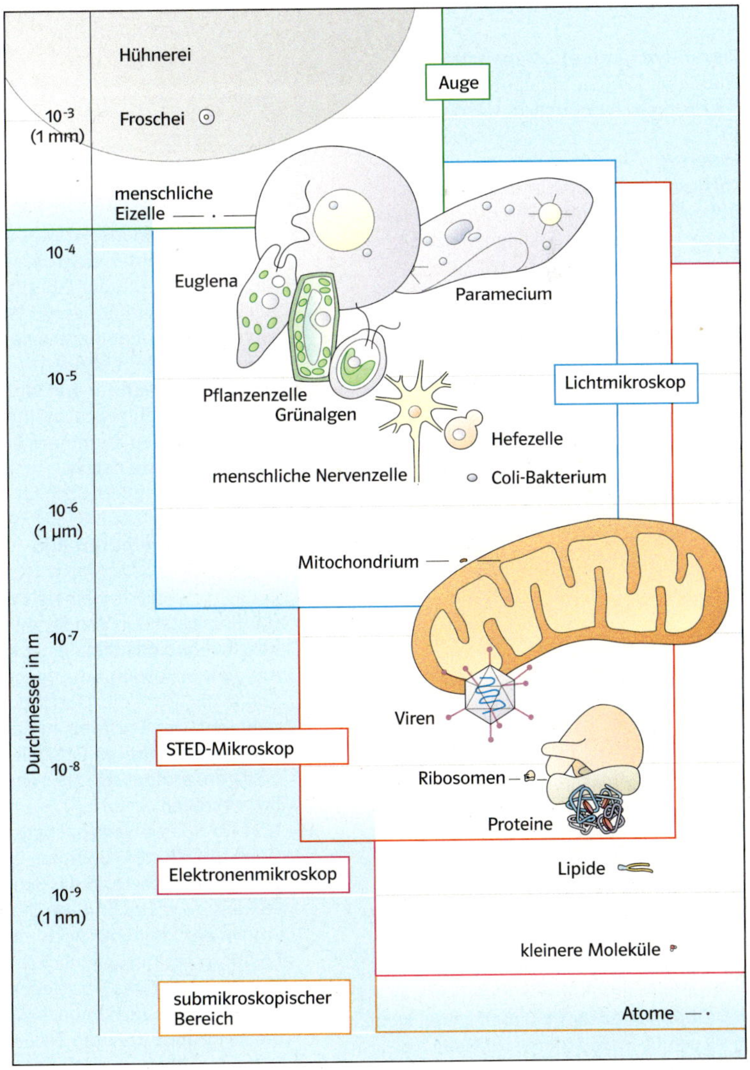

6 Größenordnungen

Praktikum
Herstellung von mikroskopischen Präparaten

Machen Sie sich zu Beginn der Präparation mit allen technischen Geräten vertraut.

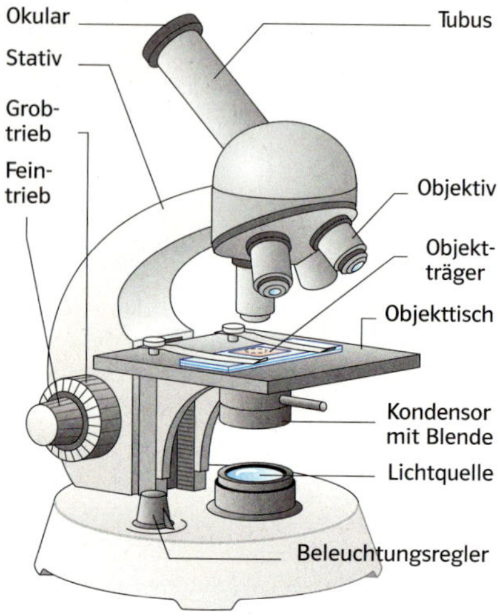

Die äußere (untere) Zwiebelschuppen-epidermis (Zwiebelschuppenhaut) soll mikroskopisch untersucht werden.

Material:
Küchenzwiebel, Messer, Objektträger, Deckgläschen, Pipette mit Gummihütchen, Präpariernadel, Rasierklinge, Pinzette, Glasgefäß mit Wasser

Herstellen des Präparates

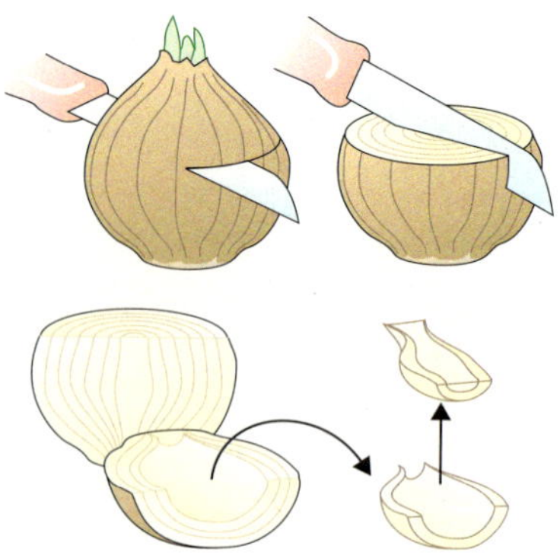

A1 Mit einer Rasierklinge wird ein kleines Quadrat in die Innenseite der Zwiebelschuppe geritzt, anschließend wird mit der Pinzette das Zwiebelhäutchen vorsichtig abgezogen und in einen Wassertropfen auf einen Objektträger gelegt.

A2 Das Deckgläschen wird nun langsam mithilfe der Präpariernadel auf das Objekt abgesenkt. Dabei sollten keine Luftblasen mit eingeschlossen werden. Ist die Fläche unter dem Deckglas nicht vollständig benetzt, so gibt man

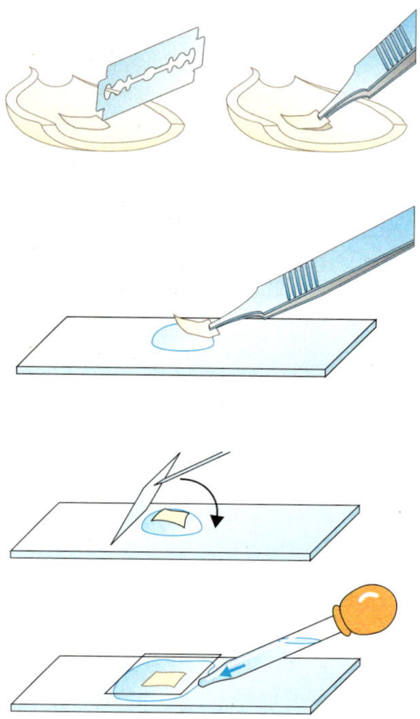

mit einer Pipette noch etwas Wasser an der Seite des Deckglases zu. War der Wassertropfen zu groß, schwimmt das Deckglas. Mit der Pipette oder mit Filterpapier wird etwas Wasser abgesogen. Auf dem Deckglas darf sich kein Wasser befinden!

A3 Das Zwiebelhautpräparat wird auf den Objekttisch gebracht und wenn möglich mit den Klammern über der Kondensormitte fixiert.

Der Weg zu einem guten Bild

A4 Zunächst wird das kleinste Objektiv (Maßstabszahl) in den Strahlengang geschwenkt, das Bild der Zwiebelhaut mit dem Grobtrieb scharfgestellt und in die Mitte des Gesichtsfeldes gebracht. Der Feintrieb, mit dem von nun an alle weiteren Einstellungen erfolgen, ermöglicht das genaue Scharfstellen.

A5 Nun wird das jeweils nächstgrößere Objektiv (z. B. 10 x) über das Präparat geschwenkt, ohne an der Scharfeinstellung etwas zu ändern. Die Schärfe wird in der Regel nur noch mit dem Feintrieb geringfügig nachgestellt. Durch vorsichtiges Verschieben des Objektträgers wird dabei jeweils die Zellgruppe bzw. die Zelle in die Bildmitte gebracht, die man genauer untersuchen möchte.

A6 Überprüfen Sie, welche Auswirkung das Öffnen und Schließen der Kondensorblende bei den einzelnen Objektiven hat und stellen Sie jeweils ein kontrastreiches und scharfes Bild ein. Die Kondensorblende dient der Regelung des Bildkontrastes. Die Bildhelligkeit sollte über den Beleuchtungsregler eingestellt werden.

A7 Um das Objekt vertikal zu durchmustern, dreht man den Objekttisch mit dem Feintrieb langsam nach oben und unten. Dies ist aufgrund der geringen Schärfentiefe notwendig. Sie ist umso kleiner, je größer die Objektivvergrößerung ist.

Weitere geeignete Objekte für mikroskopische Untersuchungen sind: Blattzellen der Wasserpest *(Elodea)* oder von Laubmoosen bzw. Epidermiszellen der Dreimasterblume *(Tradescantia pallida)*.

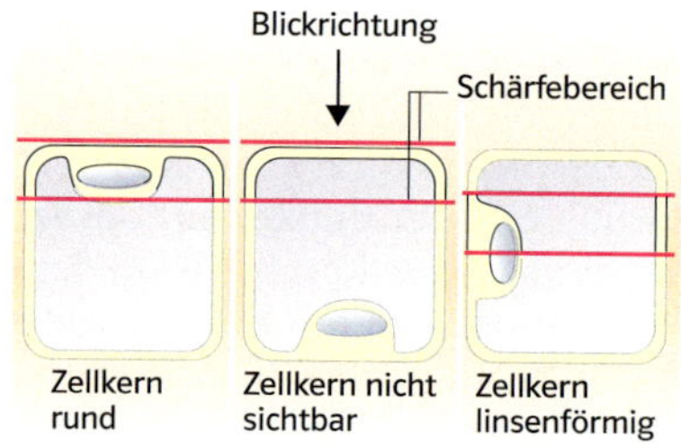

Protokollieren der Beobachtungen

A8 Mikroskopieren Sie bei mittlerer Vergrößerung das Zwiebelhäutchen. Verschaffen Sie sich einen Überblick über die Gestalt und die Lage der Zellen. Fertigen Sie eine Umrissskizze von 4 bis 5 aneinanderliegenden Zellen an.

A9 Bringen Sie eine in Details gut erkennbare Zelle in die Gesichtsfeldmitte und untersuchen Sie diese mit dem nächstgrößeren Objektiv (40 x). Welche Einzelheiten sind zu erkennen? Fertigen Sie von dieser Zelle eine möglichst genaue Skizze an (Größe auf dem Papier mindestens 10 cm). Achten Sie auf die richtigen Größenverhältnisse von Zelle und Zellbestandteilen.

Fehler beim Mikroskopieren

Das Bild ist kontrastarm bzw. unklar:
Die Blende ist zu weit offen, die Linse ist verschmutzt (mit Linsenpapier reinigen) oder es befindet sich Wasser auf dem Deckgläschen.

Linien im Objekt erscheinen doppelt bei meist dunklem Bild: Die Blende ist zu weit geschlossen.

Kreisförmige, schwarze und in der Mitte etwas hellere Flecken verdecken das Objekt: Das Objekt enthält eingeschlossene Luftblasen.

Anfärben kontrastarmer Präparate

A10 Mit einem Holzspatel oder einem Teelöffel schabt man vorsichtig aus der Wangeninnenseite etwas Material ab, das Mundschleimhautzellen enthält, und bringt dieses in einen Wassertropfen auf den Objektträger. Bei der mikroskopischen Untersuchung werden die einzelnen Zellen nur schwer zu erkennen sein. Das liegt an der Kontrastarmut des Objekts, d.h. es ist überall fast gleich hell. In solchen Fällen färbt man das Präparat an, um es besser sichtbar zu machen. Dazu wird entsprechend der Abbildung eine wässrige Methylenblaulösung unter dem Deckgläschen hindurchgesaugt.

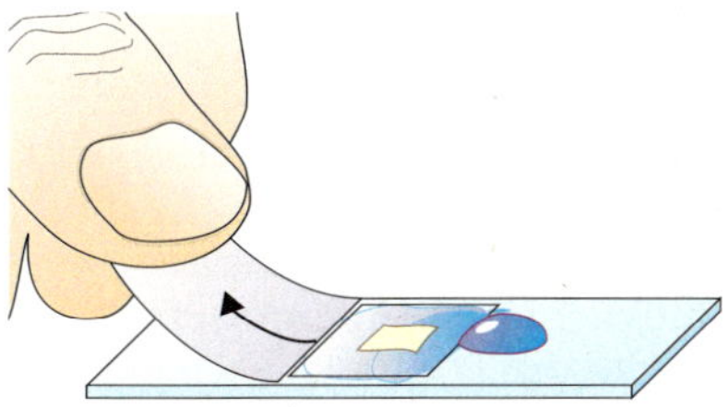

Mikroskopieren Sie das ungefärbte und das gefärbte Präparat und vergleichen Sie. Fertigen Sie anschließend vom gefärbten Präparat eine Skizze an. Welche Details sind besonders gut angefärbt? Warum zeigen die Schleimhautzellen eine Art Faltenbildung? Welche Unterschiede bestehen im Vergleich zur Zwiebelzelle?

Die Farbstoffe Eosin und Neutralrot färben in wässriger Lösung verschiedene Zellstrukturen an. Mit Eosin färben sich das Cytoplasma und der Zellkern gut an, während Neutralrot sich vorzugsweise in der Vakuole (Zellsaftraum) ansammelt.

Schneiden von Objekten

Von dicken Objekten müssen Dünnschnitte hergestellt werden. Das betrifft z.B. Wurzeln, Stängel und Blätter von Pflanzen.

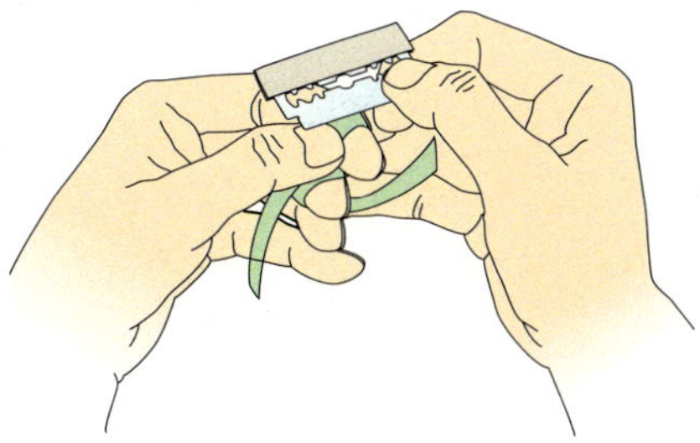

Flächenschnitt
Diese Technik wird angewandt, wenn man einzelne Zellen eines dickeren Blattes, z.B. Zellen von der Sumpfschraube *(Vallisneria)*, einer Wasserpflanze, untersuchen will. Die Abbildung zeigt die Schneidetechnik. (Vorsicht: Klinge ganz flach halten!)

Querschnitt
Häufiger jedoch werden Querschnitte benötigt. Viele Objekte sind relativ weich und lassen sich ohne Hilfsmittel nur schlecht schneiden. Deshalb klemmt man das Objekt wie in der Abbildung zwischen zwei Hälften aus Holundermark oder Styropor und schneidet entsprechend der Abbildung ein dünnes Scheibchen ab, indem man eine scharfe Rasierklinge bei nur leichtem Druck durch das Objekt zieht. Der erste Schnitt wird verworfen, da bei diesem die Zellen meist stark beschädigt sind. Die folgenden, möglichst dünnen Schnitte werden mikroskopiert.

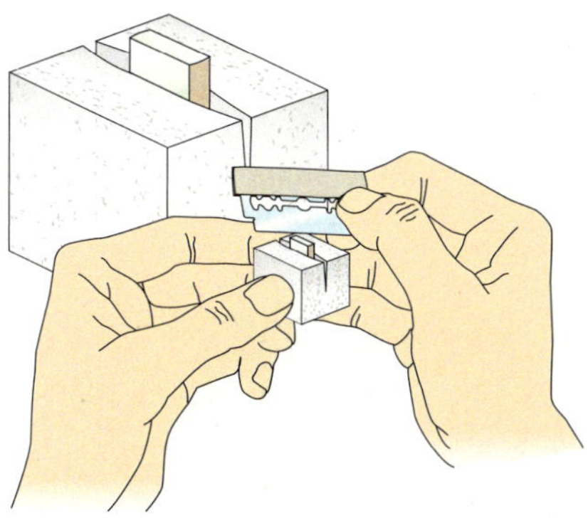

Messen und Zählen

Will man die tatsächliche Größe eines mikroskopischen Objektes oder seiner Teile ermitteln, benötigt man als Hilfsmittel ein Okularmikrometer. Dieses ist für jede gewählte Vergrößerung mit dem Objektmikrometer zu eichen.

A11 Bestimmen Sie den Mikrometerwert, d.h. die tatsächliche Länge eines Skalenteils des Okularmikrometers, indem Sie die Skala des Okularmikrometers mit der des Objektmikrometers zur Deckung bringen (s. Abb.) und die sich entsprechenden Skalenteile ins Verhältnis setzen: Mikrometerwert (m_W) = Skalenteile des Objektmikrometers / Skalenteile des Okularmikrometers

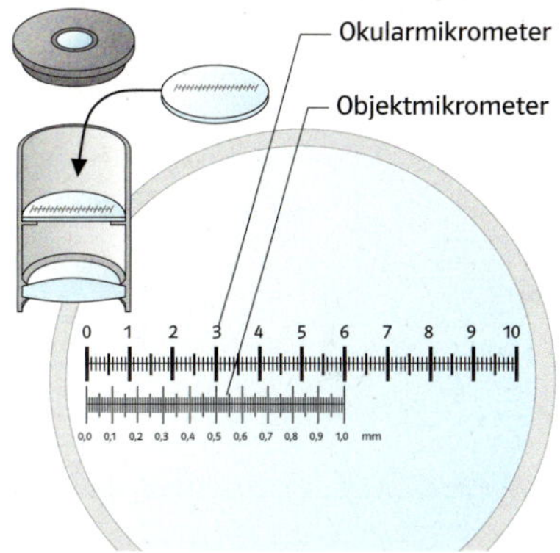

Für die Abbildung ergibt sich:
m_w = 1,0 mm / 60 = 0,016 mm = 16 µm

Ein Skalenteil des Okularmikrometers besitzt bei der gewählten Vergrößerung eine tatsächliche Länge von 16 µm, folglich hat eine Zelle, die sich über fünf Skalenteile erstreckt, eine Länge von 80 µm.

Stehen keine Mikroskope mit Okular- und Objektmikrometern zur Verfügung, kann eine Grobbestimmung der Zellgrößen auch mit einfachen anderen Mitteln durchgeführt werden. Hierzu verwendet man Millimeterpapier oder Folien mit Millimeterrasterung, die anstelle eines Präparats auf den Objektträger gelegt werden. Die Millimeterkästchen werden so lange verschoben, bis eine senkrechte und waagerechte Linie eines Kästchens zu erkennen ist. Ist kein ganzes Kästchen zu erkennen, muss geschätzt werden. Hieraus erhält man den groben Eichwert des Sehfeldes. Legt man anschließend Zellen bei der gleichen Vergrößerung auf, kann man deren ungefähre Größe errechnen.

Zum Auszählen von Zellen in einem bestimmten Flüssigkeitsvolumen benutzt man eine Zählkammer. In die Vertiefung dieser Glasplatte ist ein Zählnetz eingeätzt. Die Quadrate des Netzes haben definierte, auf der Zählkammer angegebene Abmessungen, die die Berechnung des Volumens erlauben. Routinemäßig werden solche Zählkammern in medizinischen Laboratorien zur Ermittlung der Anzahl von Blutzellen verwendet. In der Schule empfiehlt es sich, Zellen der Backhefe *(Saccharomyces cerevisiae)* in einer Suspension auszuzählen.

Elektronenmikroskopie

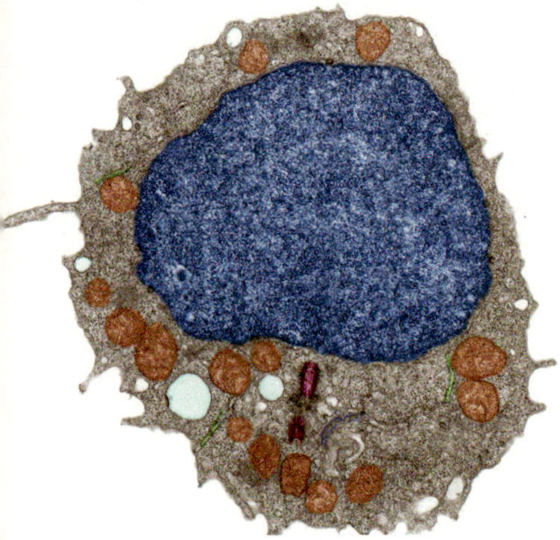

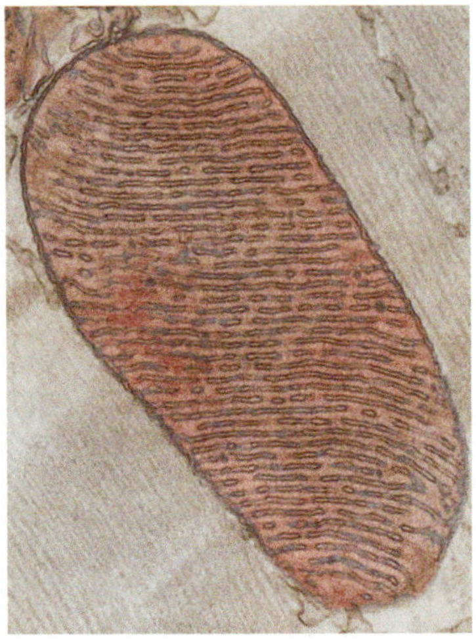

1 *TEM-Bilder: Weiße Blutzelle und Mitochondrium (gefärbt)*

Elektronenmikroskope werden für die Strukturaufklärung der Zelle und ihrer Organellen eingesetzt, wenn das Auflösungsvermögen des Lichtmikroskops nicht ausreicht. Elektronenmikroskope arbeiten mit zwei verschiedenen Techniken. Man unterscheidet die Transmissionselektronenmikroskope und die Rasterelektronenmikroskope.

Transmissionselektronenmikroskop
Mit dem Transmissionselektronenmikroskop (TEM) lässt sich eine Vergrößerung von einer Million erreichen, das 1000-Fache gegenüber einem sehr guten Lichtmikroskop. Elektronenmikroskope nutzen zur optischen Darstellung der Objekte Elektronen. Da die Elektronen von Luftteilchen abgebremst werden und auch Glas nicht durchdringen können, muss das Elektronenmikroskop luftleer gepumpt werden. In dem entstehenden Vakuum lassen sich die Elektronenstrahlen mithilfe elektromagnetischer Felder ablenken und bündeln. Anstelle des in der Lichtmikroskopie üblichen Objektträgers benutzt man im Elektronenmikroskop kleinmaschige Metallnetze zur Aufnahme der Objekte. Das Bild des untersuchten Materials wird auf einem Bildschirm betrachtet. Zur besseren Verständlichkeit werden die Schwarz-Weiß-Abbildungen häufig angefärbt (Abb. 1).

2 *REM-Bild: Mitochondrium*

Herstellung von TEM-Präparaten
Für den Einsatz im Elektronenmikroskop müssen die Objekte vorbereitet werden. Lebendbeobachtungen sind nicht möglich, da die Zellen fixiert werden müssen. Das kann durch Chemikalien (z. B. Methanal) oder durch Gefrieren geschehen. Wichtig für die Untersuchungen ist, dass die Zellstrukturen nicht zerstört werden. Bei der *Ultradünnschnitttechnik* wird das Präparat nach dem Fixieren und Entwässern in Kunstharz eingebettet und dann mit einem Ultramikrotom geschnitten. Dieses Gerät ermöglicht es, Ultradünnschnitte in einer Dicke von 50 nm abzuschaben, d. h. eine Zelle von 0,1 mm Durchmesser wird in 2000 Scheiben geschnitten. Eine Seite dieses Buches ist 1000-mal dicker als ein solches Präparat. Das Messer eines Ultramikrotoms besteht aus einem Diamantsplitter oder der Kante von frisch gebrochenem Glas. Beim Schneiden wird das Präparat auf einem Wassertropfen aufgefangen und von dort mit einem feinen Metallnetz abgefischt. Auf diesem wird das Objekt in den Strahlengang eingeführt.

Kontrasterzeugung
Viele biologische Strukturen sind schon im Lichtmikroskop sehr kontrastarm. Dies gilt noch mehr für das Elektronenmikroskop, da die Elektronen die Zellmembranen fast ungehindert durchdringen. Deshalb müssen die Zellen kontrastiert werden. Das geschieht durch Schwermetallsalze, wie Uran- oder Osmiumsalze, die sich an

den Membranen anlagern. Auf dem Bildschirm des Elektronenmikroskops sieht man die angelagerten Schwermetallsalze, da sie keine Elektronen hindurchlassen. Die dunklen Linien in den TEM-Bildern sind die an der Membran angelagerten Schwermetallsalze (Abb. 3).

Das Rasterelektronenmikroskop

Während mit der TEM Gewebedünnschnitte untersucht werden, benutzt man die Rasterelektronenmikroskopie (REM) zur Untersuchung von Zell- oder Organelloberflächen. Bei diesem Verfahren tastet ein Elektronenstrahl die mit einem sehr dünnen Schwermetallfilm überzogene dreidimensionale Probe ab. Die Elektronen prallen an der dreidimensionalen Oberfläche ab und werden gemessen. Die verschiedenen Messpunkte werden von einem Computer in Helligkeitswerte umgesetzt. Man erhält auf einem Bildschirm ein Bild, das einen räumlichen Eindruck vermittelt (Abb. 2). Mit dieser Technik erreicht man eine ca. 20 000-fache Vergrößerung. Sie wird z. B. zur Darstellung von Zellorganellen oder Zellgruppen genutzt.

Gefrierbruchtechnik

Bei der Gefrierbruchtechnik (Abb. 4). werden Zellen fixiert, indem sie auf –150 °C abgekühlt werden. Die tiefgekühlten Zellen werden mit einem Messer aufgebrochen. Besonders häufig verläuft die Bruchfläche bei diesem Vorgang im Bereich der Zellmembranen. Die Bruchstellen bleiben tiefgekühlt offen liegen und das Eis sublimiert. Hierbei entstehen dreidimensionale Oberflächen, die Strukturdetails erkennen lassen. Die Zellstrukturen lassen Elektronen fast ungehindert hindurch, daher werden sie mit einem Platin-Kohlenstoff-Gemisch seitlich bedampft. Diese Schicht wird elektronenmikroskopisch untersucht (Abb. 5). Die Gefrierbruchtechnik spielt bei der Untersuchung von Zellmembranen eine Rolle.

A1 ◒ Beschreiben und vergleichen Sie die elektronenmikroskopischen Bilder eines Mitochondriums in Abb. 1 und Abb. 2 unter dem Aspekt der TEM- und REM-Technik.

A2 ◒ Erläutern Sie anhand von Abb. 3, wie man aus den Ultradünnschnitten zu einer räumlichen Darstellung gelangt.

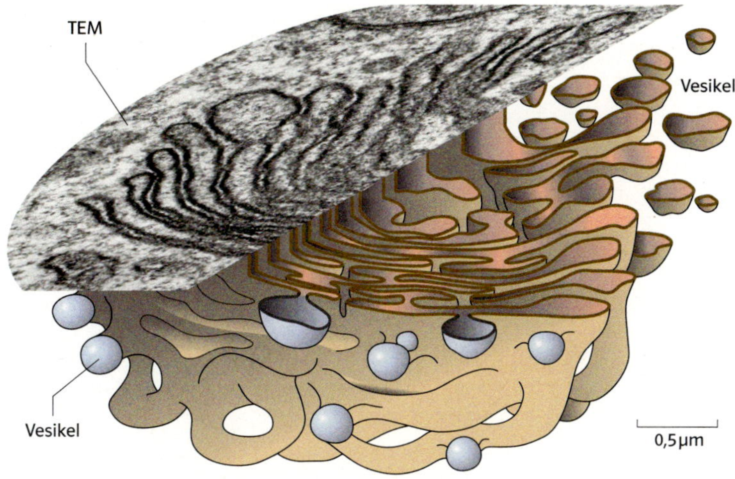

3 *Räumliche Darstellung der TEM-Bilder (Golgi-Apparat)*

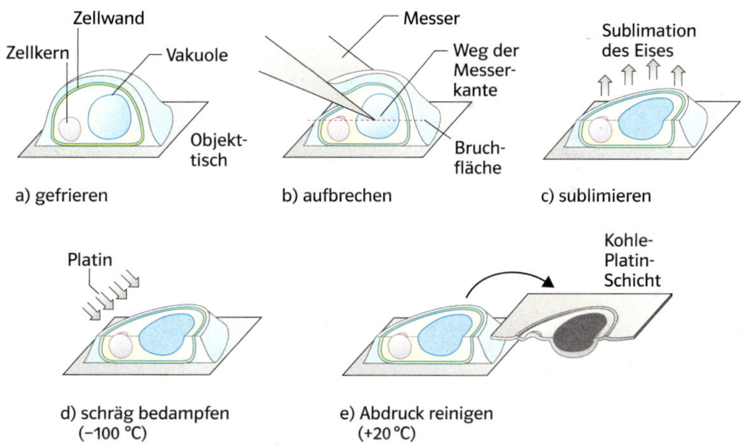

4 *Präparationsschritte bei der Gefrierbruchtechnik*

5 *EM-Bild eines Zellkerns nach Gefrierbruch*

Der Bau tierischer und pflanzlicher Zellen

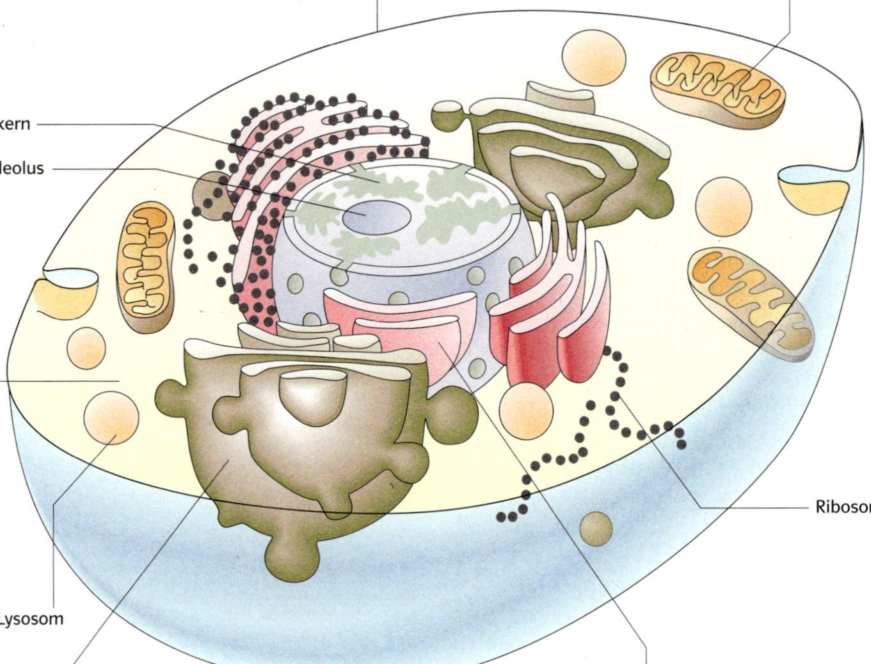

1 *Tierzelle (schematisch)*

In der Zelle tritt als wiederkehrendes Bauelement die Biomembran auf. Diese unterteilt das Zellinnere in viele voneinander abgegrenzte Räume, sogenannte *Kompartimente*. In diesen getrennten Kompartimenten können unterschiedliche Stoffwechselreaktionen ablaufen, ohne sich zu beeinflussen. Die Faltung und Stapelung der Membranen, z. B. bei den Dictyosomen, vergrößert gleichzeitig die inneren Oberflächen stark. Membrangebundene Stoffwechselprozesse können dadurch effektiver ablaufen.

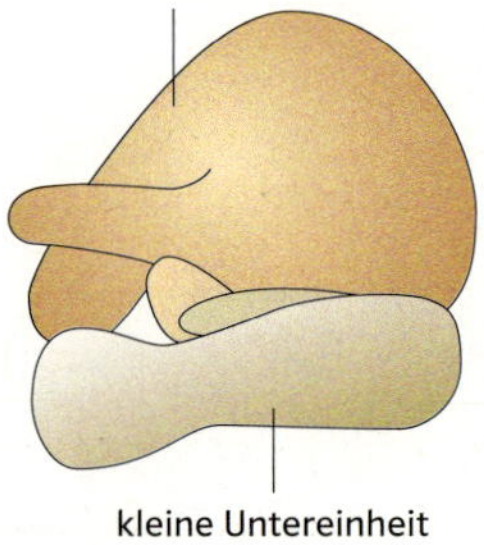

Ribosom

Zellorganellen — Funktionseinheiten der Zelle

Der *Zellkern (Nucleus)* enthält den größten Teil des genetischen Materials, der DNA. Er steuert und kontrolliert die Vorgänge in der Zelle. Hier finden die Verdopplung des genetischen Materials und die ersten Schritte der Übertragung der genetischen Information in das Cytoplasma statt. Im Inneren des Zellkerns sind ein bis mehrere Kernkörperchen (Nucleoli). Sie sind am Zusammenbau von Ribosomen beteiligt. Die Doppelmembranhülle hat Poren, durch die Stoffe mit dem Cytoplasma und dem endoplasmatischen Retikulum ausgetauscht werden.

Das *Endoplasmatische Retikulum* ist ein Membransystem, das als Kanalsystem das gesamte Cytoplasma durchzieht. Das ER kann mit anderen Membranen, wie der Doppelmembranhülle des Zellkerns, in Verbindung stehen. Der Stofftransport innerhalb der Zelle läuft über das ER ab. An den Membranflächen befinden sich zum Teil dicht nebeneinander Ribosomen, wodurch die Membran ein raues Aussehen erhält. Andere Bereiche sind frei von Ribosomen. Man unterscheidet daher raues und glattes ER. Das glatte ER spielt z. B. eine Rolle bei der Calciumversorgung der Muskelzellen oder der Entgiftung in den Leberzellen. Manchmal schnüren sich von den Membranen auch Bläschen ab, in denen Stoffe transportiert werden. Drüsenzellen sind besonders stark vom ER durchzogen. Im Bereich des rauen ER erhalten die Eiweiße ihre spezifische Struktur.

Ribosomen sind der Syntheseort der Eiweiße in der Zelle. Sie haben keine Membran und bestehen zu 40 % aus Ribonucleinsäuren (RNA) und zu 60 % aus Eiweißen. Sie können wie Perlen an einer Schnur im Cytoplasma liegen oder an Membranen angelagert sein.

Dictyosomen sind flache, durch Membranen abgegrenzte Hohlräume (Zisternen), die gestapelt vorliegen können. Dicytosomen speichern, verändern und verpacken Eiweiße. Am Rand der Membranstapel können sich zum Transport der Inhaltsstoffe Bläschen mit Eiweißen abschnüren. Bei pflanzlichen Zellen werden hier auch die Baustoffe für die Zellwand gebildet. Die Gesamtheit der Dictyosomen wird als *Golgi-Apparat* bezeichnet.

Mitochondrien sind die Energiewandler in der Zelle. Die Energie aus der Glucose wird hier in eine für die Zelle nutzbare Form, das ATP, umgewandelt. Besonders viele Mitochondrien findet man daher in Zellen mit einem hohen Energiebedarf, z. B. Muskelzellen. Mitochondrien sind mit einer Doppelmembranhülle umgeben. Es entstehen dadurch zwei Kompartimente: der Intermembranraum zwischen der äußeren und der inneren Membran und der Innenraum, die Matrix. Die innere Membran ist stark gefaltet. Diese Einstülpungen führen zu einer Vergrößerung der inneren Membranoberfläche. Mitochondrien vermehren sich durch Teilung. Sie enthalten DNA.

Lysosomen und *Vakuolen* sind von einer einfachen Membran umgeben. Sie beinhalten unterschiedliche Stoffe. Die Lysosomen enthalten vor allem Verdauungsenzyme, die überflüssige Zellmaterialien oder große Moleküle abbauen.

Chloroplasten sind die Orte der Fotosynthese, bei der Lichtenergie in chemische Energie umgewandelt wird. Die bei diesem Vorgang gebildeten energiereichen Moleküle sind die Energiequelle für den überwiegenden Teil der Lebewesen. Chloroplasten sind von einer Doppelmembranhülle umgeben, dadurch entstehen zwei Kompartimente: zwischen der äußeren und der inneren Membran und der Innenraum. Die innere Membran ist stark gefaltet und bildet dicht gestapelte kreisrunde Kompartimente, die Grana. Die Flüssigkeit, in der sich die Grana im Innenraum des Chloroplasten befinden, wird Stroma genannt. Chloroplasten vermehren sich durch Teilung. Sie enthalten DNA.

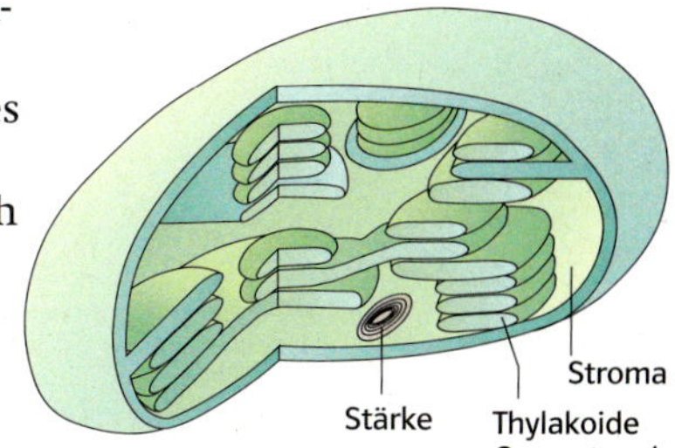

Chloroplast

Die *Zellsaftvakuole* nimmt in vielen Pflanzenzellen mehr als 90 % des Zellvolumens ein. Sie ist von einer Membran, dem *Tonoplasten*, umschlossen. Sie dient als Speicherorgan, z. B. für Eiweiße oder Mineralsalze. In der Zellsaftvakuole können auch schädliche Stoffwechselprodukte abgelagert werden. In Blüten sind in manchen Zellsaftvakuolen Farbstoffe eingelagert, die die charakteristischen Farben der Blütenblätter ausmachen. Durch die Einlagerung von Gift- oder Bitterstoffen sind einige Pflanzen vor Tierfraß oder Befall durch Mikroorganismen geschützt.

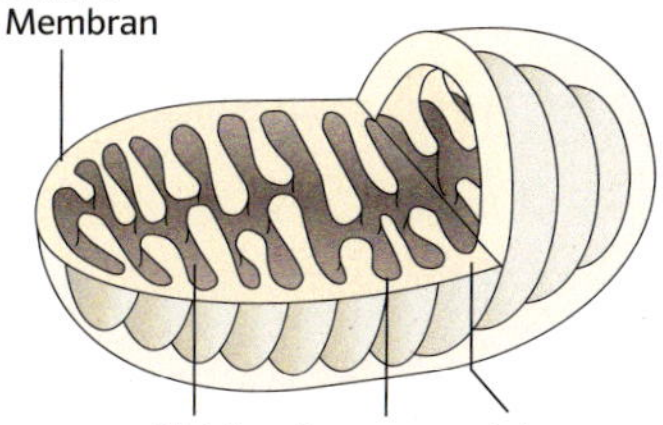

Mitochondrium Cristae-Typ

A1 ◒ Ordnen Sie die verschiedenen Organellen nach gemeinsamen Kriterien. Legen Sie hierbei anhand der Informationen im Text Ordnungskriterien selbst fest.

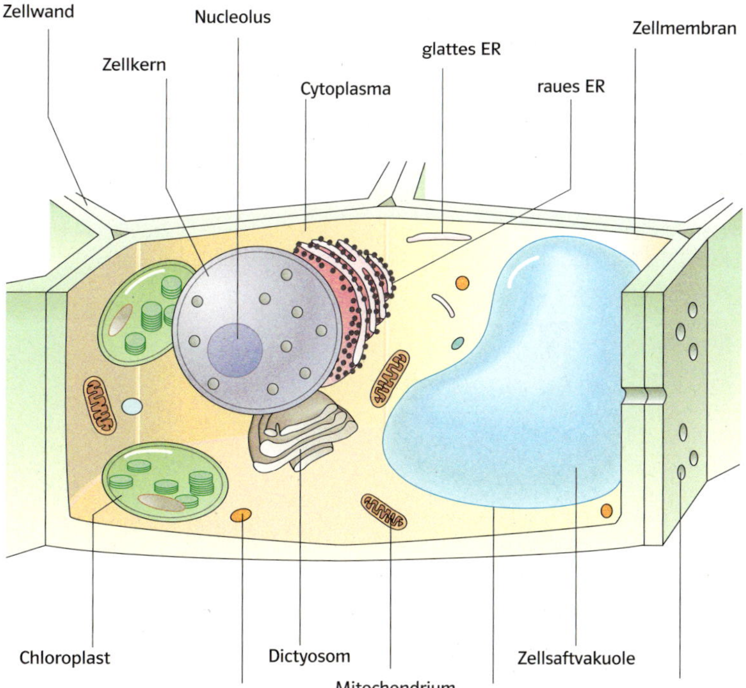

2 *Pflanzenzelle (schematisch)*

Zellbestandteile werden isoliert

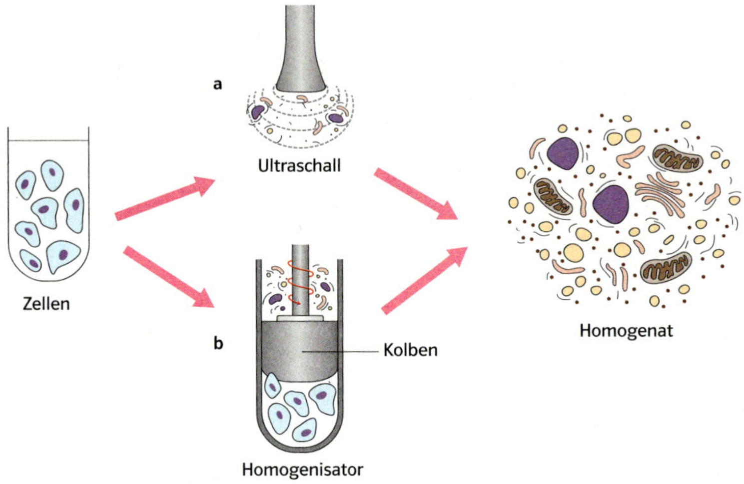

1 *Öffnen von Zellen*

Den Aufbau von Zellen und Zellbestandteilen kann man mikroskopisch untersuchen. Die Funktion und die Bedeutung der einzelnen Bestandteile sind jedoch auf diesem Wege nicht nachweisbar. Hierzu muss man die Zellbestandteile aus den Zellen isolieren und gezielte Experimente mit ihnen durchführen.

Zellen werden geöffnet

Die Untersuchung der Organellen oder Proteine setzt voraus, dass die Zellmembran zerstört wird und die Zellen dadurch geöffnet werden. Die Organellen dürfen bei diesem Verfahren jedoch nicht zerstört werden. Tierisches oder pflanzliches Gewebe wird mit einem Mixer kurz zerkleinert, sodass die Zellen getrennt vorliegen. Danach wird die Zellmembran der Zellen geöffnet. Hierzu werden verschiedene Arbeitsmethoden genutzt. Die Zellmembran kann durch Ultraschallschwingungen (Abb. 1a) zerstört werden oder durch einen speziellen Mixer, einen Homogenisator (Abb. 1b). Bei diesem wird die Zellmembran zwischen dem Kolben und dem Glasrand zerrissen.

Zellbestandteile werden getrennt

Das entstandene Gemisch, das *Homogenat*, aus den verschiedenen Organellen und Membranstücken muss nun in die verschiedenen Bestandteile getrennt werden. Dies ist die Voraussetzung, um Organellen oder Membranstücke ohne Verunreinigungen auf ihre Funktion hin untersuchen zu können. Eine sehr effektive Reinigungsmethode ist die Auftrennung mithilfe der *Zentrifugation*.

Prinzip der Zentrifugation

Voraussetzung für die Zentrifugation ist die unterschiedliche Dichte der zu trennenden Bestandteile. Gibt man z. B. in ein Gefäß mit Wasser unterschiedliche Zellen, sinken diese je nach ihrer Dichte mehr oder weniger schnell nach unten *(Sedimentation)*. Die antreibende Kraft ist hierbei die Erdanziehung. Die Erdanziehungskraft ist konstant. Sie ist das Produkt aus Masse und Erdbeschleunigung g ($g = 9{,}81\,m/s^2$). Bei sehr kleinen Teilchen, wie den Zellbestandteilen, dauert die Sedimentation sehr lange.

Je größer die Kraft ist, desto schneller sedimentieren die Teilchen. Bei der Zentrifugation werden die Zellbestandteile einer wesentlich höheren Kraft, der Zentrifugalkraft, ausgesetzt. Diese ist um ein Vielfaches höher als die Erdanziehungskraft (Abb. 2). Die Zellbestandteile oder Membranbruchstücke mit der höheren Dichte findet man als Sediment im Zentrifugenglas, die Teile mit der geringeren Dichte im Überstand. Je nach der Umdrehungszahl des Rotors und damit der Zentrifugalkraft und der Dauer der Zentrifugation sind verschiedene Teilchen im Sediment zu finden.

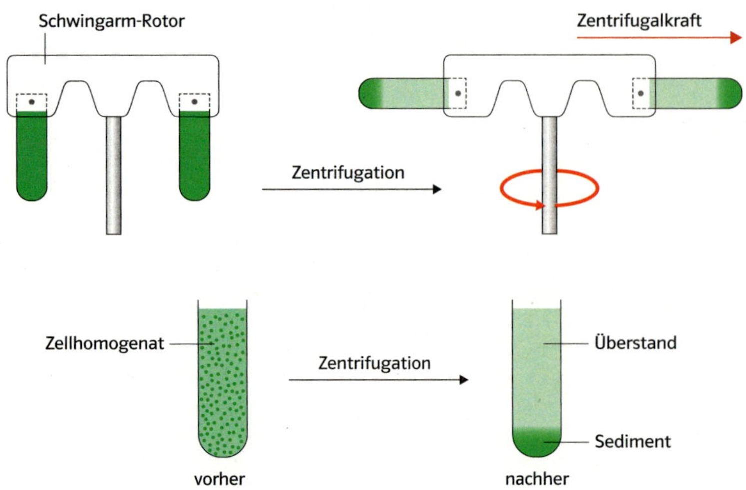

2 *Prinzip der Zentrifugation*

Differentialzentrifugation

Bei der *Differentialzentrifugation* werden Zellbestandteile getrennt, deren Sedimentationsgeschwindigkeit sehr unterschiedlich ist. Bei einem Zellhomogenat setzen sich die Zellkerne bei der Zentrifugation wegen ihrer höheren Dichte schneller im Sediment ab als die anderen Organellen (Fraktion 1). Im Überstand befinden sich Zellbestandteile mit einer geringeren Dichte, wie z. B. Mitochondrien und Ribosomen (Abb. 4). Diesen Überstand überführt man in ein weiteres Zentrifugenglas und erhöht die Umdrehungszahl. Die Zentrifugation erfolgt in Ultrazentrifugen bei mehr als 1000 Umdrehungen pro Sekunde (Abb. 5). Dabei treten Beschleunigungen bis zum Hunderttausendfachen der Erdbeschleunigung auf. Auch sehr kleine Partikel wie die Ribosomen können mit der Ultrazentrifuge abgetrennt werden.

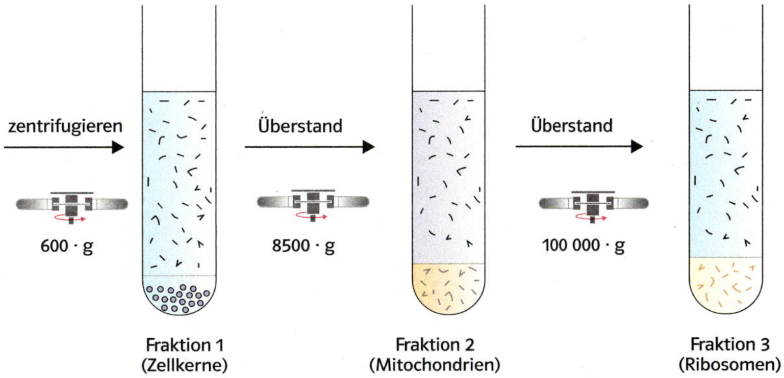

4 *Differentialzentrifugation*

Dichtegradientenzentrifugation

Bei der *Dichtegradientenzentrifugation* werden Zellbestandteile mithilfe unterschiedlicher Dichtezonen aufgetrennt. Zunehmende Konzentrationen z. B einer Rohrzuckerlösung werden im Zentrifugenglas übereinandergeschichtet. Die Dichte der Lösung nimmt dabei von oben nach unten zu, es entsteht ein *Dichtegradient* (Abb. 3). Das Homogenat mit den verschiedenen Zellbestandteilen wird auf diesem Dichtegradienten im Zentrifugenröhrchen aufgetragen. Beim Zentrifugieren in der Ultrazentrifuge sammeln sich die verschiedenen Zellbestandteile oder Membranstücke in der Zone an, die ihrer eigenen Dichte entspricht. Die verschiedenen Zonen werden dann zur Untersuchung entnommen.

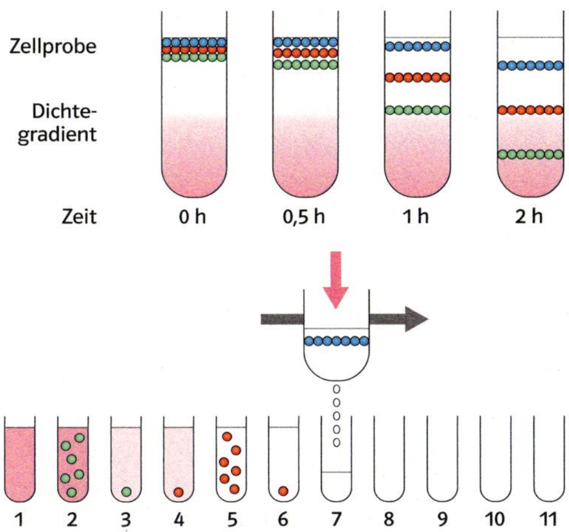

3 *Dichtegradientenzentrifugation*

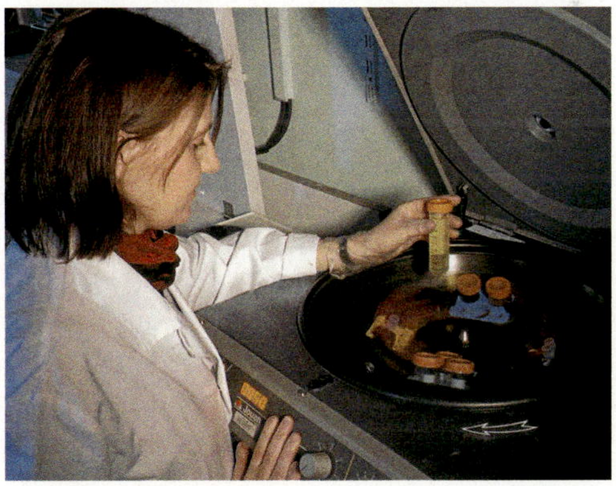

5 *Ultrazentrifuge*

A1 ● Erklären Sie in einem Text, welche Bedeutung die Zentrifugation für Wissenschaftler bei der Erforschung der Zelle hat.

A2 ● Vergleichen Sie in einem kurzen Text die Differentialzentrifugation mit der Dichtegradientenzentrifugation.

A3 ◒ In einem Modellversuch werden drei Tischtennisbälle mit verschieden konzentrierten Kochsalzlösungen gefüllt. Gibt man die Bälle in einen Standzylinder mit Wasser, sinken alle drei auf den Boden. Löst man Rohrzucker in dem Standzylinder auf, beginnen zwei zu schweben, der dritte bleibt unten liegen. Erklären Sie dieses Modellexperiment unter dem Aspekt der Dichtegradientenzentrifugation.

Das Cytoskelett

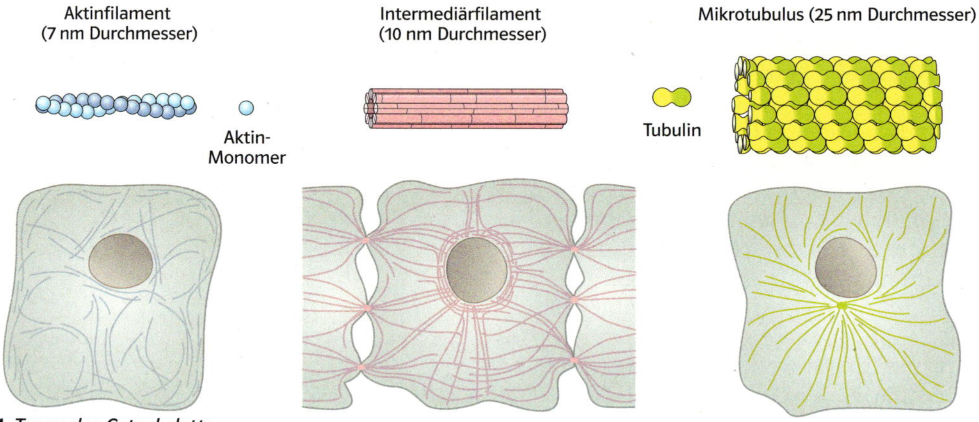

1 *Typen des Cytoskeletts*

Chloroplasten „wandern" im Cytoplasma zum Licht. Unter dem Mikroskop kann man beobachten, wie sie sich quer durch die Zelle bewegen. Auch andere Organellen und große Moleküle werden je nach Stoffwechselaktivität von einem Teil der Zelle in andere Teile transportiert. Während des Wachstums und der Zellteilung ist diese Umverteilung von besonders großer Bedeutung. Die Chromosomen müssen bei der Zellteilung bewegt und die Zellen anschließend getrennt werden. Diese Aufgaben übernimmt das *Cytoskelett*. Es stützt auch die Zellmembran, sodass diese bei Spannungen oder Dehnungen vor Schäden geschützt wird. Zellen sind dadurch in der Lage, ihre Position und ihre Form zu ändern.

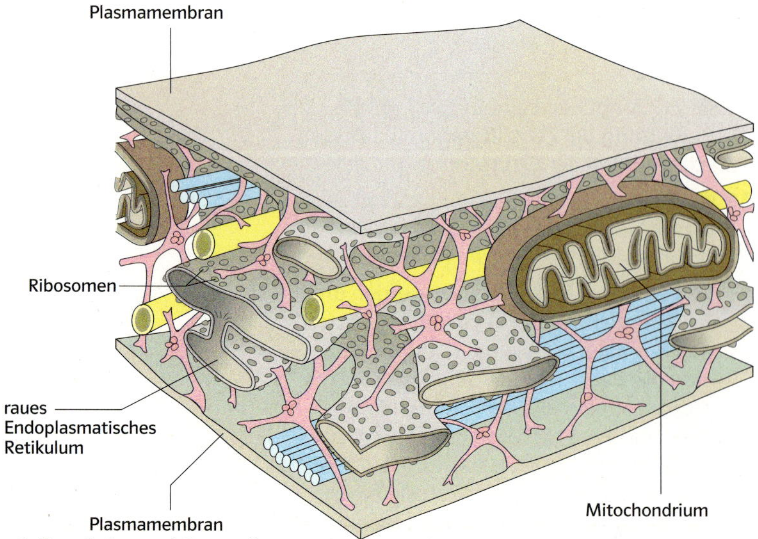

2 *Cytoskelett und Organellen*

Forschung an lebenden Zellen

Die Erforschung der Funktion und Bedeutung des Cytoskeletts konnte erst beginnen, nachdem hochauflösende mikroskopische Untersuchungen an lebenden Zellen, z. B. mithilfe der Fluoreszenzmikroskopie, durchgeführt werden konnten. Die Untersuchungen mit dem Elektronenmikroskop hatten zwar gezeigt, dass es Strukturen innerhalb der Zellen gibt, sie ermöglichten an den präparierten toten Zellen jedoch keine Aussagen zur Dynamik der Vorgänge am Cytoskelett in den Zellen.

Im Gegensatz zu den Organellen und Membranen baut sich das Cytoskelett je nach Bedarf ständig um. Das Cytoskelett durchzieht das Cytoplasma als ein dreidimensionales Netzwerk aus langen, dünnen Proteinfäden, den *Filamenten*. Das Cytoskelett spielt z. B. eine Rolle bei der Zellteilung, der Bewegung von Zellorganellen in der Zelle und der Zellstabilität. Es gibt drei Filament-Typen: *Intermediärfilamente, Aktinfilamente* und *Mikrotubuli* (Abb. 1).

Stützgerüst

Intermediärfilamente kommen nur in tierischen Zellen vor und haben vor allem die Funktion, für Stabilität und Zugfestigkeit in der Zelle zu sorgen. In zahlreichen Zellen verlaufen sie u. a. von der Kernhülle bis zur Zellmembran und verankern damit den Zellkern und weitere Zellorganellen, die sich im Cytoplasma befinden (Abb. 2).

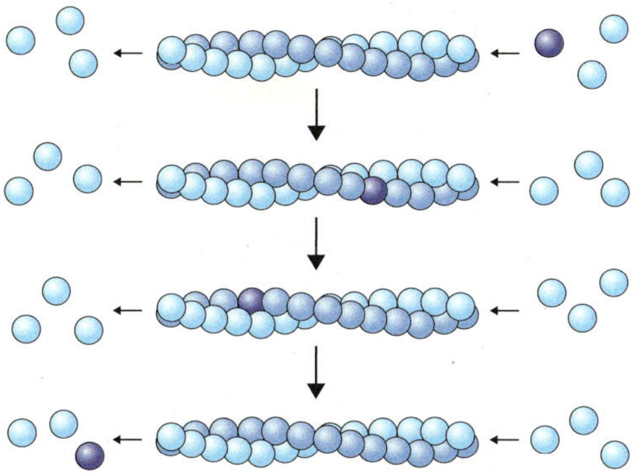

3 *Aktinaufbau und Aktinabbau*

Beweglichkeit und Kontraktion

Aktinfilamente sind dünne Eiweißfäden, die häufig an der Zellmembran entstehen. Aktinfilamente sind an Bewegungen in Zellen beteiligt. Zu diesen Bewegungen gehören vor allem Cytoplasmaströmungen, Kontraktionen und Cytoplasma-Einschnürungen bei der Zellteilung. Aktinfilamente sind in den Muskelzellen zahlreich vorhanden (s. Seite 112). Aktin erzeugt zusammen mit Myosin die Kontraktionen in den Muskelzellen. An der Zellmembran anliegende Aktinnetze dienen als mechanische Stabilisierung der Zellmembran. Durch die ständig neuen Verknüpfungen untereinander bilden sich unterschiedliche Zellfortsätze.

Schienen für den Zelltransport

Mikrotubuli sehen aus wie dünne hohle Röhren. Sie bestehen aus einzelnen Tubulinproteinen (Abb. 1). Diese werden innerhalb von Minuten am einen Ende aufgebaut, während sie zeitgleich am anderen Ende konstant abgebaut werden. Dadurch sind gezielte Bewegungen in eine bestimmte Richtung möglich. So werden beispielsweise die Chromosomen während der Zellteilung zu den Zellpolen gezogen (s. Seite 39). Mikrotubuli werden auch als Gleise für den Transport von Vesikeln eingesetzt. Ebenso bestehen die Fortbewegungsorgane der Spermienzellen, die Geißeln, aus Mikrotubuli. Die Stabilität der Mikrotubuli ist unterschiedlich. Beim Spindelapparat sind während der Zellteilung die Fasern sehr labil, beim Bewegungsapparat der Spermienzellen oder Geißeln sehr stabil.

Motorproteine sind Transportsysteme

Motorproteine bilden mit dem Cytoskelett Transportsysteme in der Zelle. Sie wandeln chemisch gebundene Energie in mechanische Energie um. Innerhalb der Zelle wird ihre Bewegung für den Transport von Organellen, Vesikeln oder großen Molekülen genutzt. Auch die Bewegung eines Organismus, z. B. der Muskelfasern, ist auf Motorproteine zurückzuführen. Motorproteine bewegen sich auf den Filamenten des Cytoskeletts. Dieser Zusammenhang wurde mithilfe fluoreszierender Substanzen, den Tracern, untersucht (s. Seite 37). Diese binden an bestimmten Stellen der Motorproteine und lassen sich durch ihr Leuchten unter dem Fluoreszenzmikroskop beobachten (Abb. 4).

A1 ○ Fassen Sie tabellarisch die verschiedenen Funktionen des Cytoskeletts zusammen.

A2 ● Erstellen Sie anhand der Abb. 5 ein Drehbuch zur Bewegung der Motorproteine auf den Mikrotubuli.

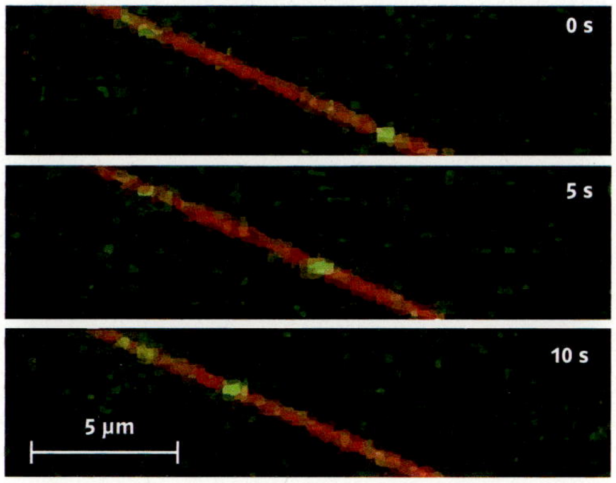

4 *Motorproteine (grün) auf Mikrotubuli (rot)*

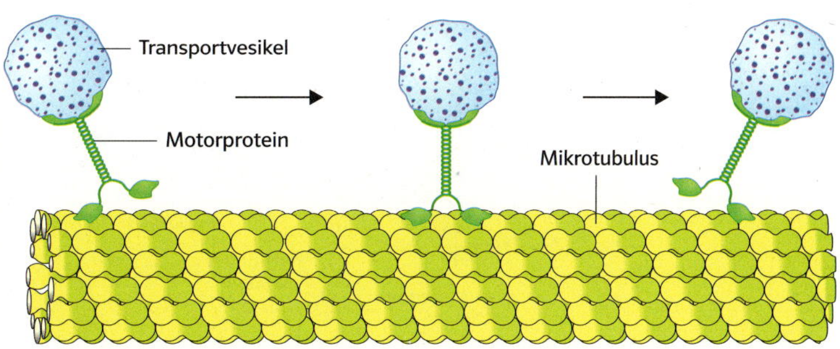

5 *Bewegung der Motorproteine*

Einzeller

Neben den vielzelligen Lebewesen findet man eine große Vielfalt an *Einzellern*. Einzeller sind in der Lage, mit einer einzigen Zelle alle Lebensprozesse wie Ernährung, Fortpflanzung, Reizaufnahme oder Bewegung durchzuführen. Der Aufbau der Zellen ist mit denen der Vielzeller zu vergleichen. Einige Einzeller besitzen Chloroplasten, andere ernähren sich von Nährstoffen aus ihrer Umgebung.

Pantoffeltierchen

Paramecien werden wegen ihrer Form auch Pantoffeltierchen genannt. Sie leben z. B. im Wasser von Tümpeln, in feuchten Wiesen oder Wasserpfützen und ernähren sich von Bakterien, Algen oder anderen Kleinstlebewesen. Auf der Oberfläche der Zelle befinden sich Tausende *Wimpern*, die durch Motorproteine rhythmisch schlagen und dadurch zu einer rotierenden Fortbewegung führen. Auffällig sind die *pulsierenden Vakuolen*, die in rhythmischen Abständen schrumpfen und wieder wachsen. Mit diesen Vakuolen pumpen sie osmotisch eingeströmtes Wasser aus der Zelle.

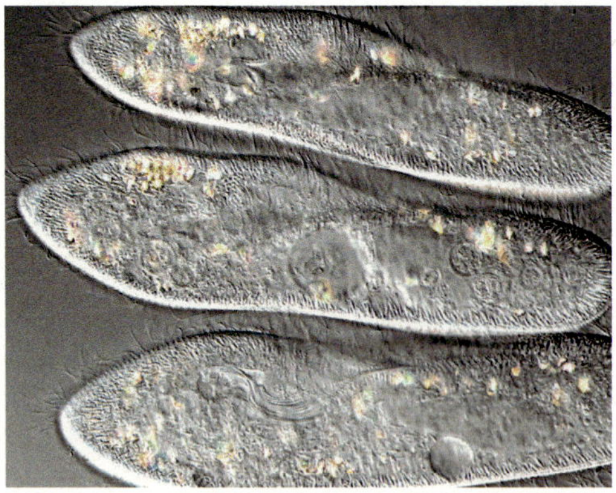

1 *Paramecien unter dem Mikroskop*

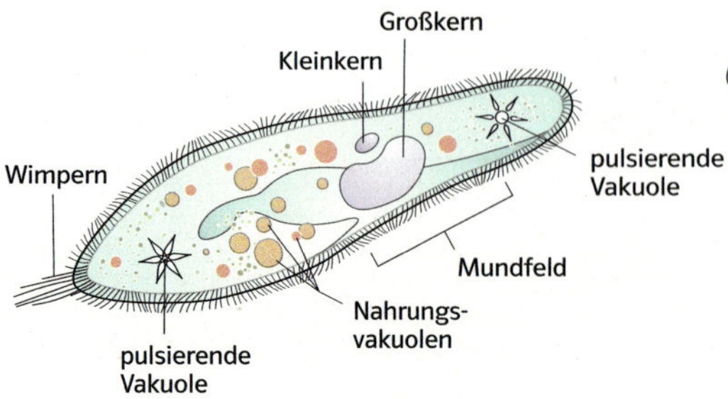

2 *Paramecium schematisch*

Augentierchen

Euglena wird wegen ihres roten *Augenflecks* auch als Augentierchen bezeichnet. Bei der Anzucht im Licht bildet sie Chloroplasten aus, bei der Anzucht im Dunkeln und mit Nährstoffen jedoch nicht. Unter dem Aspekt der Ernährung steht Euglena daher zwischen Tier und Pflanze. Die Fortbewegung erfolgt über eine *Geißel*, mit der sie sich rotierend fortbewegt. Die Bewegung erfolgt in Richtung des Lichts. Mithilfe des *Fotorezeptors* am Geißelschaft und der rotierenden Bewegung orientiert sich die Zelle. Die Farbstoffe des Augenflecks schirmen den Lichteinfall auf den Fotorezeptor einseitig ab. Beim Rotieren fällt daher nicht immer Licht auf den Fotorezeptor. Die periodische Verdunklung führt zu einem veränderten Geißelschlag und dadurch zu einer gezielten Bewegung zum Licht.

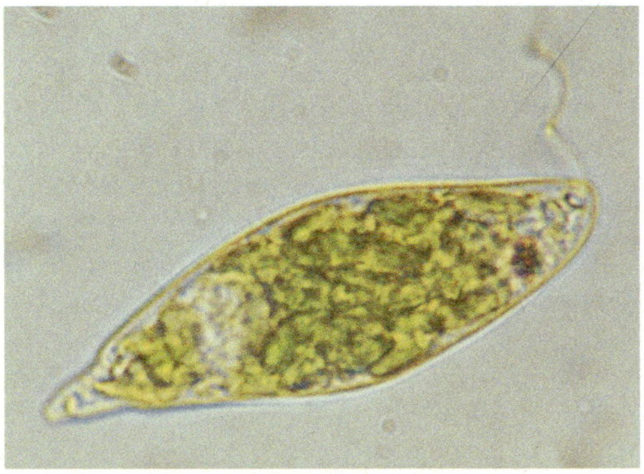

3 *Euglena unter dem Mikroskop*

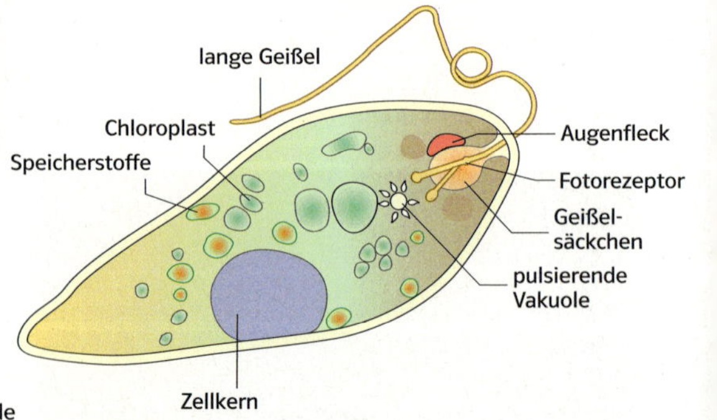

4 *Euglena schematisch*

A1 ◒ Stellen Sie mithilfe einer Skizze den Lichteinfall bei einer rotierenden Euglena dar und erklären Sie daran die Ausrichtung zum Licht.

Vom Einzeller zum Vielzeller — ein Denkmodell

Einzeller besitzen alle zum Leben notwendigen Fähigkeiten. Dagegen kommt es bei *vielzelligen Organismen* im Laufe ihrer Individualentwicklung zu einer Differenzierung der Zellen und zur *Arbeitsteilung*. Die einzelne Zelle hat dann die Fähigkeit verloren, allein zu existieren. Da Einzeller erdgeschichtlich älter sind, geht man von einer Entwicklung vom Einzeller zum Vielzeller hin aus. Die Betrachtung heute lebender Organismen gibt Hinweise auf den evolutionären Verlauf (Abb. 2).

Die *Mosaikgrünalge (Gonium)* besteht aus 16 Zellen, von denen jede wie eine Einzeller-Zelle aussieht. Die Zellen liegen in einer Gallertplatte zusammen, ein Stoffaustausch zwischen ihnen ist dadurch möglich. Die einzelnen Zellen zeigen keine Differenzierung, sie sind jedoch zu gemeinsamen Leistungen fähig, z.B. zum Schwimmen in eine Richtung. Werden diese Zellen voneinander getrennt, ist jede Einzelzelle für sich lebensfähig.

Bei der Zellkolonie *Eudorina* ist die Gallerthülle kugelförmig und enthält 32 Zellen. Geringfügige Unterschiede in der Größe des *Augenflecks* innerhalb der Einzelzellen deuten auf eine erste Spezialisierung der Zellen in der Zellkolonie hin.

Eine weitere Stufe der Entwicklung stellt die Kugelalge *Volvox* dar. Circa 20 000 Einzelzellen bilden eine Hohlkugel. Die Einzelzellen sind durch Plasmabrücken miteinander verbunden. Zwischen ihnen kommt es zu einer Arbeitsteilung. Die meisten Zellen dienen der Fortbewegung und der Ernährung; sie sind nicht teilungsfähig.

Eine zweite Zellsorte ist deutlich größer und auf die Fortpflanzung spezialisiert. Sie allein kann sich teilen und auf *ungeschlechtlichem* Weg im Inneren der Mutterkugel kleinere Tochterkugeln bilden. Diese wachsen heran und gelangen ins freie Wasser, wenn die Mutterkugel aufplatzt und zugrunde geht. Der Tod der Mutterkugel ist die konsequente Folge der Arbeitsteilung. Volvox ist auch zur *geschlechtlichen Fortpflanzung* fähig, da sich aus Fortpflanzungszellen auch *Eizellen* und *Spermien* entwickeln können. Aus der befruchteten Eizelle, der Zygote, entsteht eine neue Volvoxkugel.

A1 Erklären Sie, warum es sich bei der im Text beschriebenen Reihung um eine Modellvorstellung für die Entwicklung von Mehrzellern handelt.

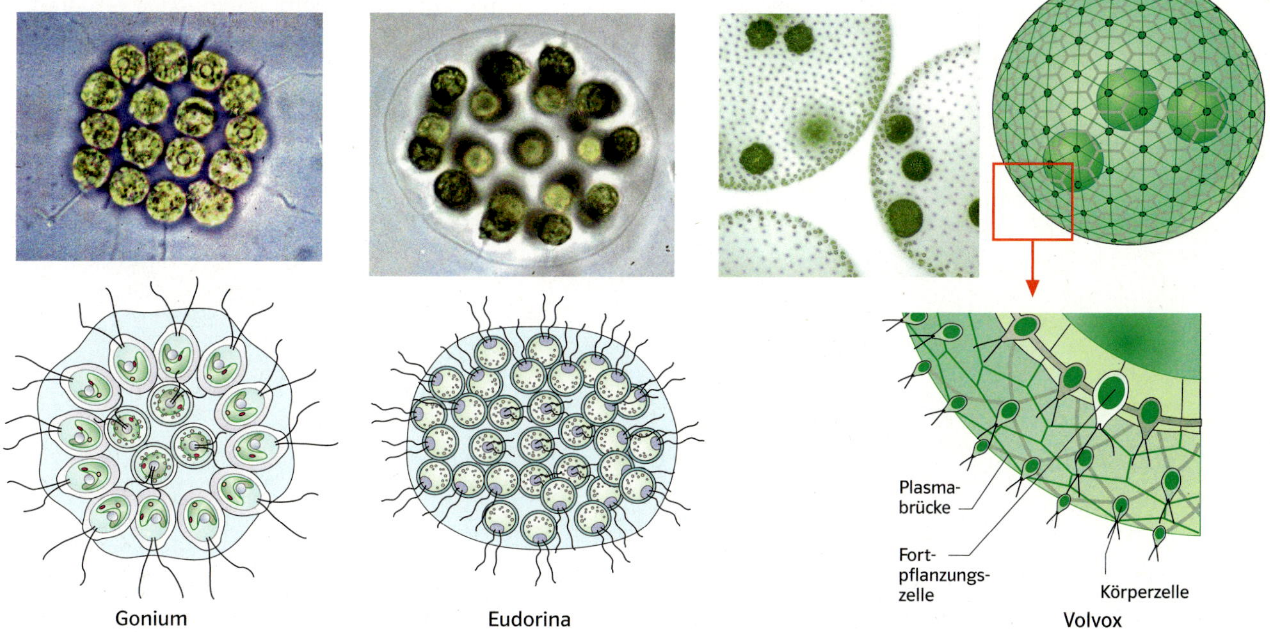

1 *Algenarten unterschiedlicher Entwicklungsstufen*

Zelldifferenzierung bei pflanzlichen Zellen

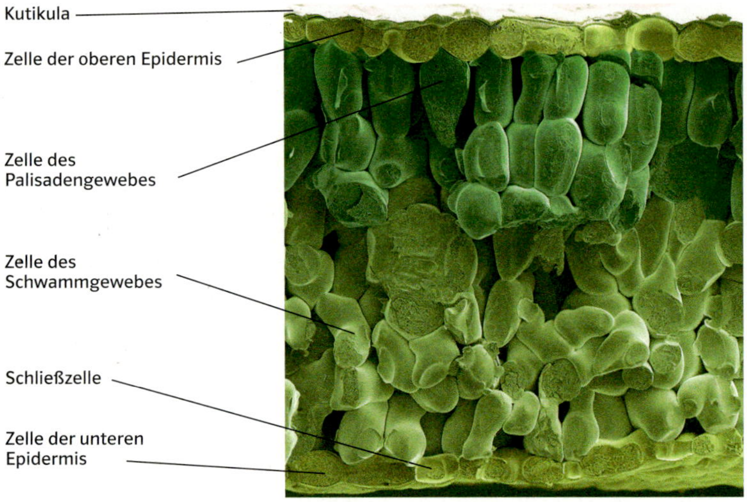

1 *Querschnitt durch ein Laubblatt (REM)*

Differenzierung
Auseinanderentwicklung und Spezialisierung

Determination
Festlegung der Entwicklungsrichtung

totipotent
zur Entwicklung eines ganzen Individiums fähig

Betrachtet man lichtmikroskopisch den Querschnitt eines Laubblattes, so sieht man verschiedene Gewebe, die jeweils aus einem Verband gleichartiger Zellen bestehen. Sie erfüllen die komplexen Aufgaben des Blattes, indem sie Fotosynthese betreiben und den Gasaustausch mit der Atmosphäre regeln. Entsprechend ihrer Aufgabe zeigen die Zelltypen Spezialisierungen. Die Zellen der oberen *Epidermis* verhindern unkontrollierte Transpiration, schützen das Blatt vor Austrocknung und mechanischen Beschädigungen. Man erkennt sie an ihren dicken Zellwänden, die an der Oberseite von einer wasserundurchlässigen Schicht *(Kutikula)* bedeckt sind. Die darunter liegenden *Palisadenzellen* erreicht viel Licht. Sie enthalten besonders viele Chloroplasten und erbringen die größte Fotosyntheseleistung. So kann man bei Zellen häufig schon anhand ihrer Struktur auf ihre Funktion schließen. Zellen, die in einem mehrzelligen Organismus eine bestimmte Funktion haben, bezeichnet man als *differenziert.* Sie sind in der Regel nicht mehr teilungsfähig. Dagegen sind *undifferenzierte* Zellen teilungsfähig und zeigen keine besonderen strukturellen Ausprägungen.

Zelldifferenzierung
Schon in einem sehr frühen Stadium werden neu gebildete Zellen auf ihre zukünftige Aufgabe festgelegt. Die fortschreitende Einengung der Entwicklungsmöglichkeiten *totipotenter* Zellen bezeichnet man als *Determination.* Sie wird bestimmt durch cytoplasmatische Faktoren, die Lage der Zellen im Organismus und ihre physiologischen Beziehungen zueinander. Der Determination folgt die *Zelldifferenzierung.* Während der Differenzierungsphase wird die Zelle auf ihre zukünftigen Aufgaben vorbereitet und mit den erforderlichen Strukturen ausgestattet. Der Grundbauplan der Zelle bleibt dabei meist erhalten.

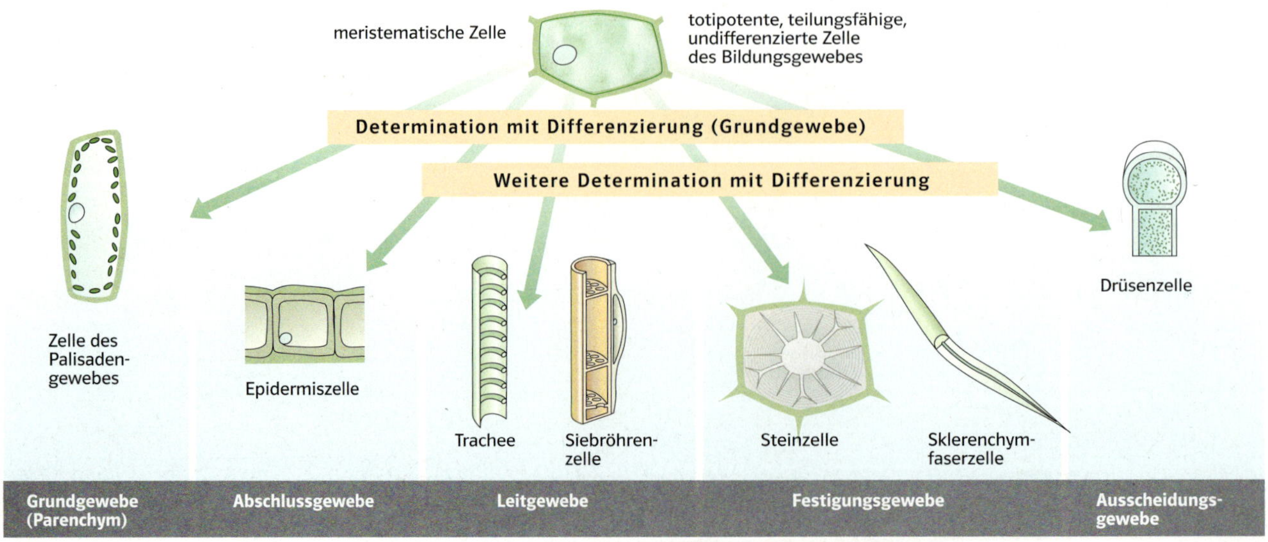

2 *Beispiele für die Differenzierung pflanzlicher Zellen*

Zelldifferenzierung bei tierischen Zellen

Bei Geweben von Tieren ist es nicht einfach, Zellgrenzen und -bestandteile zu sehen. Form und Größe der Zellen sind meist erst nach Anfärbung zu erkennen. Tiere besitzen entsprechend den vielfältigen Leistungen ihrer Organe eine größere Anzahl unterschiedlich differenzierter Zelltypen als Pflanzen. Jedoch ist auch hier der einheitliche Grundbauplan der Eucyte erkennbar. Im menschlichen Körper gibt es nahezu 200 Zelltypen. Beispielsweise besitzen *Nervenzellen* viele, zum Teil sehr lange Fortsätze, die der Informationsübertragung dienen. *Drüsenzellen* bilden Stoffe, die sie abgeben, *Knorpel-* und *Knochenzellen* scheiden Substanzen ab, die dem Stützgewebe die Festigkeit verleihen. In der Haut des Menschen liegen die Zellen des Deckgewebes *(Epithel)* mehrschichtig übereinander. Die äußeren *Hautzellen* sind stark verhornt und schützen so tieferes Gewebe. Das Epithel der Luftröhre (Abb. 1) dagegen besitzt Fortsätze in Form von Flimmerhärchen, die die Luftwege von Verunreinigungen säubern.

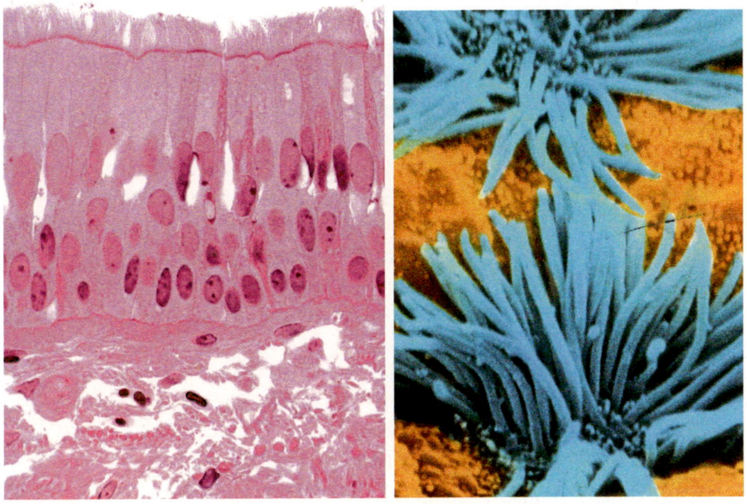

1 *Gewebeanordnung in der Luftröhre (links lichtmikroskopisch, rechts REM)*

Zelldifferenzierung

Wie bei Pflanzen, verlieren auch die Zellen der Tiere mit der Differenzierung meist ihre Teilungsfähigkeit. Jedoch sind in vielen Organen Gewebe vorhanden, deren Zellen zeitlebens teilungsfähig bleiben (Stammzellen). Sterben differenzierte Zellen ab, so entstehen in den *Bildungsgeweben* (z. B. im Knochenmark) durch Teilung neue Zellen. Aus Stammzellen des roten Knochenmarks können sich beispielsweise zeitlebens alle Blutzelltypen entwickeln. Die kurzlebigen Zellen des Blutes werden auf diese Weise ständig nachgeliefert.

A1 ◒ Mehrere Gewebetypen, die sich untereinander ergänzen, werden als Organ bezeichnet. Informieren Sie sich, welche Organe bei Pflanzen unterschieden werden und welche Funktionen sie erfüllen.

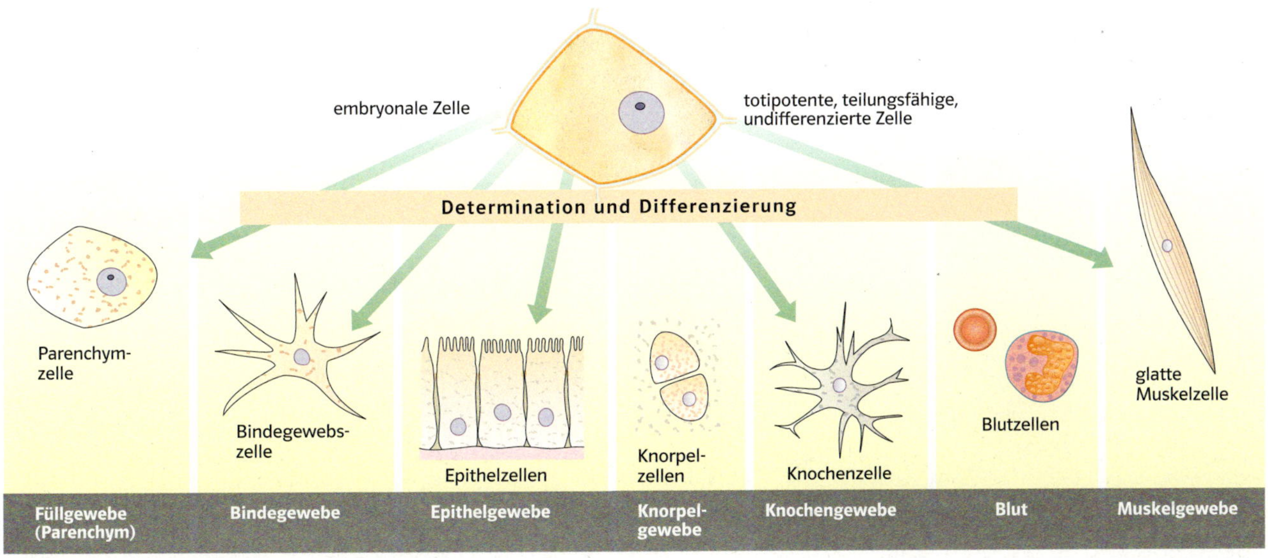

2 *Beispiele für die Differenzierung tierischer Zellen*

Bakterien sind anders

Bakterien sind winzige einzellige Lebewesen, die nur unter dem Mikroskop zu beobachten sind. Die Größe der meisten Bakterien beträgt ca. 1 bis 6 µm. Sie kommen in der Luft, im Wasser und im Boden vor und leben von der Umsetzung organischer Substanzen. Eine wichtige Rolle spielen die Bodenbakterien als Destruenten. Manche Bakterien dringen auch als Krankheitserreger in andere Lebewesen ein und lösen Krankheiten aus.

Bakterienformen

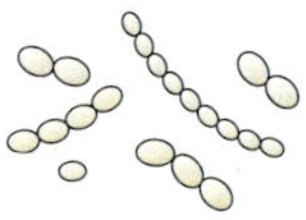

Kokken

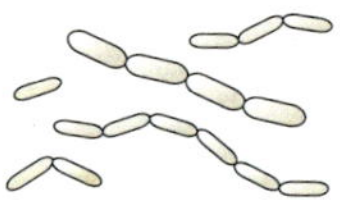

Bazillen

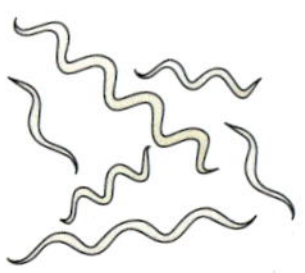

Spirillen

Aufbau der Bakterienzelle

Bakterien sind sehr einfach gebaute Lebewesen, deren Aufbau auf das Notwendigste zum Leben beschränkt ist. Die Zellen der Bakterien sind meistens kugelig (Kokken), spiralförmig (Spirillen) oder stäbchenförmig (Bazillen). Sie besitzen keine Organellen und keinen Zellkern. Die DNA liegt offen im Plasma in einem als Kernäquivalent bezeichneten Bereich, hat jedoch keine Zellkernhülle. Neben dem Kernäquivalent liegen zusätzlich kleine ringförmige DNA-Stränge vor, die *Plasmide*. Diese können sehr verschieden sein und Gene für außergewöhnliche Stoffwechselwege tragen. Die Zellmembran der Bakterien hat nach innen gerichtete Einstülpungen. An diesen können Energie umwandelnde Reaktionen ablaufen, die den Vorgängen in den Mitochondrien sehr ähnlich sind. Bei einigen Formen, den Cyanobakterien oder den Purpurbakterien, sind hier auch fotosynthetisch aktive Bereiche vorhanden. Das Cytoplasma der Bakterienzelle zeigt eine feine gekörnte Struktur, die auf die ca. 1000 Ribosomen zurückzuführen ist. Die Proteinbiosynthese läuft an den Ribosomen ab, diese gehören bei den Bakterien immer zum kleineren 70-S-Typ gegenüber den 80-S-Ribosomen der Eukaryoten. Die meisten Bakterien besitzen auf der Zellmembran eine Zellwand, die als Stützskelett dient. Diese enthält *Murein*, ein Riesenmolekül aus Zuckern und Aminosäuren, das die Zelle umspannt. Zusätzlich liegt bei einigen Bakterien eine Schleimschicht (Kapsel) vor, die als Schutz vor der Immunabwehr dient. Die Bewegung der Zellen erfolgt ungerichtet durch die Luft oder das Wasser. Manche Bakterien haben Geißeln zur Fortbewegung.

Prokaryoten und Eukaryoten

Die Bakterien gehören zu den *Prokaryoten*, Lebewesen die noch keinen Zellkern haben. Alle anderen Organismen, wie Pflanzen, Pilze oder Tiere, gehören zu den *Eukaryoten*, da deren Zellen einen Zellkern haben.

A1 ◒ Vergleichen Sie anhand des Textes und der Abb. 2 eine prokaryotische Bakterienzelle mit einer eukaryotischen Pflanzenzelle.

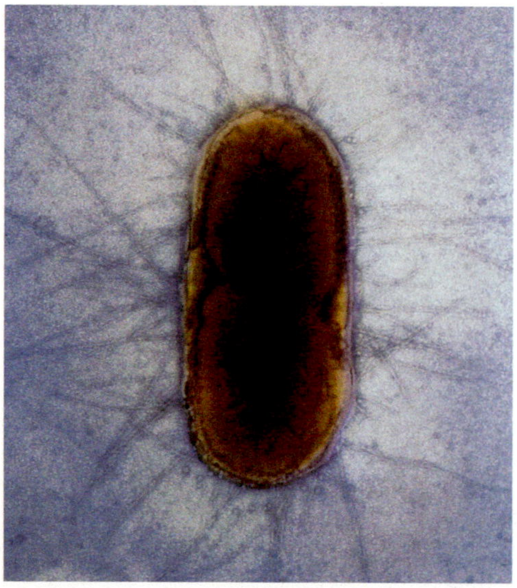

1 *TEM-Aufnahme einer Bakterienzelle*

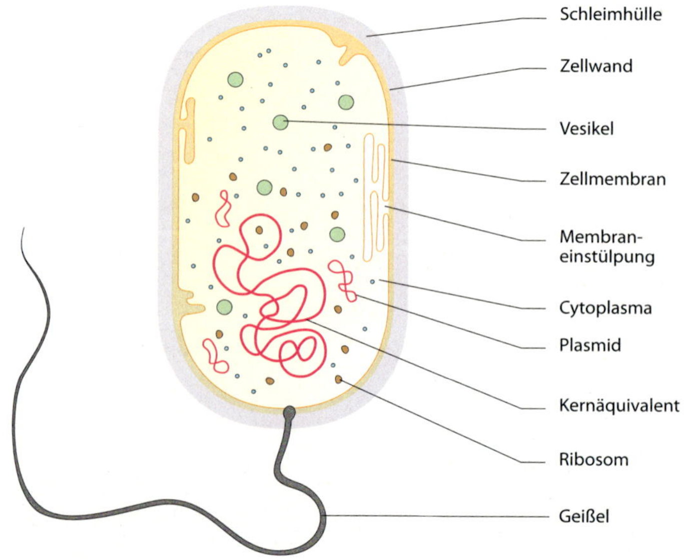

2 *Bakterium*

Endosymbiose

e7eq45

Sowohl Mitochondrien als auch Chloroplasten enthalten nicht wie die anderen Zellorganellen eine einfache, sondern eine doppelte Zellmembran. Ferner besitzen sie eigene DNA (s. Seite 21). Man nimmt an, dass erste Eukaryoten (Ureukaryoten) vor langer Zeit aus der Verschmelzung (*Endocytose*, s. Seite 61) erster kernhaltiger Zellen mit ursprünglich selbstständig lebenden Bakterienzellen hervorgegangen sind. Diese Ureukaryoten nahmen bestimmte Bakterien auf, verdauten diese jedoch nicht. Es entwickelte sich eine Beziehung mit gegenseitigem Nutzen (Symbiose). Im Verlauf der Evolution entstand eine gegenseitige Abhängigkeit dieser ursprünglich getrennt lebenden Zellen (*Endosymbiose*). Betrachtet man den gesamten Verlauf dieser Symbiose, spricht man von der *Endosymbiontentheorie*.

Die ersten eukaryotischen Zellen

Wir wissen heute, dass der Sauerstoffanteil auf unserem Planeten noch vor 2 Mrd. Jahren bei ca. 0,1 % lag, während er ca. 500 Millionen Jahre später schon auf 10 % angestiegen war. In diesem Zeitraum haben sich wahrscheinlich die ersten ureukaryotischen Zellen aus der Symbiose mit mitochondrialen Bakterien entwickelt. Diese Bakterien waren vermutlich im Gegensatz zu den Ureukaryoten in der Lage, energiereiche Stoffe mithilfe des Sauerstoffs vollständig zu oxidieren.

Weitere ureukaryotische Zellen

Heutige pflanzliche Zellen enthalten sowohl Mitochondrien als auch Chloroplasten. Man geht davon aus, dass sie aus Ureukaryoten entstanden sind, die Cyanobakterien als Vorläufer der Chloroplasten in ihre Zellen aufnahmen. Ursprünglich nahm man an, dass die Chloroplasten im Laufe der Evolution ihre Gene an den Zellkern verloren haben. Dies hat sich nicht bestätigt. Sowohl Gene der Chloroplasten als auch Gene des Zellkerns stellen die für die Fotosynthese benötigten Enzyme her. Diese Gene haben einen cyanobakteriellen und eubakteriellen Ursprung (genetischer Flickenteppich).

A1 Prüfen Sie die Übereinstimmung zwischen Aussagen der Endosymbiontentheorie und den Angaben in Abb. 1.

	Prokaryoten	Eukaryoten	Mitochondrien/ Chloroplasten
Ribosomen	70 S*	80 S*	70 S*
Hülle	einfache Membran	einfache Membran	Doppelmembran
Informationsträger	ein DNA-Molekül (z. T. Ring) und Plasmide	Chromosomen	ein meist ringförmiges DNA-Molekül
intern gesteuerte Proteinbiosynthese	ja	ja	ja
Vermehrung	Teilung	Teilung und Fortpflanzungsmechanismen	Teilung
Membranauflagerungen	dünn, spezielle Phospholipide	dick	dünn, spezielle Phospholipide
isoliert (begrenzt) lebensfähig	ja	ja	ja

*Sedimentationskoeffizient S (Svedberg): Maß für die Geschwindigkeit, mit der sich Partikel beim Zentrifugieren absetzen

1 *Vergleichsdaten zur Endosymbiontentheorie*

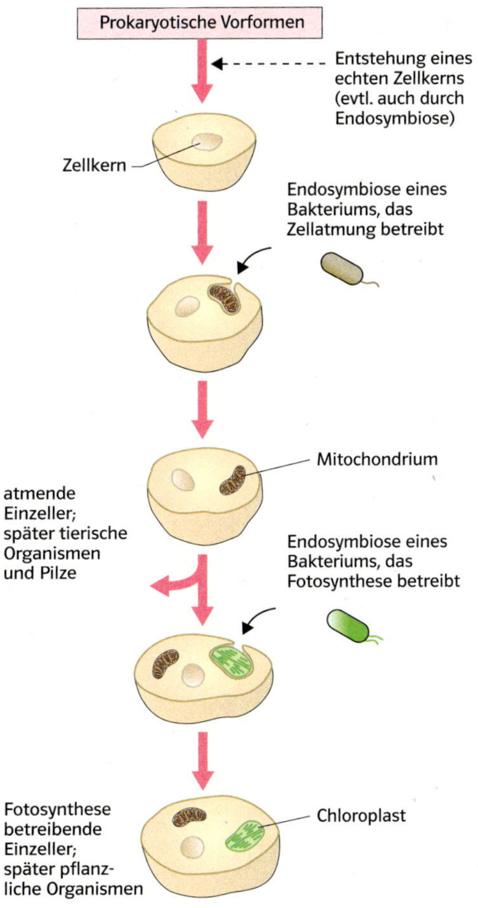

2 *Endosymbiose*

1.2 Die Funktion des Zellkerns wird erforscht
Die Bedeutung des Zellkerns

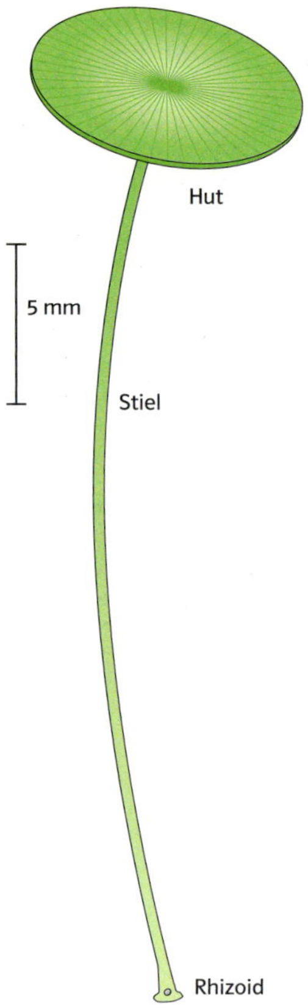

Acetabularia

Mikroskopisch war der Zellkern in jeder Zelle zu finden, auch die Teilung des Zellkerns bei der Zellteilung war bekannt. Die Bedeutung des Zellkerns ließ sich jedoch nicht unter dem Mikroskop untersuchen, sondern durch Experimente an lebenden Zellen.

Vorteile von Acetabularia
Für diese Experimente eigneten sich besonders die großen Zellen der einzelligen Alge *Acetabularia*. Diese kommt im Mittelmeer und anderen südlichen Meeren vor. Sie kann bis zu 40 mm lang sein und ist gut zu präparieren. Die verschiedenen Abschnitte der Zelle (Hut, Stiel, Rhizoid) lassen sich gut unterscheiden (s. Randspalte). Der Zellkern befindet sich immer im Rhizoid (Abb. 3). Verschiedene Arten lassen sich durch unterschiedliche Formen des Huts gut unterscheiden (Abb. 2).

Acetabularia-Experimente
Der Botaniker JOACHIM HÄMMERLING führte 1931 mit *Acetabularia* Experimente durch, um die Bedeutung des Zellkerns in der Zelle aufzuklären. HÄMMERLING untersuchte zuerst die einzelnen Teile dieser Zelle. Der größte Teil des Stiels wird von der Vakuole eingenommen. Im Plasma aller Abschnitte befinden sich die Chloroplasten. HÄMMERLING stellte fest, dass der

2 *Hut von Acetabularia crenulata*

kernhaltige Teil auf Dauer überleben und sich fortpflanzen konnte, während die kernlosen Teile zwar über einige Tage am Leben gehalten werden konnten, danach jedoch ihren Stoffwechsel einstellten. Weitere Experimente zeigten, dass das obere Stück des Stiels einen Hut bilden konnte, das Mittelstück dazu nicht in der Lage war und das kernhaltige Rhizoid sich zu einer ganzen, fortpflanzungsfähigen Zelle regenerieren konnte. Nach diesen Voruntersuchungen führte HÄMMERLING Pfropfungsexperimente zu der Fragestellung durch, welchen Einfluss der Kern auf die Hutform hat (Abb. 1).

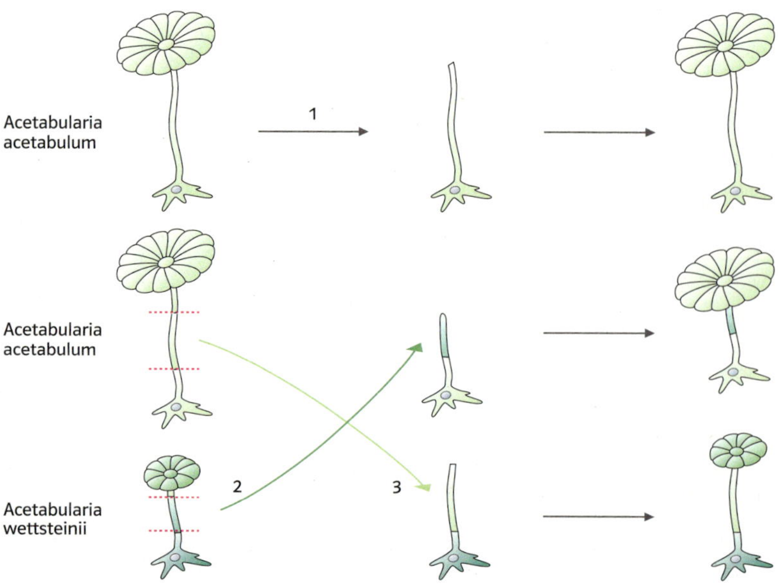

1 *Pfropfungsexperimente bei Acetabularia*

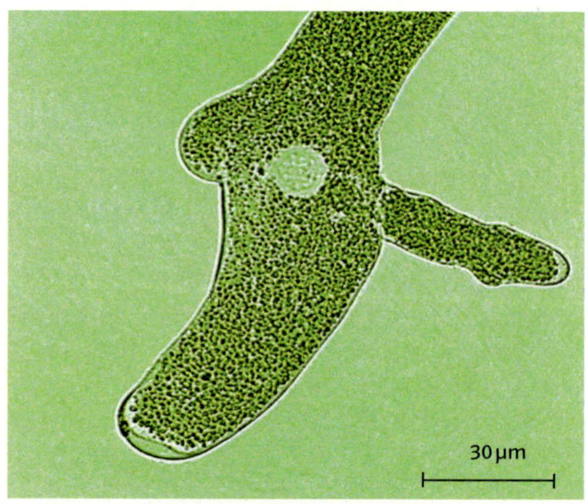

3 *Rhizoid von Acetabularia mit Zellkern*

A1 ◒ Beschreiben Sie die Experimente in Abb. 1 und erläutern Sie die Ergebnisse unter Bezug zur Bedeutung des Zellkerns.

Material
Acetabularia-Experimente

Viele verschiedene Experimente wurden mit Acetabularia durchgeführt. Die Fragestellungen der Wissenschaftler waren hierbei bezogen auf den Zellkern:

1. **Bestimmt der Zellkern, welche Merkmale des Hutes ausgebildet werden?**
2. **Gibt es Substanzen, die vom Kern ins Plasma wandern und die Vorgänge in der Zelle steuern?**

Hutform A. mediterranea

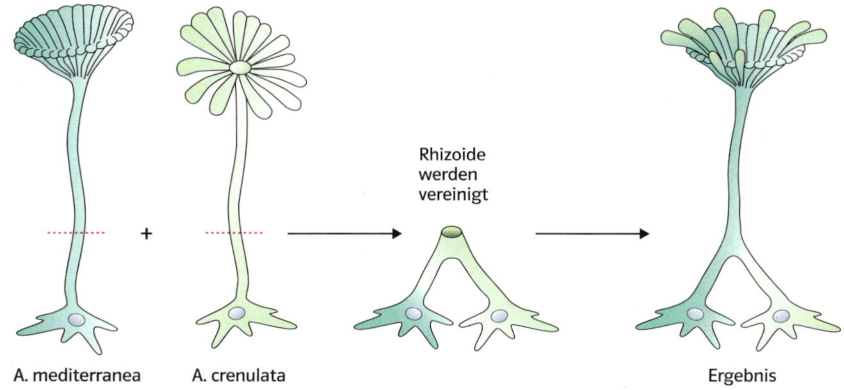

1 *Experiment 1*

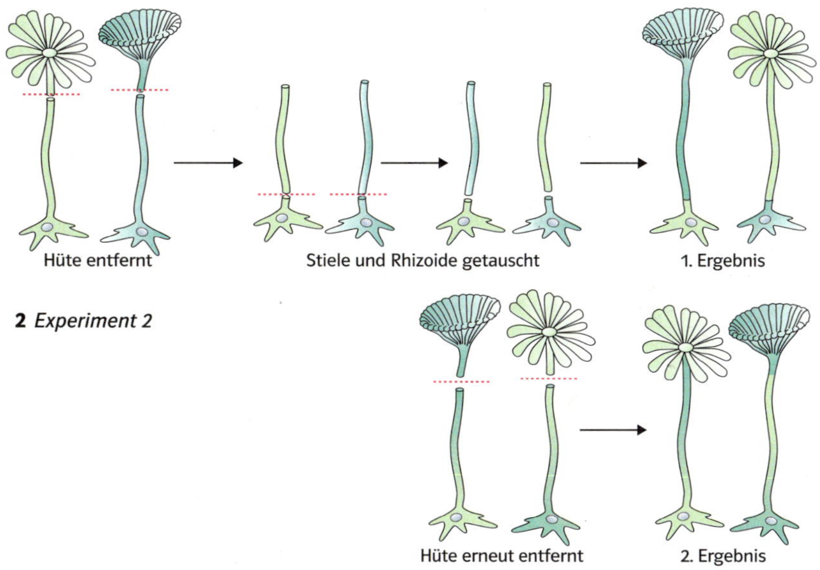

2 *Experiment 2*

Experiment 1

Fragestellung der Wissenschaftler:
Was steuert die Form des Hutes?

Vermutung der Wissenschaftler:
Etwas im Stiel oder im Rhizoid steuert das Aussehen des Hutes.

A1 ○ Beschreiben Sie das Experiment.
A2 ◒ Erklären Sie das Versuchsergebnis. Berücksichtigen Sie hierbei die Fragestellung und Vermutung der Wissenschaftler.

Experiment 2

Fragestellung der Wissenschaftler:
Steuert der Stiel oder das Rhizoid das Aussehen des Hutes?

Vermutung der Wissenschaftler:
Etwas im Rhizoid steuert das Aussehen des Hutes.

A3 ○ Beschreiben Sie die Experimente.
A4 ◒ Erklären Sie die Versuchsergebnisse hinsichtlich der Fragestellung und Vermutung.
A5 ● Erklären Sie den Unterschied zwischen dem 1. und 2. Ergebnis unter dem Aspekt, dass Substanzen vom Kern abgegeben werden.

Experiment 3

Fragestellung der Wissenschaftler:
Steuert der Zellkern die Form des Hutes?

Vermutung der Wissenschaftler:
Der Zellkern steuert das Aussehen des Hutes.

A6 ○ Beschreiben Sie die Experimente.
A7 ◒ Erklären Sie das Versuchsergebnis mit Blick auf die Fragestellung und Vermutung.

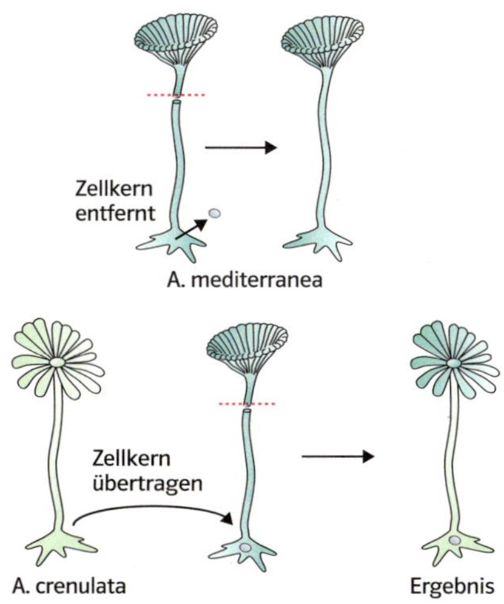

3 *Experiment 3*

DNA — eine Nucleinsäure

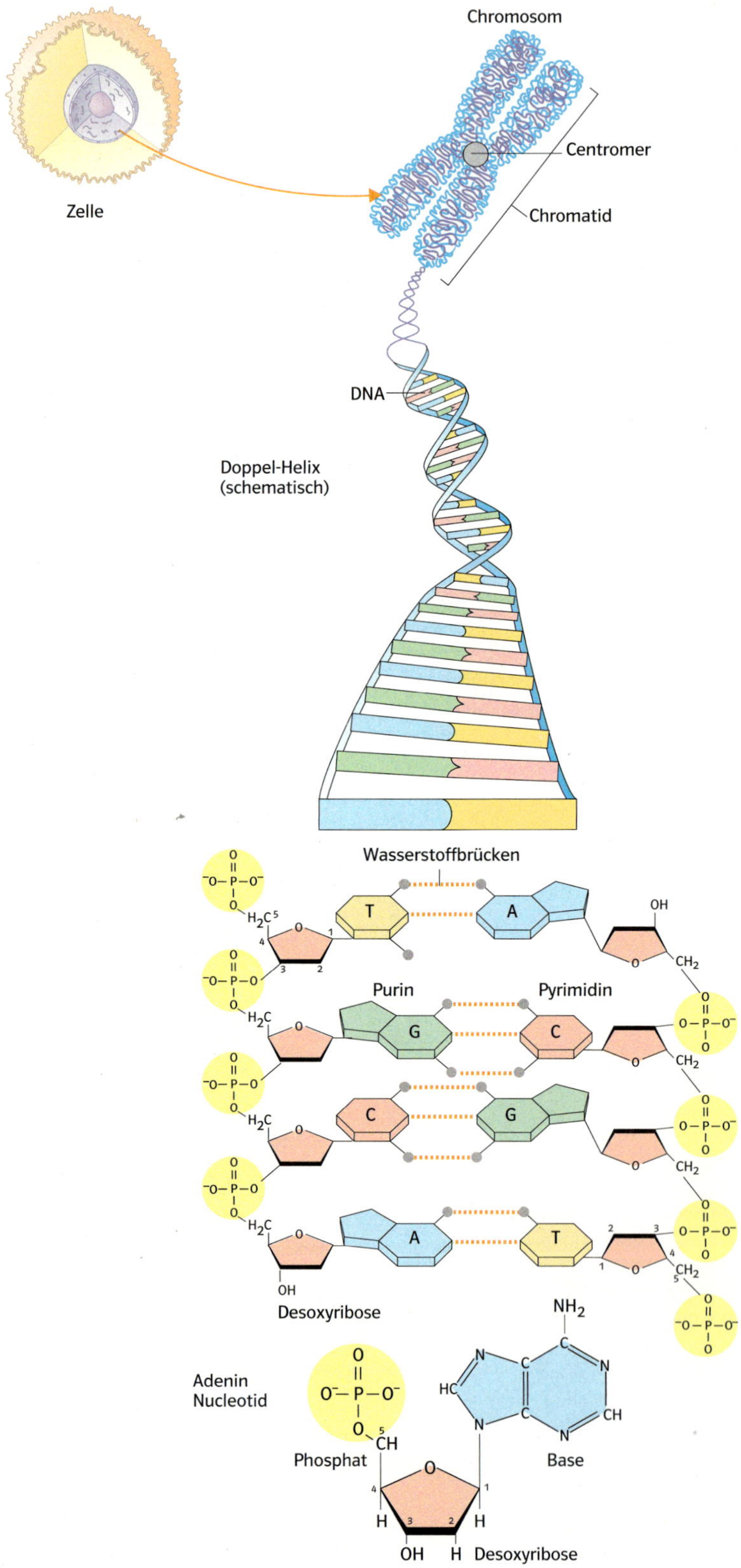

1 *Molekularer Aufbau der DNA*

Im Zellkern der Eukaryoten liegen die *Chromosomen*, die unter dem Mikroskop gut sichtbar sind. Sie bestehen zum größten Teil aus der *DNA* (Desoxyribonucleinsäure), in der die genetischen Anweisungen gespeichert sind.

Nucleotide — die Bausteine der DNA

Die Bausteine der DNA sind die *Nucleotide*. Diese werden zu langen Fäden, der DNA, verknüpft. Die Nucleotide bestehen aus einem Zucker (Desoxyribose), einem Phosphat (das für den Säurecharakter verantwortlich ist) und einer stickstoffhaltigen Base (Abb. 1). In der DNA findet man vier verschiedene Basen: Adenin (A), Thymin (T), Cytosin (C) und Guanin (G). Diese werden in zwei Gruppen geordnet. Thymin und Cytosin sind Pyrimidin-Basen, deren Atome zu einem sechseckigen Molekül angeordnet sind. Adenin und Guanin sind Purin-Basen, deren Moleküle aus einem fünf- und sechseckigen Gerüst bestehen (Abb. 1).

Mit der Nahrung nehmen wir täglich bis zu 300 mg Nucleotide auf, die für den Aufbau der körpereigenen DNA genutzt werden. Sie können vom Körper aber auch selbst aus Zuckern, Phosphat und Aminosäuren aufgebaut werden.

Aufbau der DNA

Die Zuckermoleküle der Nucleotidbausteine werden über das Phosphat miteinander verbunden. Das Phosphat verbindet dabei das Kohlenstoffatom 3 (3‘) mit dem Kohlenstoffatom 5 (5‘) der folgenden Desoxyribose (Abb. 1). Durch die sich immer abwechselnde Aneinanderreihung von Phosphaten und Zuckern entstehen lange Ketten, die Nucleinsäuren. Jede Kette hat an ihrem Ende eine freie OH-Gruppe der Desoxyribose. Damit hat die DNA eine Leserichtung bei der Verdopplung. Durch die Reihenfolge der Basen ist der genetische Code festgelegt.

Die DNA — ein Doppelstrang

Die Ketten liegen bei der DNA nicht einzeln vor, sondern sind mit einer zweiten Kette gepaart. Das Zusammenhaften erfolgt über Wasserstoffbrücken zwischen den Basen. Nicht jede Base kann sich mit den anderen Basen paaren. Man fand anf4st7k

hand von Untersuchungen immer gleich viele Moleküle von Thymin- und Adeninbasen sowie Cytosin- und Guaninbasen. Daraus folgerte man, dass sich immer Thymin- und Adeninbasen sowie Cytosin- und Guaninbasen paaren. Diese Basenpaare werden *komplementäre Basenpaare* genannt. Die beiden Einzelstränge sind zu einem Doppelstrang verbunden und schraubenartig gegeneinander gedreht. Die beiden Stränge der *Doppelhelix* sind *antiparallel*, ein Strang verläuft von 3' nach 5', der andere von 5' nach 3'.

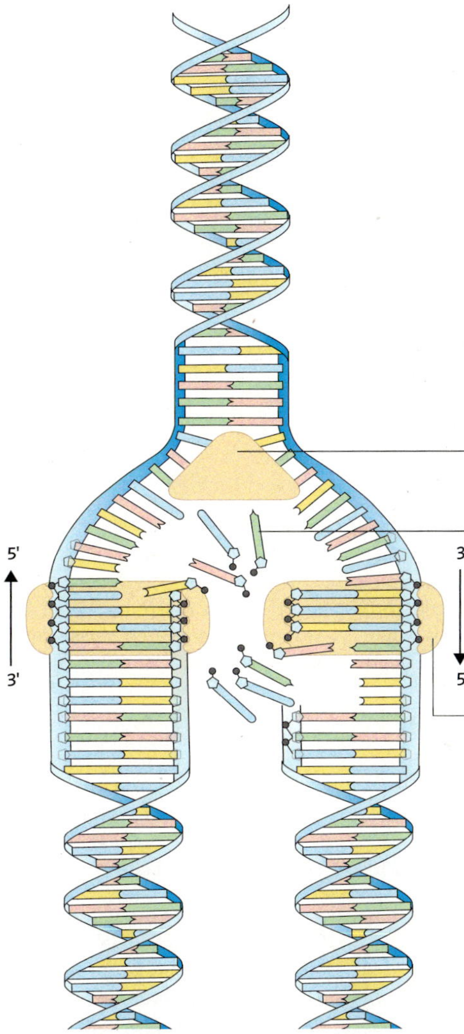

2 *Modell der Verdopplung eines DNA-Strangs (Replikation)*

Die DNA wird verdoppelt — Replikation

In einem Chromatid ist jeweils eine DNA-Doppelhelix enthalten. Bevor sich eine Zelle teilt, muss dieses Chromatid verdoppelt werden, da sonst die Erbinformation nicht weitergegeben werden kann. Diese Verdopplung in der S-Phase ist Voraussetzung für die gleichmäßige Verteilung der DNA zwischen den bereits vorhandenen „Mutterzellen" und den neu entstehenden „Tochterzellen" (s. Seite 40). Die DNA kann nur identisch verdoppelt werden, wenn die beiden Stränge voneinander getrennt sind und an jedem Strang jeweils ein neuer Strang aus den Nucleotiden gebildet wird. Dieser Vorgang wird *Replikation* genannt. An verschiedenen Stellen trennt das Enzym Helicase die Doppelhelix in die beiden Stränge, indem es die Wasserstoffbrücken löst. Freie Nucleotide im Zellkern lagern sich nun an die jeweiligen Basen des Original-Einzelstrangs an, jeweils ein T an ein A oder ein C an ein G. Ein weiteres Enzym, die DNA-Polymerase, gleitet in 3'→ 5'-Richtung und verknüpft die Nucleotide wie der Zipper eines Reißverschlusses zu einem neuen durchgehenden Strang, dem Tochterstrang.

In der Doppelhelix sind die Einzelstränge antiparallel gepaart, der zweite Strang kann in dieser Leserichtung nicht kontinuierlich verdoppelt werden. Man findet an diesem kurze DNA-Abschnitte von 100 bis 200 Nucleotiden, die stückchenweise gelesen und anschließend miteinander verbunden werden.

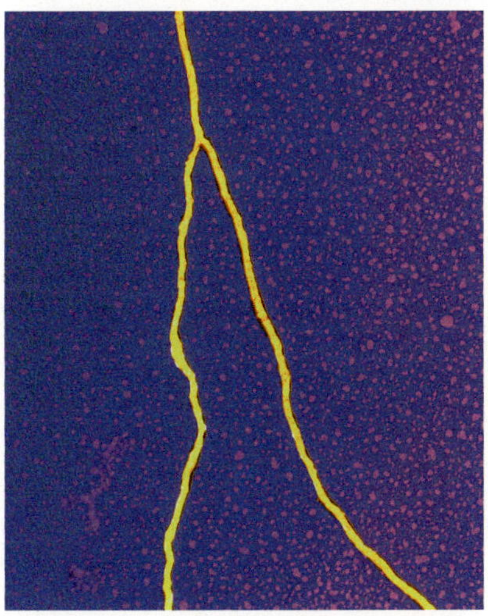
3 *TEM-Aufnahme der DNA-Replikation*

A1 ◒ Beschreiben Sie das Modell in Abb. 2 und erklären Sie, welche Vorgänge bei der Replikation man hiermit erklären kann.

Material
Wie verdoppelt sich die DNA?

wy36f5

Vor der Zellteilung entstehen aus dem Chromosom der Mutterzelle jeweils zwei Chromosomen der beiden Tochterzellen. Da die DNA-Menge in beiden Zellen gleich groß ist, ist nicht nur eine Teilung, sondern auch eine Verdopplung der DNA erfolgt. Nachdem der Aufbau der DNA bekannt war, stellte sich die wissenschaftliche Frage, wie die DNA verdoppelt wird.

Drei Möglichkeiten der DNA-Verdopplung wurden in der Wissenschaft diskutiert:

- Bei der *konservativen Teilung* bleibt das ursprüngliche Chromosom unversehrt erhalten und bildet eins der Tochterchromosomen. Das andere Tochterchromosom ist völlig neu.
- Bei der *dispersiven Teilung* werden beide Tochterchromosomen völlig neu synthetisiert. Hierbei handelt es sich um Bauelemente aus dem vorhandenen Chromosom und um neue Bausteine.
- Bei der *semikonservativen Teilung* bleibt jeweils eine Hälfte des Ausgangschromosoms unverändert in den Tochterchromosomen. Diese dient als Vorlage für den neuen Strang.

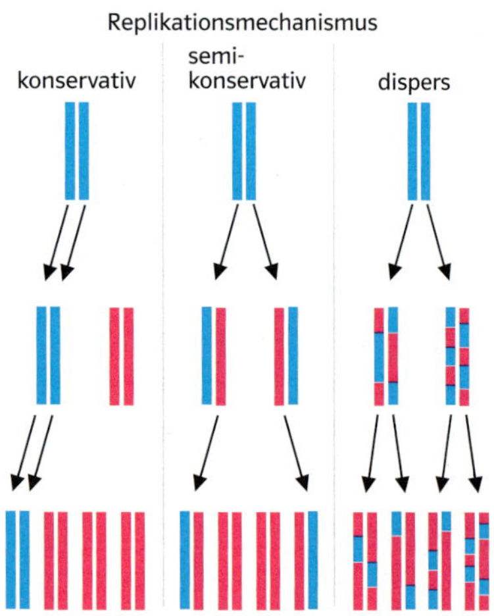

1 *Denkbare Replikationsmechanismen*

Das Meselson-Stahl-Experiment

MATTHEW MESELSON und FRANK STAHL gelang der Nachweis für eine der drei Möglichkeiten. Da man die vorhandene DNA nicht von der neuen unterscheiden kann, setzten MESELSON und STAHL 1958 Tracer ein, die sie nach der Verdopplung den verschiedenen DNA-Strängen zuordnen konnten. Hierzu verwendeten sie Stickstoff-Isotope. Isotope sind Atome eines Stoffes mit unterschiedlicher Atommasse. In der Luft kommt hauptsächlich das leichte Stickstoff-Isotop ^{14}N vor.

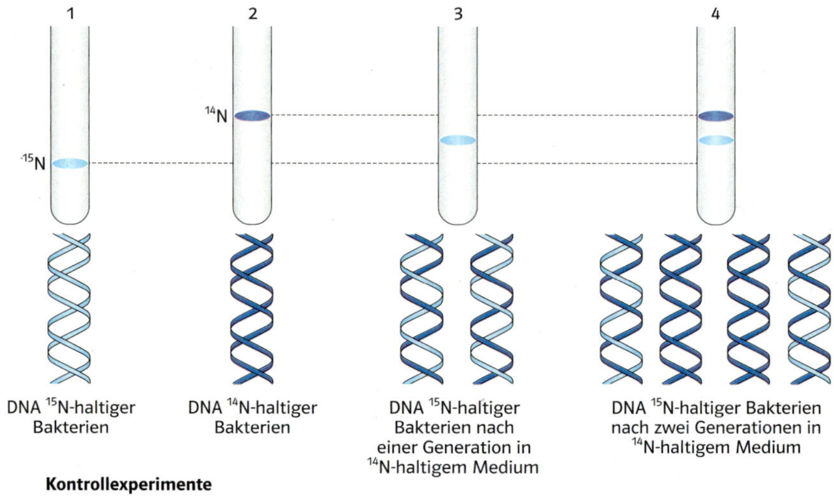

2 *Die Ergebnisse von Meselson und Stahl*

Man findet jedoch auch das schwerere ^{15}N-Isotop. Dieses hat einen Atomkern mit einer größeren Masse. Im Experiment wurden Bakterienzellen *(Escherichia coli)* in einer Kulturflüssigkeit, die anstelle des in der Umwelt vorherrschenden leichten Stickstoff-Isotops ^{14}N das schwerere ^{15}N-Isotop enthielt. Bakterien bauen beide Stickstoff-Isotope in ihre DNA ein. Die DNA, in die stickstoffhaltige Basen mit ^{15}N anstelle von ^{14}N eingebaut wurden, hat eine größere Masse.

MESELSON und STAHL ließen eine Kultur von *E. coli* in Anwesenheit von ^{15}N wachsen. Dann wurde das Kulturmedium gewechselt und nur ^{14}N angeboten. Die neu synthetisierte DNA konnte also nur ^{14}N enthalten. Den Bakterien wurde Zeit gegeben, sich einmal zu teilen, was bei *E. coli* rund 20 min dauert. Einige Zellen wurden der Kultur entnommen, um deren DNA zu untersuchen. Nachdem die Bakterien sich in der Kultur ein zweites Mal geteilt hatten, wurde deren DNA ebenfalls isoliert.

Da die Stickstoff-Isotope nicht radioaktiv sind oder fluoreszieren, sondern sich nur durch die Masse unterscheiden, benötigte man eine Untersuchungsmethode, die diese Unterschiede deutlich macht. Mithilfe der Dichtegradientenzentrifugation mit Cäsiumchlorid wurden die DNA-Stränge getrennt. Bei diesem Vorgang sammeln sich die verschiedenen DNA-Banden in der Konzentrationsschicht an, die ihrer eigenen Dichte entspricht. DNA ist nicht mit bloßem Auge erkennbar, jedoch durch die Fluoreszenz im UV-Licht.

A1 ◒ Beschreiben Sie das Experiment mit eigenen Worten und erläutern Sie, ob die Fragestellung eindeutig geklärt werden konnte.

A2 ● Beschreiben Sie, wie die Dichteverteilung bei einer konservativen Verdopplung aussehen würde.

Versuche von Taylor

HERBERT TAYLOR führte zur gleichen Zeit Experimente mit dem radioaktiv markierten DNA-Nucleotid Thymidin durch. Hierzu legte er Zellen während der ersten Replikation in die markierte Substanz. Bei der folgenden Replikation wurde nicht markiertes Thymidin verwendet.

A3 ● Vergleichen Sie die Aussagen der Experimente von MESELSON-STAHL und TAYLOR.

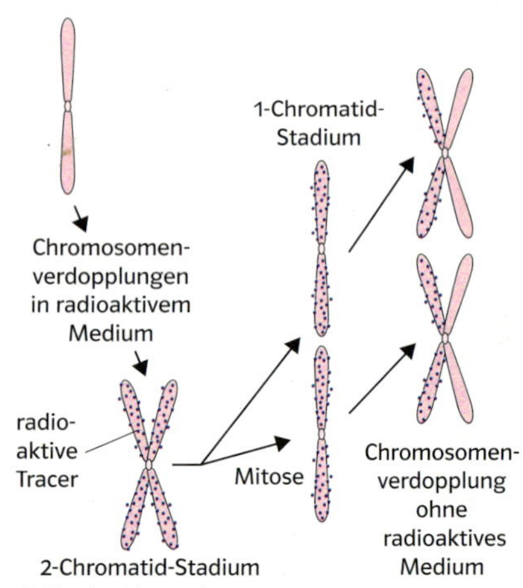

3 *Taylor-Versuch*

Tracer — Detektive in der Zelle

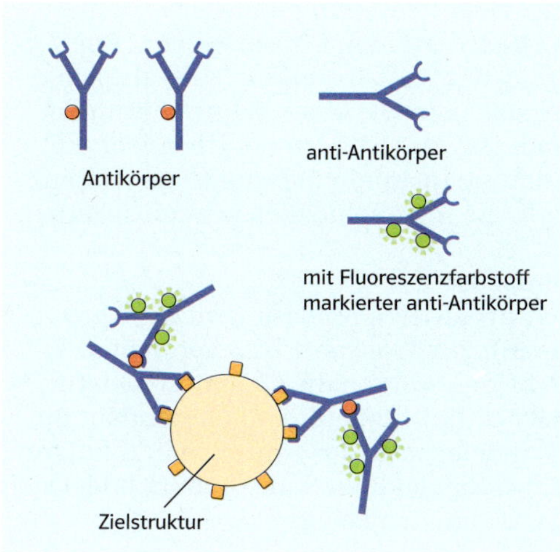

1 *Tracer (schematisch)*

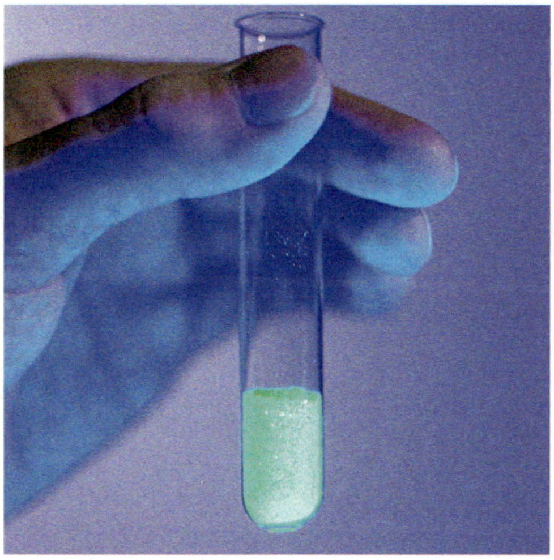

2 *Fluoreszierender Farbstoff*

Die moderne Zellbiologie erforscht nicht nur den Aufbau der Zellen, sondern auch die Vorgänge in den Zellen auf der molekularen Ebene. Diese Untersuchungen können jedoch nicht direkt mit Mikroskopen durchgeführt werden, da die Moleküle klein und nicht sichtbar sind. Die Wissenschaftler verwenden daher Hilfsstrukturen, mit denen die Moleküle der zu untersuchenden Stoffe sichtbar gemacht werden können. Hierdurch besteht die Möglichkeit, Moleküle in der Zelle zu orten, deren Bewegung zu verfolgen und zu untersuchen, mit welchen weiteren Molekülen sie in Verbindung treten. Auch das Vorhandensein oder Fehlen von Bereichen auf der DNA kann mit dieser Methode nachgewiesen werden. Hierdurch können spezifische Chromosomenstrukturen und Fehler selektiv erkannt werden.

Molekülerkennung mit Leuchtstoffen

Zum gezielten Auffinden von Molekülen, wie z. B. Proteinen, in der Zelle dienen fluoreszierende Farbstoffe (Abb. 2), die bei Bestrahlung mit Licht zum Leuchten gebracht werden. Dieser Effekt wird bei der Fluoreszenszmikroskopie mithilfe von Laserstrahlen genutzt (s. Seite 15). Die fluoreszierenden Farbstoffe haften jedoch nicht gezielt an den jeweiligen gesuchten Molekülen, sondern verteilen sich über die gesamte Zelle. Um dies zu verhindern, werden die Farbstoffe mit Antikörpern verbunden, die spezifisch an einzelne Moleküle binden (Abb. 1). Sie arbeiten nach dem gleichen Antikörper-Antigenprinzip wie in der Immunabwehr (s. Seite 65).

Der mit einem Antikörper gekoppelte Farbstoff wird als *molekulare Sonde* oder *Tracer* bezeichnet. Der Aufenthaltsort der gesuchten Moleküle in der Zelle wird über diese Tracer mit dem Fluoreszenzmikroskop ermittelt. Proteine oder andere Substanzen, die auf oder in der Zellmembran angeordnet sind, wurden hierdurch nachgewiesen und deren Bewegung in der Membran erkannt. Die leuchtenden Moleküle können über Stunden und Tage verfolgt werden. Hierdurch wurden viele Transportmechanismen innerhalb der Zelle und über Membranen hinweg zwischen den Zellen nachgewiesen. Erkenntnisse zum Aufbau und zur Funktion des Cytoskeletts wurden mit dieser Methode erst möglich.

Radioaktive Tracer

Für die Untersuchung von Stoffwechselwegen werden radioaktiv markierte Tracer eingesetzt. Radioaktiv markierte Glucosemoleküle beispielsweise können beim Abbau im Stoffwechsel untersucht werden. Hierbei findet man die Radioaktivität in den beim Abbau entstandenen Molekülen wieder.

A1 ◒ Erläutern Sie anhand von Abb. 1, welche Vorteile die markierten anti-Antikörper gegenüber markierten Antikörpern haben.

Mitose — Verdopplung des Zellkerns

e2v5ik

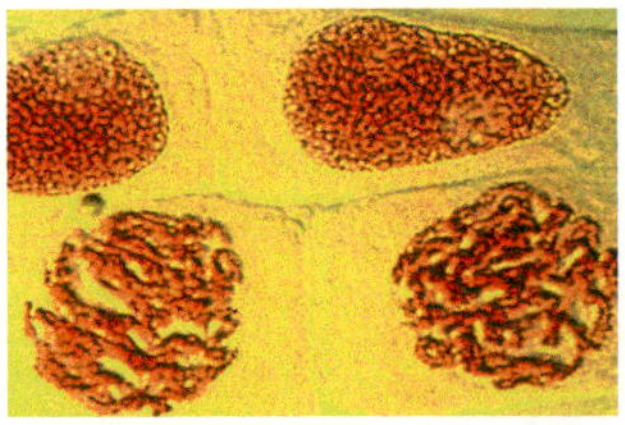
Interphase

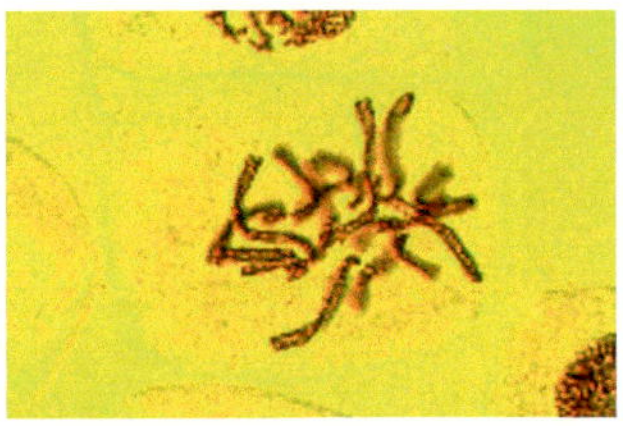
Prophase

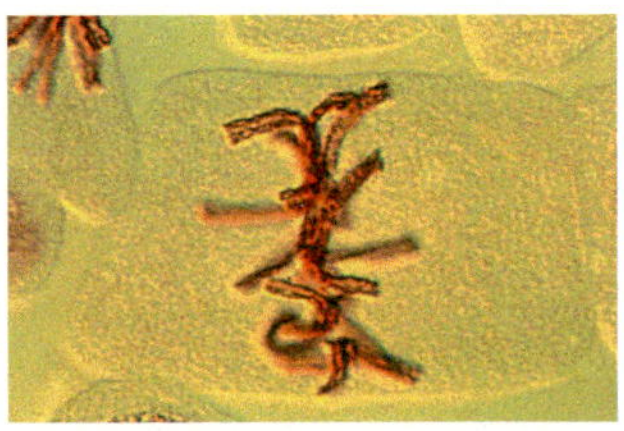
Metaphase

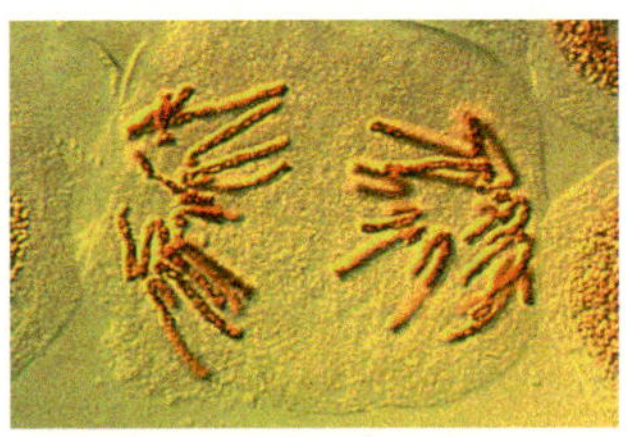
Anaphase

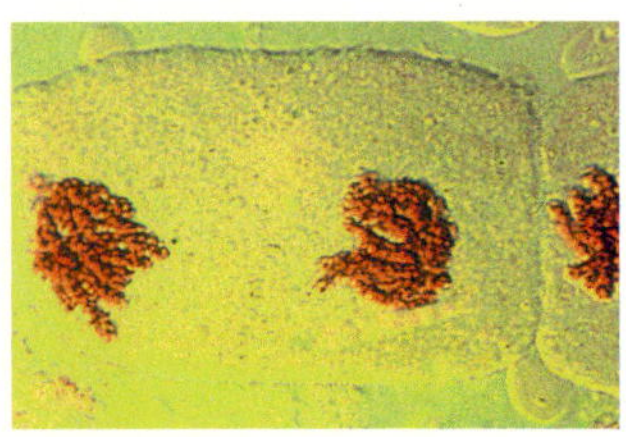
Telophase

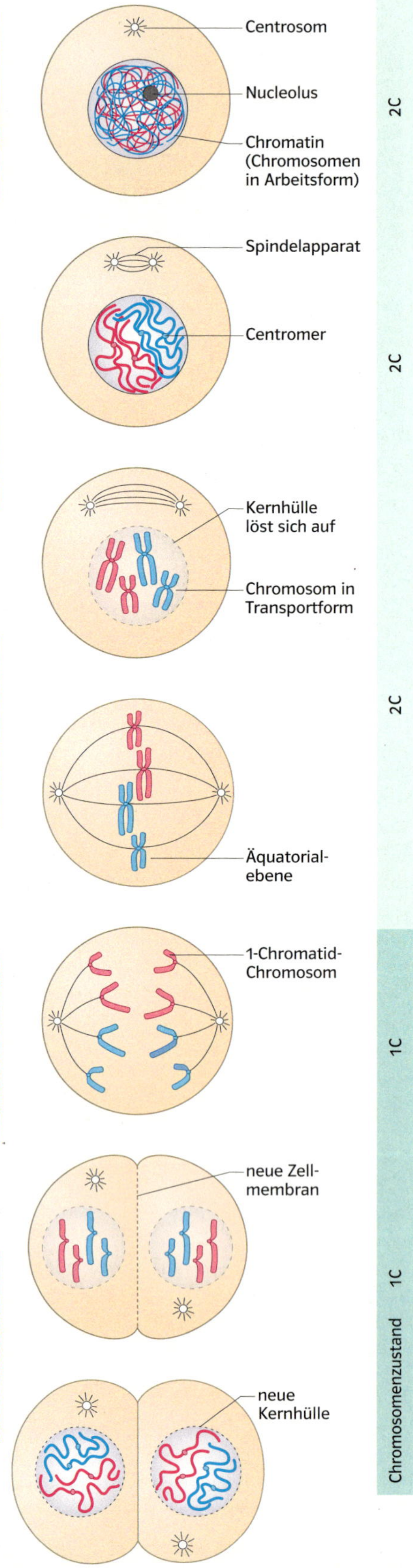

Bei jeder Zellteilung teilt sich auch der Zellkern mit den Chromosomen. Der Vorgang der Zellkernteilung wird als *Mitose* bezeichnet. Die Mitose läuft kontinuierlich ab. Aus Gründen der Übersicht teilt man sie in aufeinanderfolgende Phasen auf, die unterschiedlich schnell ablaufen.

Prophase
Während der Prophase wird das Chromatin zur Transportform verdichtet. Dadurch werden die Chromosomen im Lichtmikroskop allmählich sichtbar. Ein Spindelapparat aus zahlreichen tubulären Eiweißmolekülen (Mikrotubuli) bildet sich zwischen den Polen.

Metaphase
Der *Spindelapparat* ist voll ausgeprägt. Die Chromosomen ordnen sich in der Äquatorialebene an und lassen sich jetzt gut unterscheiden. Da jede Zelle Erbmaterial von Vater und Mutter übernommen hat, gibt es zwei äußerlich übereinstimmende Sätze an Chromosomen (2n). Jedes dieser Chromosomen besteht aus zwei identischen DNA-Strängen (Chromatiden; 2C). Am *Centromer* hängen die beiden Chromatiden eines Chromosoms noch zusammen.

Anaphase
Die Chromatiden eines jeden Chromosoms werden am Centromer voneinander getrennt und bewegen sich mithilfe der Spindelfasern zu den Polen. Am Ende der Anaphase befindet sich an jedem Pol eine Spalthälfte eines jeden Chromosoms (1C).

Telophase
Der Spindelapparat löst sich auf, die Chromosomen lockern sich wieder auf, bis sie nur noch als Chromatin zu sehen sind. Kernkörperchen und Kernhülle bilden sich neu. Auf die Mitose folgt die *Cytokinese*. Tierische Zellen schnüren sich ein (*Furchung*), pflanzliche Zellen bilden eine mittlere Zellplatte aus, die sich nach außen vergrößert. Nach der Zellteilung entscheidet sich das weitere Schicksal der Zelle: Verliert sie ihre Teilungsfähigkeit, differenziert sie sich zu einer Zelle des Dauergewebes, anderenfalls durchläuft sie den Zellzyklus bis zur nächsten Zellteilung (s. Seite 40).

Mitose und Cytoskelett

Die Vorgänge der Mitose wurden unter dem Lichtmikroskop hauptsächlich als Bewegung oder Veränderung der Chromosomen beobachtet. Durch den Einsatz der Fluoreszenzmikroskopie und die Kenntnisse zum Cytoskelett wurden die Vorgänge während der Mitose und Zellteilung exakter und verständlicher beschrieben. In Abb. 1 ist die Aufnahme einer menschlichen Zelle während der Metaphase mithilfe der Fluoreszenzmikroskopie zu sehen. Die verschiedenen Strukturen leuchten in unterschiedlichen Farben:

- das Erbmaterial dunkelblau,
- die Centrosomen als violette Punkte,
- die Aktinfilamente rot,
- die Mikrotubuli grün.

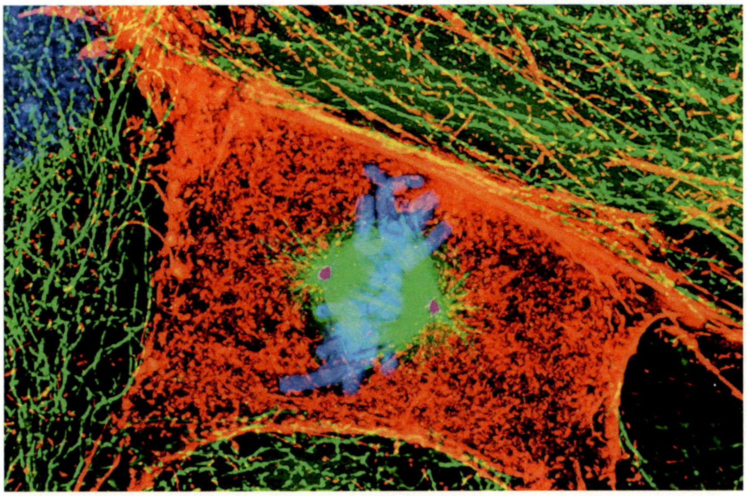

1 *Fluoreszenzmikroskopie: Metaphase und Cytoskelett*

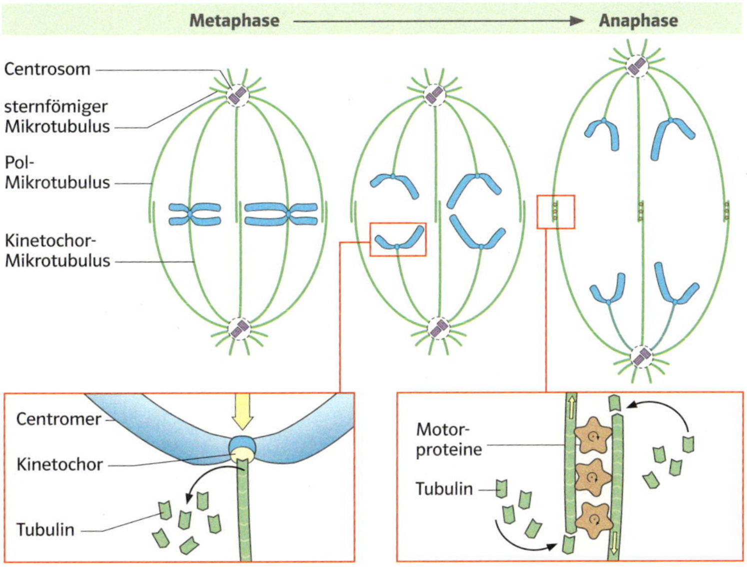

2 *Funktion des Cytoskeletts bei der Mitose*

Chromosomen auf Schienen

Während der Zellteilung werden die Mikrotubuli zum *Spindelapparat* angeordnet. Sie sind dafür verantwortlich, dass die Chromatiden in entgegengesetzte Richtungen gezogen und gleichmäßig auf die beiden Tochterzellen verteilt werden. Die Mikrotubuli bilden eine Verbindung zwischen dem *Kinetochor* (Anknüpfungspunkt) am Centromer und dem *Centrosom*, dem Organisationszentrum der Mikrotubuli, aus. Die Mitosespindel zeigt drei verschiedene Arten von Mikrotubuli auf:

- Kinetochor-Mikrotubuli, die mit den Kinetochoren der Chromosomen verbunden sind,
- Pol-Mikrotubuli, die seitlich über Motorproteine verbunden sind,
- Mikrotubuli, die sternförmig in alle Richtungen ausstrahlen und die Spindel in der Zelle verankern.

Bewegung durch Molekülabbau und -aufbau

In der Metaphase sind die Chromosomen noch in der Ausgangsstellung in der Äquatorialebene. Die Mikrotubuli, die mit den Chromosomen verbunden sind, verkürzen sich im Centromer, indem ständig Tubulinmoleküle aus der Faser abgebaut werden. Durch diesen Vorgang verkürzt sich die Faser und die Chromatiden wandern zu den jeweiligen Polen. Die Bewegung zu den Polen wird zusätzlich durch einen zweiten Effekt verstärkt. Die Mikrotubuli, die sich überlappen, werden an der Überlappungsstelle ständig verlängert. Motorproteine schieben die länger werdenden Stränge zusätzlich weiter auseinander. Hierzu ist Energie notwendig. In der Anaphase sind die 1-Chromatid-Chromosomen dann sehr weit auseinander an den jeweiligen Spindelpolen angekommen. Danach bilden sich zwei selbstständige Zellen.

A1 ◒ Zeichnen Sie die Vorgänge an den sich überlappenden Pol-Mikrotubuli während der Mitose in mehreren Bildern und erläutern Sie diese.

Zellzyklus — Kontrolle der Zellverdopplung

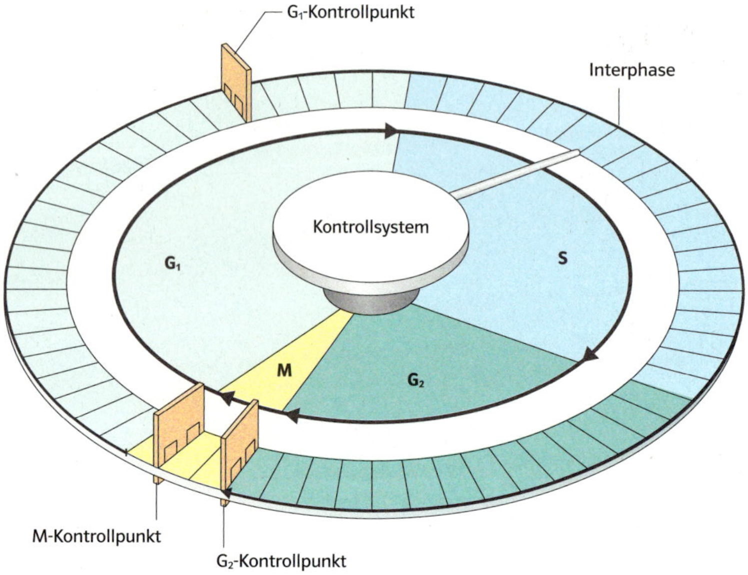

1 *Zellzyklus*

2 *Von einer befruchteten Eizelle zu Billionen von Zellen*

Zellen entstehen nur aus Zellen, dies ist eine zentrale Aussage der Zelltheorie. Beim Wachstum aller Organismen entstehen die notwendigen neuen Zellen daher durch Zellteilung (Abb. 2). Nach der Teilung entsprechen die entstandenen Zellen in ihrer Ausstattung den Ausgangszellen. In einem immer wiederkehrenden Kreislauf, dem *Zellzyklus*, wechseln sich die *Interphase* (G_1-Phase, G_2-Phase und S-Phase) mit dem Wachstum der Zellen und die Zellteilung, die *Mitose* (M), miteinander ab. Der Zellzyklus dauert beim Menschen ca. 24 Stunden, dies kann je nach Gewebe variieren.

Die Interphase ist dreigeteilt

Die Gap-Phase, die *G_1-Phase*, schließt direkt an die Mitose an. Gap bedeutet im Englischen Lücke oder Zwischenraum. In dieser Phase wächst die Zelle und baut Organellen und Zellbestandteile, wie Enzyme oder Membranen, auf. In der G_1-Phase liegt ein Chromosomensatz mit einem Chromatid vor. In der Synthesephase, der *S-Phase*, werden die Bausteine für die DNA synthetisiert und im weiteren Verlauf die DNA verdoppelt. Hierdurch ist gewährleistet, dass die genetische Information in den vorhandenen und den folgenden neuen Zellen identisch ist. Am Ende der S-Phase besteht jedes Chromosom aus 2 identischen Chromatiden. In der *G_2-Phase* lösen sich die Zellkontakte zu den Nachbarzellen, die Zelle vergrößert sich durch Flüssigkeitsaufnahme.

Kontrollpunkte zur Sicherheit

Die Zelle wächst und teilt sich durch eine planmäßige Abfolge einzelner kontrollierter Teilschritte (Abb. 1). Der Zyklus kann an verschiedenen Kontrollpunkten angehalten oder die nächste Phase gestartet werden. Sind in der Zelle irreparable Schäden vorhanden, wird der programmierte Zelltod eingeleitet. Am G_1-Kontrollpunkt wird überprüft, ob eine ausreichende Zellgröße erreicht ist und ob DNA-Schäden vorliegen. Der Zeitpunkt der auf das Wachstum folgenden Zellteilung wird gesteuert. Die Anzahl der Teilungen in einem Gewebe ist kontrolliert, da ansonsten krankhafte Gewebeveränderungen oder zu kleine Zellen entstehen würden. Bei diesem Vorgang spielen Wachstumsfaktoren, wie Hormone, eine Rolle. Am G_2-Kontrollpunkt erfolgt die Kontrolle, ob die DNA-Verdopplung vollständig abgeschlossen und die Reparatur von DNA-Schäden erfolgt ist. Am M-Kontrollpunkt wird überprüft, ob die Kinetochore der Chromosomen mit den Mikrotubuli verbunden sind. Die *Mitosephase* (M) wird ansonsten herausgezögert, bis der Vorgang abgeschlossen ist.

Totipotent — Pluripotent — Stammzellen

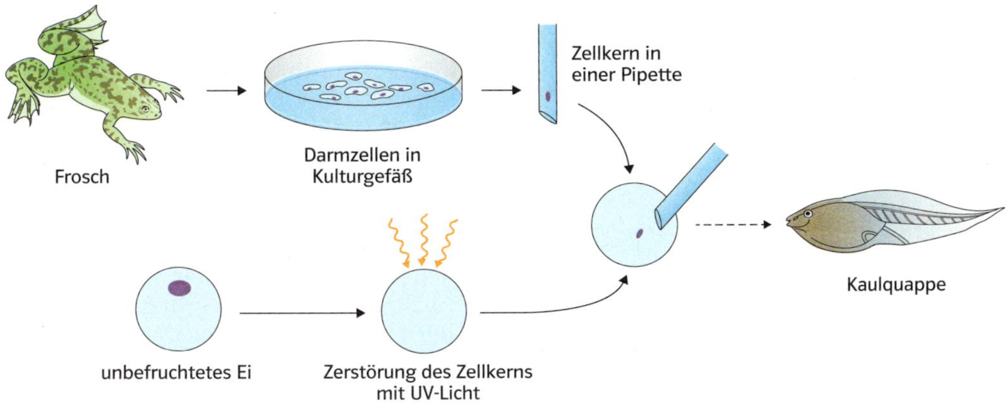

1 *Krallenfroschexperiment*

Zellen, aus denen ein vollständiges Individuum mit den verschiedenen differenzierten Geweben entstehen kann, sind *totipotent*. Die daraus entstehenden Zellen in den verschiedenen Organen des Organismus, z. B. Darm- oder Augenzelle, sind nicht gleich, sondern verschieden differenziert (s. Seite 28/29).

Verändert sich der Zellkern?

Im Zellkern ist in den Chromosomen die DNA enthalten. Diese steuert bei der Differenzierung in den Geweben die Strukturen und Funktionen der Zellen spezifisch. Verändert sich die DNA im Zellkern in den verschiedenen Zellen oder ist sie weiterhin in der Lage, totipotente Zellen zu erzeugen? Diese Frage wurde 1958 mithilfe von Experimenten an Krallenfröschen untersucht (Abb. 1). Der Zellbiologe JOHN BERTRAND GURDON entnahm mit einer Mikropipette einen Zellkern aus einer differenzierten Darmgewebezelle eines Krallenfrosches. Dieser wurde in ein Ei eines anderen Krallenfrosches, dessen Kern vorher mithilfe von UV-Licht zerstört wurde, überführt. Das Ei entwickelte sich in den meisten Fällen zu einer Kaulquappe und einem lebensfähigen Frosch. Durch dieses Experiment konnte GURDON die Ausgangsfrage beantworten. Die Zelldifferenzierung ist reversibel. Der Zellkern in den differenzierten Zellen enthält noch alle Funktionen, da alle Gewebe in dem vollständigen Individuum wieder entstanden sind, er ist totipotent.

2 *Krallenfroschlarven*

Menschliche Stammzellen sind pluripotent

Bei der Anwendung von Stammzellen geht es darum, bei schweren Erkrankungen die jeweiligen Organe oder Gewebeanteile auszutauschen. Organspenden haben den Nachteil, dass die Gewebe der Spenderorgane genetisch nicht mit denen des Patienten übereinstimmen und es zu Immunreaktionen kommen kann. Die für die Entwicklung der neuen Gewebe notwendigen eigenen Zellen aus verschiedenen Geweben müssen nicht totipotent sein, da sie sich zu keinem neuen Organismus, sondern zu verschieden differenzierten Geweben entwickeln sollen *(Pluripotenz)*.

A1 ◒ Beschreiben Sie die Experimente in Abb. 1 unter dem Aspekt der Totipotenz.

A2 ● Erläutern Sie, welche Bedeutung das Experiment von GURDON für die Stammzellforschung hatte.

Zellkulturen retten Menschenleben

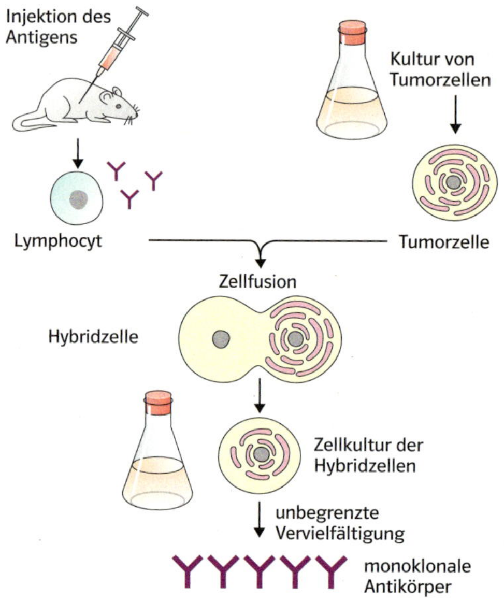

1 *Gewinnung monoklonaler Antikörper*

Die Medizinforschung klärt die zellulären Zusammenhänge von Krankheiten genauer auf, um diese gezielter bekämpfen zu können.

Einsatz gegen Krankheiten

Um Krankheiten zu bekämpfen, wird experimentell nach bestimmten Molekülen in Zellen von erkrankten Menschen gesucht, an denen ein Wirkstoff ansetzen und den Krankheitsverlauf beeinflussen kann. Ist ein solches Zielmolekül bekannt, beginnt die genaue Suche nach neuen Wirkstoffen mit einem Screening. Bei diesem werden Tausende Substanzen auf ihre Wirksamkeit hin untersucht. Solche Tätigkeiten werden von Robotern durchgeführt, die die vielen zu testenden Substanzen auf ihre Tauglichkeit untersuchen. Erfolgversprechend sind solche Wirkstoffe, die mit dem Zielmolekül eine Verbindung eingehen. Mithilfe von Fluoreszenztracern weist man die erfolgversprechenden Ansätze nach.

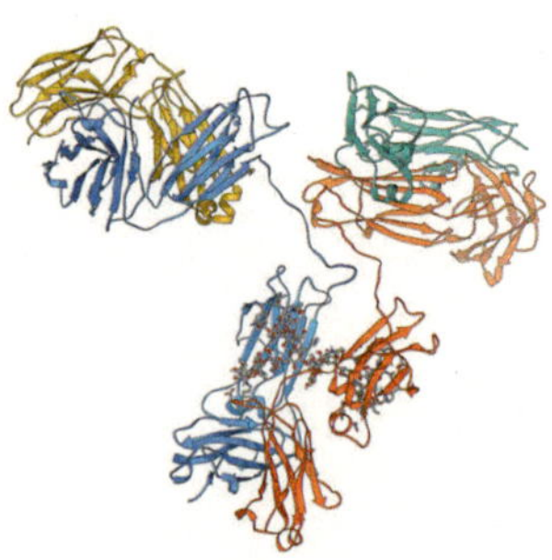

Antikörper (Strukturmodell)

Zellen für Diagnose und Therapie

Diese Wirkstoffe werden in Zellkulturen getestet. Durch chemische Veränderungen und weitere Tests in Zellkulturen können sie optimiert werden. *Antikörper* könnten z. B. zur gezielten Waffe gegen den Krebs eingesetzt werden. Antikörper können gegen alle Antigene hergestellt werden. Zunächst wurden sie in Mäusen gebildet. Da dies jedoch zu allergischen Reaktionen bei Patienten führte, wechselte man zu Zellkulturen mit menschlichen Zellen, denn diese zeigen keine Nebenwirkungen.

Zellkulturen

Die Zucht von Zellen in Glas- oder Plastikgefäßen wird als *Zellkultur* bezeichnet. Die Zellen werden aus lebendem Gewebe isoliert. Die isolierten Zellen in den Zuchtbehältern benötigen Nährmedien, die Salze, Glucose, Aminosäuren und Vitamine enthalten. Auch Wachstumsfaktoren oder Hormone können zugesetzt werden.

Zellen stellen Wirkstoffe her

Für medizinische Zwecke erfolgt die Produktion von Insulin, Blutgerinnungsfaktoren oder therapeutischen Proteinen wie Antikörpern mithilfe von Zellkulturen. Die Antikörper dienen z. B. der Diagnostik von Krebserkrankungen, medizinischen Standardtests wie der Blutgruppenbestimmung und zur Therapie. Mit chemischen Methoden lassen sich diese Substanzen nicht herstellen, da für die jeweilige Funktion nicht nur einzelne Moleküle miteinander verbunden werden, sondern in eine räumliche Struktur überführt werden müssen (s. Randspalte).

Zellen werden optimiert

Für die Produktion der gewünschten Stoffe in Zellkulturen werden Bakterienzellen, Hefezellen oder Zellen von Pflanzen, Tieren und Menschen eingesetzt. Die menschlichen Zellen stammen aus verschiedenen Geweben, z. B. aus Bindegewebe, Nieren-, Leber- oder Lungengewebe. Die Lebensdauer solcher Zellkulturen ist sehr kurz, da die Anzahl der Zellteilungen eingeschränkt ist. Krebszellen aus den verschiedenen Geweben teilen sich dagegen unbegrenzt. Normale Zellen können ebenfalls in unsterbliche Zellen umgewandelt werden. Durch die Verschmelzung verschiedener Zellen können sehr spezifische Substanzen in großen Mengen langfristig produziert werden (Abb. 1).

A1 ◒ Beschreiben Sie den Vorgang zur Herstellung spezifischer Antikörper in Abb. 1 und erläutern Sie die Bedeutung der Verschmelzung der beiden Zellen.

Material
Zellkulturen — ein Ersatz für Tierversuche?

1 *Tierversuche*

Mithilfe der Zellkulturen können viele Prozesse in Zellen untersucht werden, ohne dass dafür Tiere im klassischen Tierversuch leiden und sterben müssen.

Untersucht werden Substanzen aus dem pharmazeutisch-medizinischen und kosmetischen Bereich. Viele Tierversuche in der Forschung lassen sich ersetzen, da Untersuchungen zu Wirkungen von Substanzen auf den Menschen direkt an Zelllinien aus menschlichem Gewebe durchgeführt werden können. Veränderungen im zellulären Stoffwechsel lassen sich sofort nachweisen. Die Zahl der Tierversuche ist dadurch in diesem Bereich deutlich zurückgegangen. In klinischen Studien werden sie zum Teil noch eingesetzt.

Ein weiterer Vorteil von Zellkulturen liegt in Untersuchungen zur spezifischen Vermehrung von Viren bei Menschen oder Tieren. Hier sind schnell Ergebnisse vorhanden, da diese Vorgänge in den Zellen ablaufen. Bei der Untersuchung, ob Substanzen Krebs auslösen, bieten Zellkulturen einen Vorteil, da man immer die gleichen Versuchsbedingungen vorgeben und standardisieren kann. Hierdurch sind die Versuche vergleichbarer. Bei Tierversuchen ist eine Aussage wesentlich schwieriger, da unterschiedliche Stressfaktoren bei den Tieren vorliegen können. Die Vergleichbarkeit kann dadurch je nach Test gering sein.

Eignung von Zellkulturen

Zellkulturversuche eignen sich nicht, um Wirkungen auf den gesamten Organismus zu untersuchen. Bei Gift oder krebserregenden Substanzen muss z. B. berücksichtigt werden, dass durch Zellkulturen nicht untersucht werden kann, wie schnell die Substanzen in der Leber innerhalb eines Organismus abgebaut werden oder welche Wirkung sie auf Embryonen während einer Schwangerschaft haben können. Hinzu kommt, dass auch Abbauprodukte der Substanzen, die in der Leber entstehen, Folgewirkungen aufweisen können. Bei solchen Untersuchungen kann die Anzahl der Tierversuche jedoch gesenkt werden, da bereits Voruntersuchungen mit den jeweiligen Gewebezellen in Zellkulturen durchgeführt werden. Tierversuche mit hohen Belastungen für die Tiere, wie künstlich hervorgerufene Haut- oder Schleimhautreizungen, wurden durch Zellkulturen ersetzt.

Gesetzliche Vorgaben

Neue EU-Gesetze verbieten besonders im Bereich der Kosmetika den Einsatz von Versuchstieren. Im Tierschutzgesetz von 2002 ist verankert, dass Tierversuche nur dann zulässig sind, wenn sie alternativlos sind, also keine anderen Verfahren zur Verfügung stehen.

Gewinnung von Zellen

An die Zellen aus menschlichem Organgewebe gelangt man, indem Gewebestücke mit Verdauungsenzymen wie Trypsin zusammengebracht werden. Der kontrollierte Verdauungsvorgang wird so lange durchgeführt, bis sich das Gewebe auflöst und die Zellen einzeln vorliegen. Die Zellen werden danach gewaschen, abzentrifugiert und in ein Nährmedium überführt. Die meisten tierischen Zellen können sich jedoch nur ca. 50-mal teilen, danach sterben sie ab. Die spezifischen Wirkungen auf den Menschen können hierbei besser an menschlichen Zellkulturen untersucht werden als an tierischen. Das Gewebe wird Menschen entnommen. Hierdurch wird die Zahl der für Zellkulturen getöteten Tiere gesenkt.

A1 ◒ Entnehmen Sie dem Text Vorteile und Nachteile von Zellkulturen in der Forschung und wägen Sie diese gegeneinander ab.

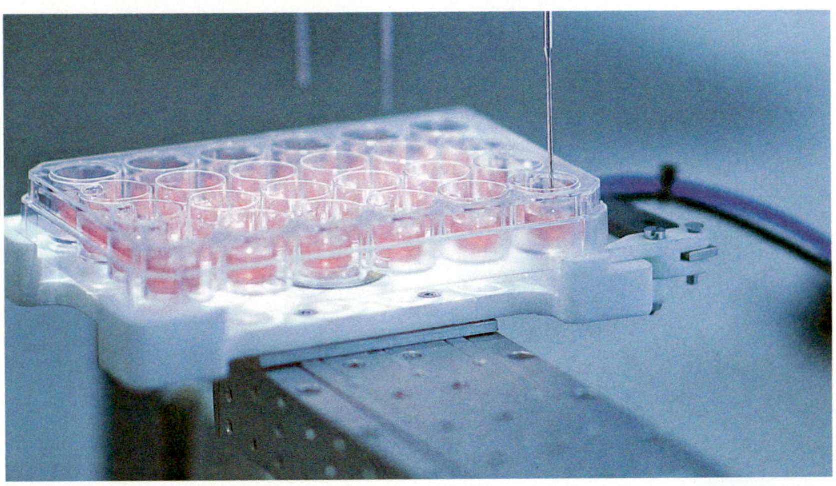

2 *Zellkulturen in der Forschung*

1.3 Die Zellmembran — ein Modell entwickelt sich

Chemische Eigenschaften der Zellinhaltsstoffe

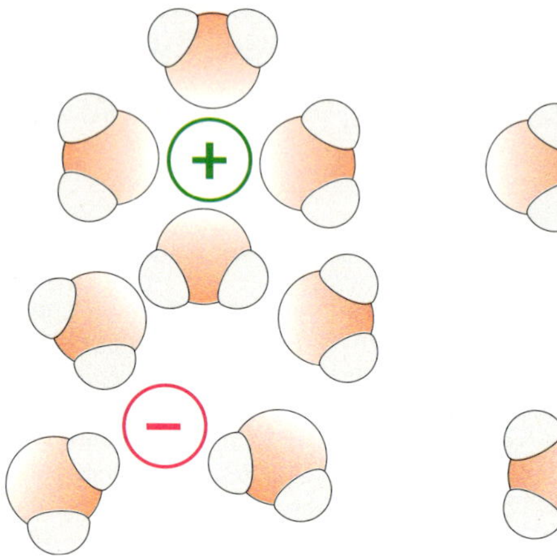

1 *Salzlöslichkeit in Wasser*

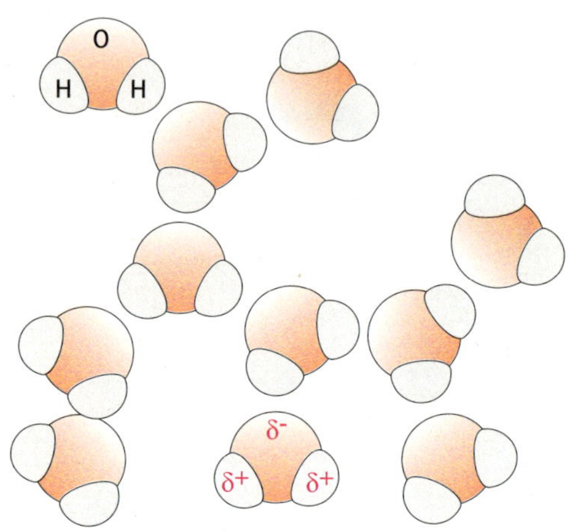

2 *Wassermoleküle*

hydrophil = wasserliebend

hydrophob = wassermeidend

Bei der chemischen Untersuchung von Zellen findet man als Bestandteile Wasser, organische Verbindungen und Salze. Zu den organischen Stoffen gehören *Proteine*, *Kohlenhydrate*, *Lipide* sowie die *Nucleinsäuren* (Abb. 3). Die Anteile sind je nach Zelltyp unterschiedlich.

Wasser — ein Lösungsmittel

Die Eigenschaften des Wassers beruhen auf dem Aufbau und der Ladungsverteilung des Wassermoleküls (H_2O). Die Ladungen sind im Wassermolekül ungleichmäßig verteilt. Das Sauerstoffatom zieht aufgrund seiner höheren Elektronegativität die bindenden Elektronenpaare stärker zu sich hin, als es die beiden Wasserstoffatome vermögen. Hierdurch ergibt sich eine ungleiche Ladungsverteilung und damit ein polares Molekül. Das Wassermolekül hat zwei Pole, es ist ein Dipol (Abb. 2). Moleküle mit Dipolen liegen nicht einzeln vor, sondern ziehen sich ständig gegenseitig an, sodass kurzzeitig größere Molekülverbände *(Cluster)* entstehen.

Der größte Teil der lebenden Zellen besteht aus Wasser. Wasser ist ein wichtiges Transportmedium und Lösungsmittel für Salze, Zucker und andere wasserlösliche Moleküle, die im Stoffwechsel anfallen (Abb. 1). Wassermoleküle haben durch ihre Dipolwirkung besondere chemische und physikalische Eigenschaften, deren Kenntnis Voraussetzung für ein Verständnis vieler Stoffwechselvorgänge ist.

Kohlenwasserstoffverbindungen

Verbindungen wie Kohlenhydrate, Fette oder Proteine enthalten hauptsächlich Kohlenstoff und Wasserstoff *(Kohlenwasserstoffverbindungen)*. Im Gegensatz zum Wasser sind reine Kohlenwasserstoffe unpolar, da die Ladungsverteilung im Molekül ausgeglichen ist. Sie lösen sich daher gut in unpolaren Substanzen, wie Fett und Öl. Mit den polaren Wassermolekülen entstehen jedoch keine Wechselwirkungen. Reine Kohlenwasserstoffverbindungen sind im Fett löslich, jedoch nicht im Wasser.

In Kohlenwasserstoffen gibt es auch hydrophile Gruppen. Sie enthalten neben der Kohlenwasserstoffkette Sauerstoff- oder Stickstoffatome. Die unterschiedliche Elektronegativität führt wie beim Wasser zu einer unterschiedlichen Ladungsverteilung. Diese Kohlenwasserstoffverbin-

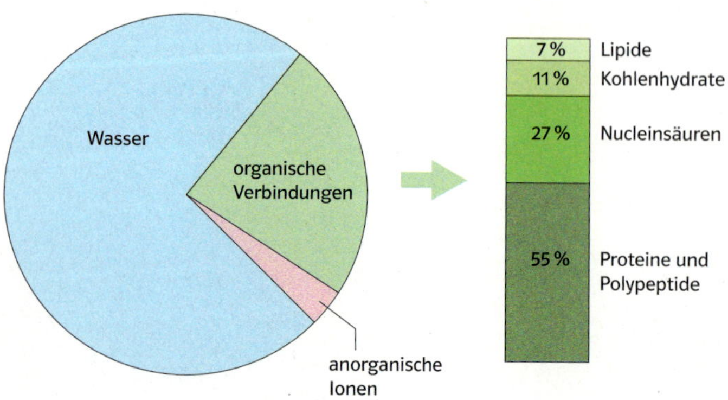

3 *Biochemische Zusammensetzung von Zellen*

4 *Wasserläufer*

dungen beeinflussen die Funktion der Moleküle entscheidend und werden deshalb *funktionelle Gruppen* genannt.

Alkohole (Alkanole)
Die funktionelle Gruppe der Alkohole ist die *Hydroxylgruppe* (Abb. 5). Beispiele sind Ethanol oder Glycerin. Durch das Sauerstoffatom sind diese Gruppen polarisiert, also hydrophil, der Rest jedoch bleibt hydrophob. Je länger die unpolare Kette ist, desto mehr tritt der hydrophobe Charakter beim Gesamtmolekül in Erscheinung. Kurzkettige *Alkanole* sind gut mit Wasser mischbar.

Carbonylverbindungen
Zu ihnen zählen die *Alkanale* und *Alkanone*. Die Carbonylgruppe ist hydrophil und reaktiv. Carbonylverbindungen kommen als Zwischenprodukte in einigen Stoffwechselwegen vor.

Carbonsäuren
Die funktionelle Gruppe der *Carbonsäuren* ist die Carboxylgruppe. Diese ist hydrophil, daher sind kurzkettige Carbonsäuren wasserlöslich. Die Carboxylgruppe kann H^+-Ionen abgeben. Mit zunehmender Länge der Kohlenwasserstoffkette sind Carbonsäuren immer unpolarer und dadurch fettlöslich.

Amine
Auch die Aminogruppe ($-NH_2$) ist hydrophil. Im Gegensatz zu den Carbonsäuren kann sie als Base reagieren, also H^+-Ionen binden. Sie ist Bestandteil aller Aminosäuren. Die in Pflanzen und Tieren natürlich vorkommenden Amine besitzen große Bedeutung als Gewebehormone oder im Nervensystem.

Aminosäuren
Verbindungen mit einer Amino- und einer Carboxylgruppe heißen Aminosäuren. Bei allen biologisch relevanten Aminosäuren sind beide Gruppen am ersten Kohlenstoffatom gebunden. Sie sind die Bausteine der Proteine.

A1 ◒ Wasserläufer (Abb. 4) sinken auf der Wasseroberfläche nicht ein. Erklären Sie, wie es zu diesem Phänomen kommt.

A2 ◒ Beschreiben Sie anhand von Abb. 1 den Lösungsvorgang eines Salzes im Wasser.

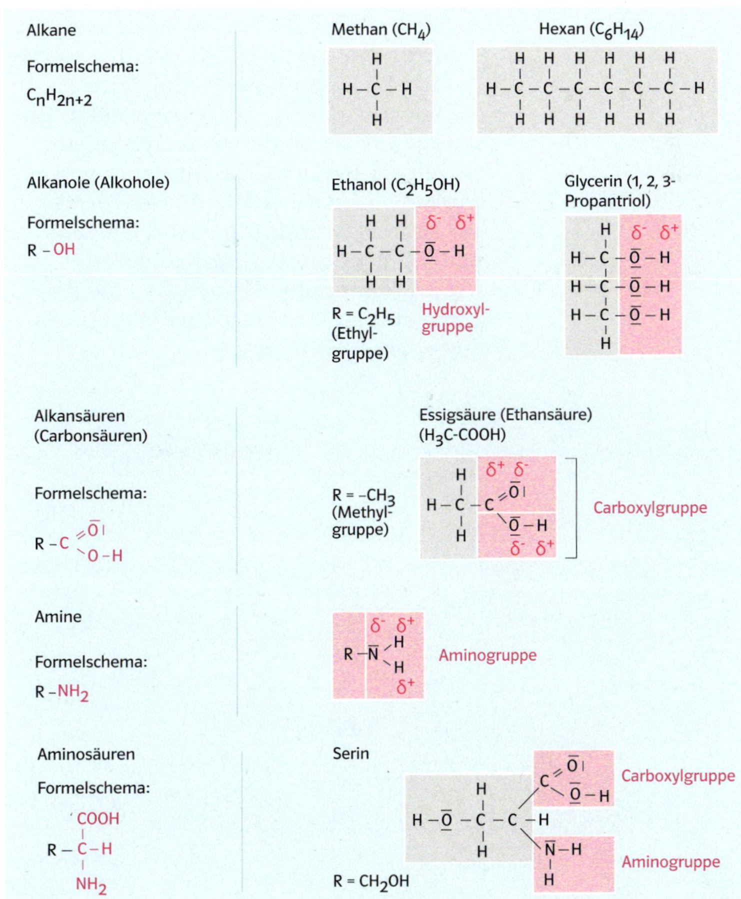

5 *Kohlenwasserstoffverbindungen*

Die Kohlenhydrate

Zuckerrübe

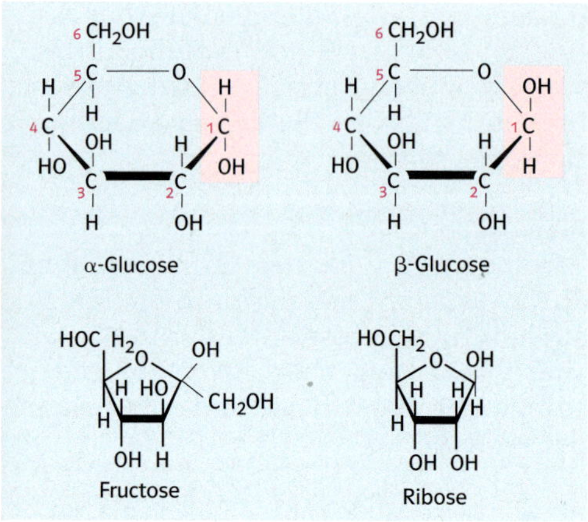

1 *Monosaccharide*

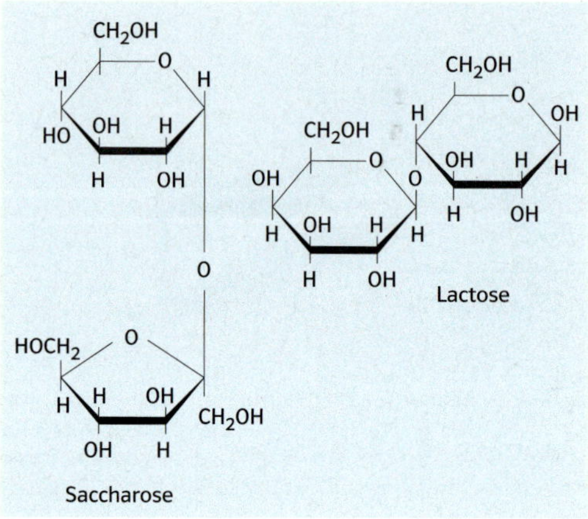

2 *Disaccharide*

Kohlenhydrate *(Saccharide)* kennen wir als Bestandteile der Nahrung, z. B. Stärke, Haushaltszucker oder Traubenzucker. Sie sind wichtige Energielieferanten für den Organismus. Am Beispiel des Traubenzuckers *(Glucose)* soll der Aufbau eines Kohlenhydrats verdeutlicht werden. Seine chemische Zusammensetzung wird durch die *Summenformel* $C_6H_{12}O_6$ angegeben. Die *Strukturformel* gibt die Verknüpfung der einzelnen Atome an. Damit kann man darstellen, dass Glucose in zwei Formen existiert. Man unterscheidet α-Glucose und β-Glucose (Abb. 1). Von anderen Zuckern unterscheidet sich Glucose vor allem durch die unterschiedliche Anordnung der OH-Gruppen.

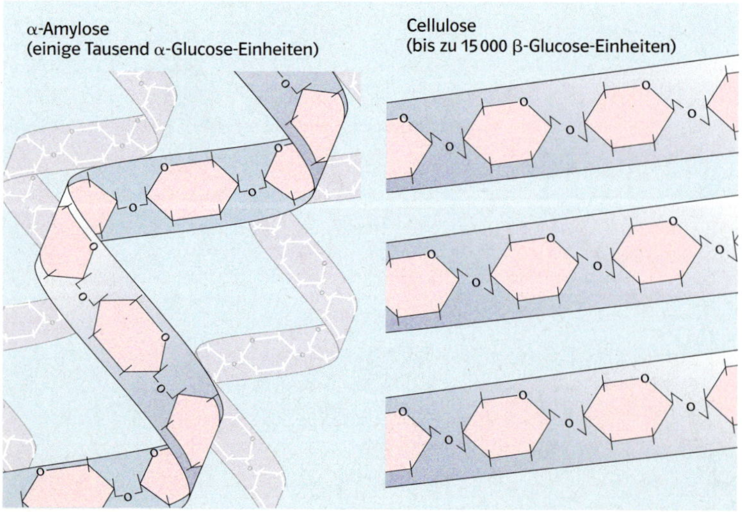

3 *Polysaccharide*

Mono- und Disaccharide

Die Glucose ist ein Einfachzucker *(Monosaccharid)*, sie besteht aus einem einzigen Zuckerbaustein. Durch Verknüpfung zweier Monosaccharide entstehen Zweifachzucker *(Disaccharide)*. Dabei reagiert eine Hydroxylgruppe des einen Zuckers mit einer Hydroxylgruppe des anderen, wobei ein Molekül Wasser abgespalten wird. Wichtige Disaccharide (Abb. 2) sind der Haushaltszucker *(Saccharose)* und der Milchzucker *(Lactose)*. Die Saccharose wird aus Zuckerrohr oder Zuckerrüben gewonnen. Mono- und Disaccharide sind wegen mehrerer OH-Gruppen und der geringen Molekülgröße hydrophil.

Polysaccharide

Stärke, Glykogen und Cellulose sind wichtige *Vielfachzucker (Polysaccharide)*. In ihnen sind jeweils viele Glucosemoleküle zu einem Makromolekül verbunden. Die Bausteine des pflanzlichen Reservestoffs Stärke *(Amylose)* sind die α-Glucosemoleküle. *Glykogen* wird als „tierische Stärke" bezeichnet, da es tierischen Organismen als Kohlenhydratspeicher dient. Unser Körper kann ca. 500 Gramm davon in Leber und Muskulatur speichern. Der pflanzliche Gerüststoff *Cellulose* hingegen besteht aus β-Glucosebausteinen. Die Makromoleküle stellen sehr dünne Fasern dar, die sich zu dickeren Fasern zusammenlagern.

A1 ◒ Erklären Sie anhand der Wasser- und Zuckermoleküle den Lösungsvorgang von Zucker.

Die Lipide

Fette *(Lipide)* sind bei Pflanzen und Tieren die Hauptenergiereserve. Lipide sind Substanzen, die sich in unpolaren Lösungsmitteln gut, in polaren jedoch schlecht lösen. Ein Baustein ist der dreiwertige Alkohol Glycerin. Dazu kommen langkettige Carbonsäuren, die man wegen ihres Vorkommens in Fetten auch Fettsäuren nennt. Drei verschiedene Fettsäuren können an der Bildung eines Fettes beteiligt sein (Abb. 1). Im Darm werden die Fette in Glycerin und die Fettsäuren gespalten. Fettsäuren sind im wässrigen Darminhalt schlecht löslich. Durch die Gallenflüssigkeit und die Darmbewegung bilden sich kleine Tröpfchen, d. h. sie bilden eine Emulsion.

Häufig vorkommende Fettsäuren sind z. B. Stearin- und Palmitinsäure. Sie besitzen, wie andere in Organismen vorkommende Fettsäuren auch, eine gerade Anzahl von Kohlenstoffatomen. Stearin- und Palmitinsäure gehören zu den *gesättigten Fettsäuren*, da sie keine C–C-Doppelbindungen haben. *Ungesättigte Fettsäuren*, z. B. Ölsäure und Linolsäure, zeichnen sich durch das Vorhandensein einer oder mehrerer C–C-Doppelbindungen aus. Mehrfach ungesättigte Fettsäuren sind für den Menschen meist *essenziell*, das bedeutet, sie müssen mit der Nahrung aufgenommen werden. Gesättigte und ungesättigte Fettsäuren unterscheiden sich in ihrem Schmelzpunkt. Fette mit einem hohen Anteil an mehrfach ungesättigten Fettsäuren sind flüssig, wie z. B. Sonnenblumenöl. Fette, die fast nur gesättigte Fettsäuren enthalten, sind dagegen fest, wie z. B. Butter.

Fette sind unpolare Moleküle. Im Bereich der Esterbindungen sind sie schwach hydrophil, während sich die langen Kohlenwasserstoffketten hydrophob verhalten. Die in den Zellmembranen enthaltenen *Phospholipide* weisen ein polares und ein unpolares Ende auf. Eine der drei Fettsäuren ist durch eine hydrophile Phosphatgruppe mit daran gebundenem Rest ersetzt (z. B. *Lecithin*). Die hydrophilen Eigenschaften werden so verstärkt (Abb. 1). Ihr polarer Teil orientiert sich zum Wasser hin, sodass sich die hydrophoben Kohlenwasserstoffketten nebeneinander anordnen. Deshalb kann sich auf einer Wasseroberfläche ein dünner Phospholipidfilm ausbilden. Durch Schütteln entstehen in Wasser fein verteilte Tröpfchen *(Micellen*, Abb. 1). Es bildet sich eine *Emulsion.*

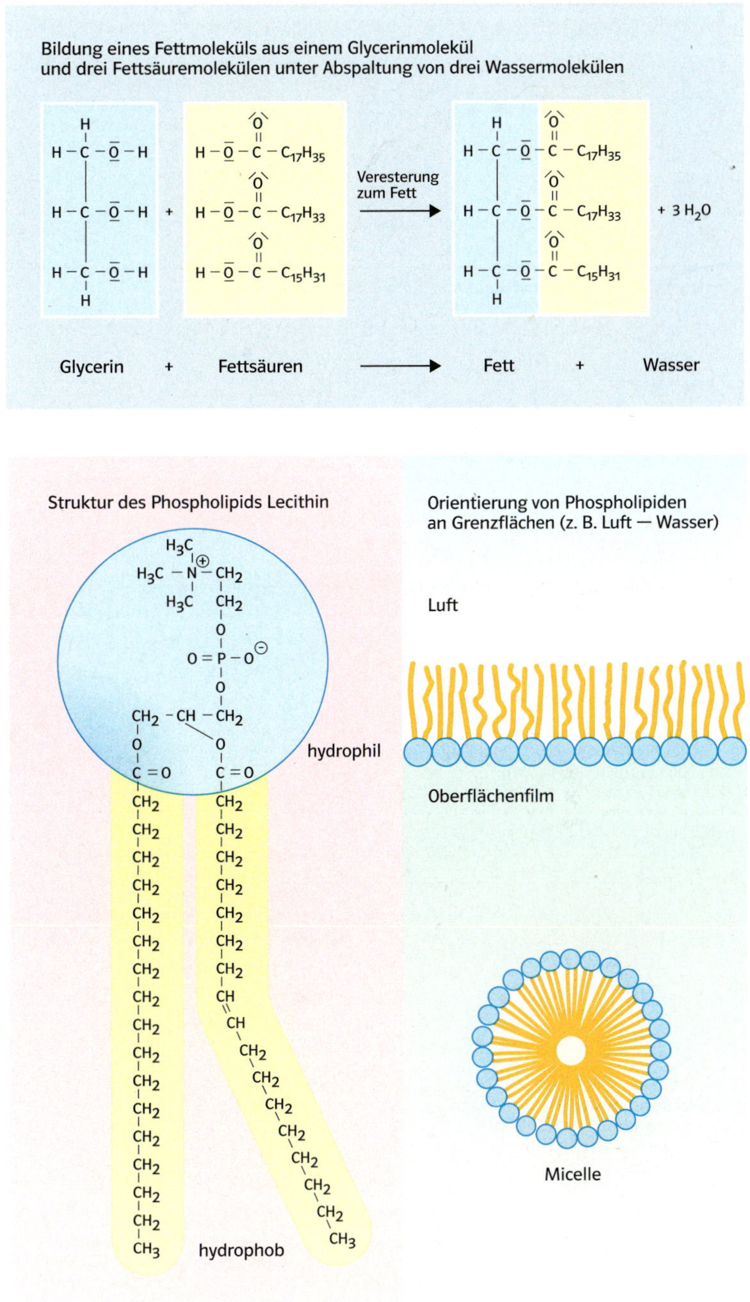

1 *Aufbau und Eigenschaften von Lipiden*

A1 ◒ Erklären Sie, weshalb Fette in Wasser durch Schütteln leicht Micellen bilden.

Die Proteine

8d64h2

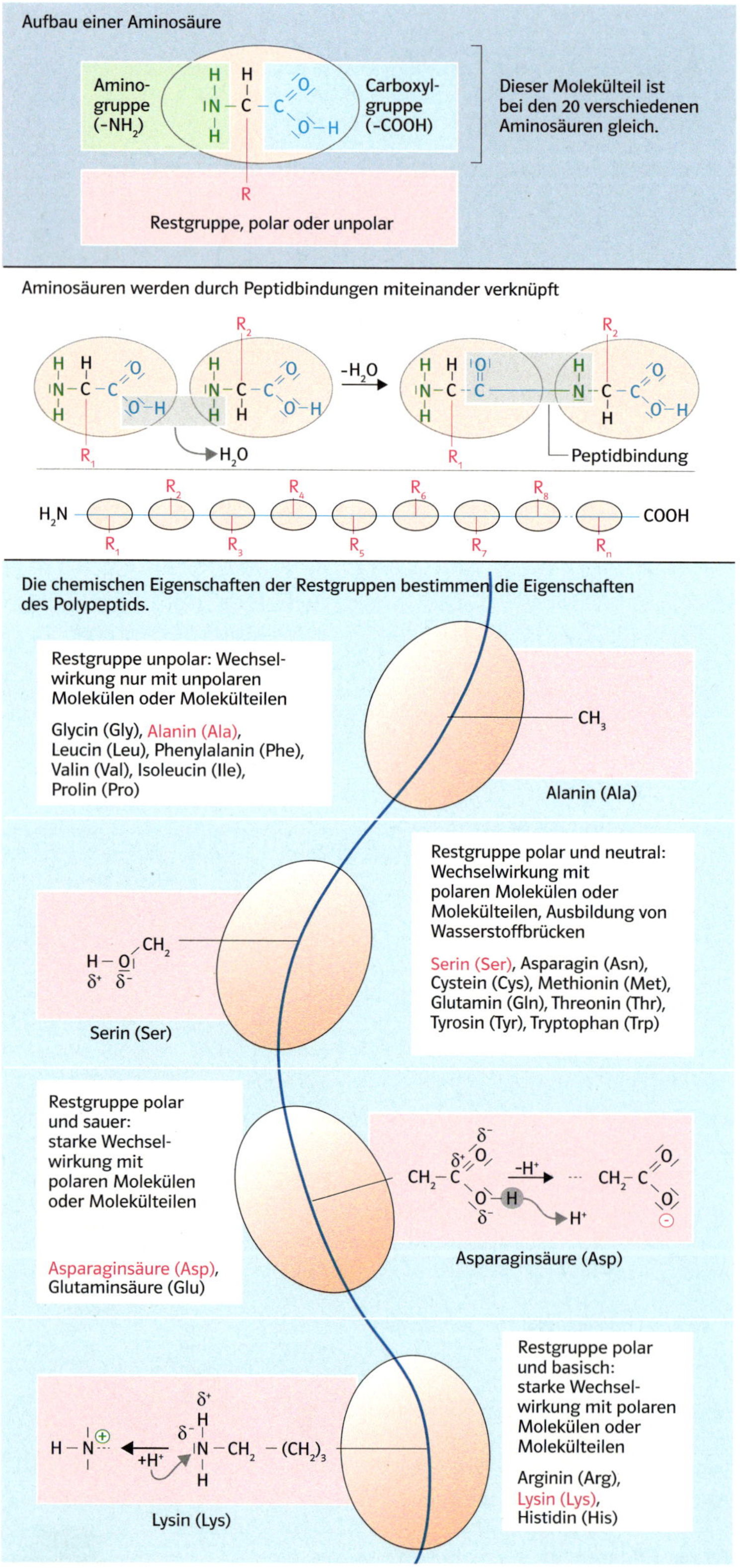

1 *Primärstruktur*

Alle Lebewesen enthalten über tausend verschiedene Eiweiße *(Proteine)*. Zu ihren vielfältigen Funktionen gehören folgende:
- Als Enzyme steuern Proteine den Stoffwechsel.
- Als Hormone übertragen Proteine Informationen.
- Als Membranrezeptoren nehmen Proteine Informationen aus der Umgebung auf.
- Proteine transportieren Sauerstoff *(Hämoglobin)*.
- Als Antikörper verklumpen Proteine Krankheitserreger.
- Proteine bilden Gerüststoffe für Zellen und Gewebe.
- Proteine ermöglichen die Bewegung (Muskelfasern, Motorproteine).

Die Funktion eines Proteins hängt von seiner dreidimensionalen Gestalt ab.

Aminosäuren — die Bausteine

Proteine sind aus Bausteinen, den *Aminosäuren*, aufgebaut. Dabei kommen 20 verschiedene Aminosäuren besonders häufig vor. Kennzeichnende Merkmale sind die saure Carboxylgruppe und die basische Aminogruppe als funktionelle Gruppen. Sie sind immer am endständigen C-Atom des Aminosäuremoleküls, dem α-C-Atom, gebunden. Dieses ist außerdem noch mit einem H-Atom und einem organischen Rest verknüpft. Nur in diesem Rest unterscheiden sich die Aminosäuren. Er kann unpolar, polar, sauer oder basisch sein. Der menschliche Organismus kann nicht alle Aminosäuren selbst synthetisieren. Die sogenannten *essenziellen Aminosäuren* müssen mit der Nahrung aufgenommen werden.

Peptide

Proteine entstehen durch Verknüpfung vieler Aminosäuren zu einem Makromolekül. Dabei reagiert die Carboxylgruppe der einen Aminosäure unter Wasserabspaltung mit der Aminogruppe einer zweiten Aminosäure. Die entstehende Bindung nennt man *Peptidbindung*. Aus zwei Aminosäuren entsteht ein Dipeptid. Durch Kettenverlängerung entstehen *Oligopeptide*, in denen 2 bis 10 Aminosäuren miteinander verknüpft sind. *Polypeptide* haben mehr als 10 Aminosäuren. Polypeptide mit mehr als 100 Aminosäuren nennt man Proteine. Im Prinzip können alle Aminosäuren in beliebiger Reihenfolge verknüpft werden, sodass eine fast unbegrenzte Anzahl verschiedener Proteinmoleküle möglich ist. Die Abfolge oder Sequenz der einzelnen Aminosäuren wird *Primärstruktur* des Proteins genannt. Sie bestimmt die Eigenschaften des Proteinmoleküls.

Die hintereinander folgenden Aminosäuren bilden eine Molekülkette; die einzelnen Reste ragen seitlich aus der Achse heraus. Ein Ende der Kette trägt eine freie NH_2-Gruppe, das andere eine freie COOH-Gruppe.

Räumliche Struktur der Proteine

Bedingt durch die nicht drehbaren Peptidbindungen entstehen nebeneinander in einzelnen Abschnitten des Proteins räumliche Strukturen, die einer Rechtsschraube (α-Helix) oder einem gefalteten Blatt (β-Faltblattstruktur) ähneln. Wasserstoffbrückenbindungen innerhalb der Peptidkette stabilisieren die spiralartige oder faltblattartige Anordnung. Welche Struktur in einem Proteinmolekülabschnitt ausgebildet wird, hängt von der Aminosäuresequenz, der Primärstruktur, ab. Die räumliche Anordnung eines Proteins nennt man *Sekundärstruktur* (Abb. 2).

Oft wird eine *Tertiärstruktur* ausgebildet, indem sich das ganze Molekül in charakteristischer Weise faltet. Einzelne Teile wie eine α-Helix oder ein β-Faltblatt sind durch unstrukturierte Aminosäuresequenzen verbunden. Die geordneten Bereiche wie Helix oder Faltblatt werden als Strukturdomäne bezeichnet. Diese bestehen aus 50–150 Aminosäuren (Abb. 2). Für die Stabilität sind die Anziehungskräfte zwischen den Resten der einzelnen Aminosäuren verantwortlich. Wenn bei der Faltung die unpolaren Reste in der Mehrzahl zum Molekülinneren orientiert sind und die polaren Reste nach außen zeigen, ist das Proteinmolekül meist wasserlöslich. Durch die Faltung liegen einzelne Abschnitte innerhalb des Moleküls nebeneinander, deren Lage durch Wechselwirkungen zwischen verschiedenen Resten stabilisiert wird. Die Tertiärstruktur bestimmt die Funktion eines Proteins entscheidend. Diese Eigenschaft geht verloren, wenn die Tertiärstruktur durch Hitze, Säure oder auch Alkohol zerstört wird *(Denaturierung)*.

In einigen Fällen bilden mehrere Proteinmoleküle eine funktionsfähige Einheit *(Quartärstruktur)*. Ein Beispiel dafür ist das Hämoglobin, der rote Blutfarbstoff (s. Seite 91). Es besteht aus vier Untereinheiten mit je einer nicht aus Protein bestehenden Hämgruppe.

A1 ◒ In Lebewesen kommen regelmäßig 20 verschiedene Aminosäuren vor. Berechnen Sie, wie viele Möglichkeiten es gibt, wenn man aus diesen Aminosäuren ein Protein mit einer Kettenlänge von 3 (5, 10 oder 100) Aminosäuren herstellt.

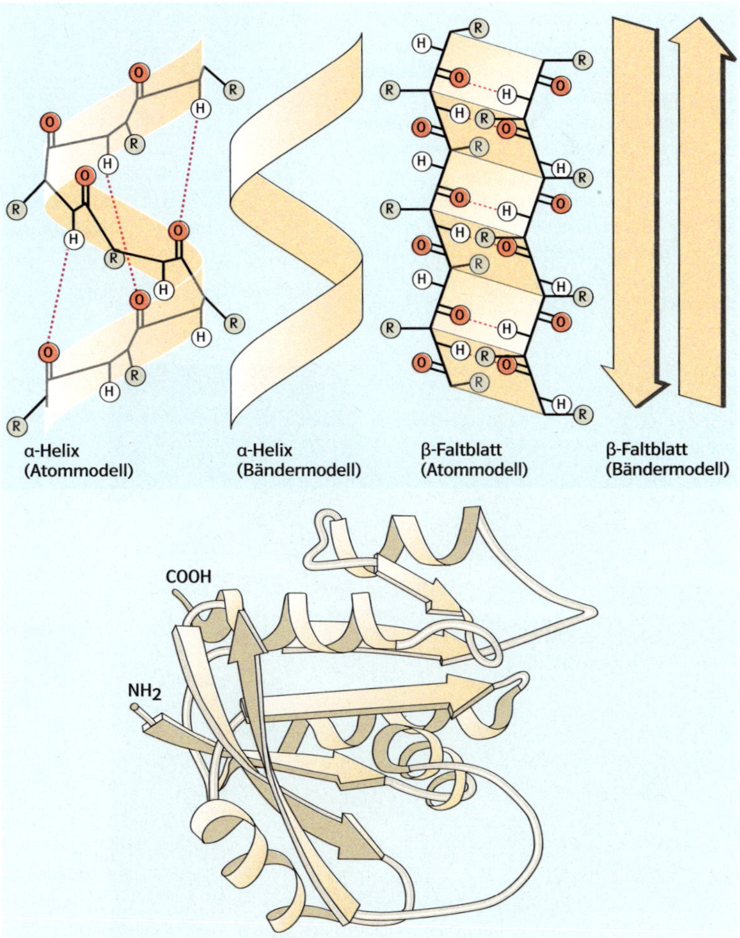

2 *Sekundärstruktur (oben) und Tertiärstruktur (unten)*

Material
Gelelektrophorese

In einem Organismus kommen Tausende unterschiedliche Proteine vor. Will man ein bestimmtes Protein näher untersuchen, muss es erst von allen anderen Proteinen abgetrennt und gereinigt werden. Hierzu verwendet man u. a. die Gelelektrophorese.

Die *Gelelektrophorese* ist ein Trennverfahren, bei dem ein elektrisches Feld auf geladene Moleküle wirkt. Hierdurch bewegen sich diese Moleküle, negativ geladene zum positiven Pol des elektrischen Feldes und positiv geladene zum negativen Pol. Die Bewegung erfolgt auf einem Trägermaterial. Dies kann feuchtes Filterpapier oder ein Gel sein. Je nach der Geschwindigkeit der Moleküle bei dieser Bewegung haben sie in einem festgelegten Zeitraum unterschiedliche Wegstrecken zurückgelegt. Die Geschwindigkeit ist abhängig von der Kraft des elektrischen Feldes, der Größe und Form der Moleküle sowie der Viskosität des Trägermaterials.

Proteine lassen sich mit diesem Verfahren trennen, da sie geladene Moleküle sind. Sie bestehen aus den Aminosäuren, die sowohl eine Carboxyl- als auch eine Aminogruppe haben. Die Carboxylgruppe ist je nach pH-Wert der Umgebung negativ geladen, die Aminogruppe positiv. Die Ladung der verschiedenen Proteine lässt sich spezifisch durch den pH-Wert im Trägermaterial verändern. Da die Proteine sich durch ihre Ladungen und ihre Größe unterscheiden und die Ladung durch den pH-Wert veränderbar ist, lassen sie sich mithilfe der Gelelektrophorese gut und schnell trennen.

Dieses Verfahren zur Auftrennung von Gemischen aus Makromolekülen ist auch zur Untersuchung von DNA hervorragend geeignet. DNA ist aufgrund der Phosphatgruppen negativ geladen und wandert im elektrischen Feld vom Minus- zum Pluspol.

Je kürzer die DNA-Fragmente beschaffen sind, desto leichter können sie die Maschen des Gels überwinden. Daher wandern kürzere DNA-Fragmente schneller als längere DNA-Fragmente und bilden Banden weiter vom Startpunkt entfernt. Da DNA farblos ist, muss sie am Ende der Gelelektrophorese sichtbar gemacht werden. Dies geschieht durch Färbung mit fluoreszierenden Substanzen, wie beispielsweise Ethidiumbromid. Dabei leuchten die DNA-Banden im ultravioletten Licht hell auf (Abb. 2).

A1 ◒ Kann man mithilfe der Gelelektrophorese ein Gemisch aus Stärkemolekülen unterschiedlicher Größe auftrennen? Begründen Sie Ihre Vermutung.

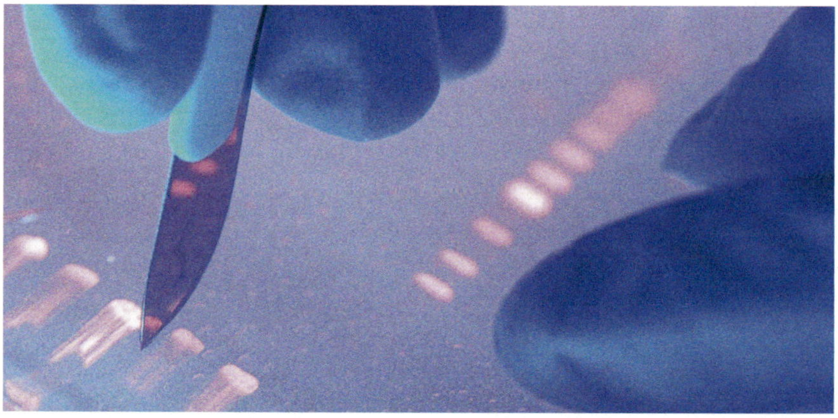

2 *DNA-Banden, mit Ethidiumbromid im UV-Licht sichtbar*

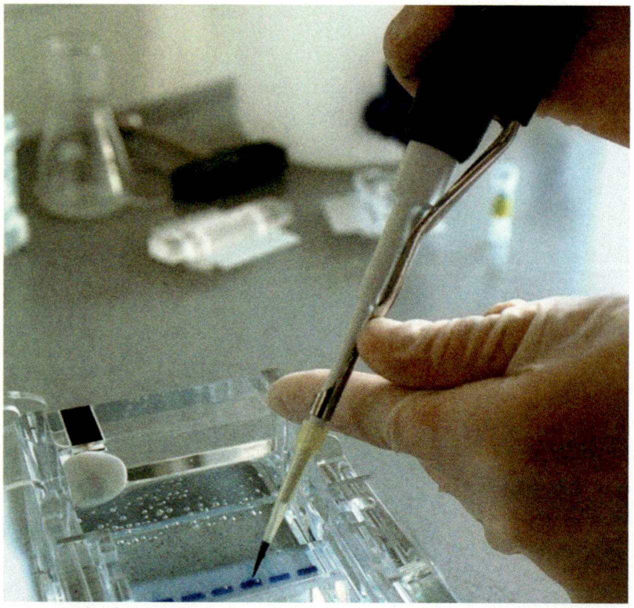

1 *Gelelektrophoresekammer beim Befüllen mit einer Pipette*

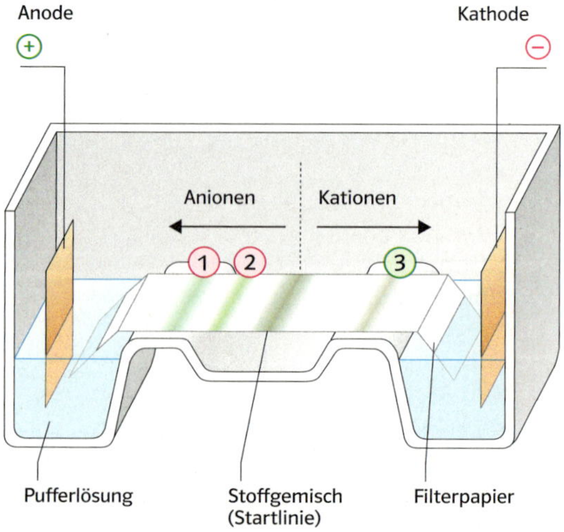

Papierelektrophorese eines Proteingemisches (3 Proteine) bei neutralem pH-Wert. Während Protein 3 positiv geladen ist, tragen die Proteine 1 und 2 negative Überschussladung. Protein 1 wandert schneller, entweder aufgrund stärkerer Ladung oder weil es kleiner oder kompakter gebaut ist.

Praktikum
Osmose und Plasmolyse

Experiment 1

Fragestellung:
Welche Wirkung haben verschiedene Stoffe auf den Wasserhaushalt der Zellen einer Kartoffel?

Material:
Zwei Kartoffeln, Messer, Löffel, Kochsalz, Zucker, Stärke, Papiertuch

Versuchsdurchführung:
Zwei Kartoffeln werden halbiert. In jeder der vier Hälften wird mit einem Messer oder einem Löffel eine Mulde ausgehöhlt. Aus dieser Mulde wird mit einem Papiertuch die Flüssigkeit entfernt. Die Mulde darf jedoch nicht ganz trocken sein.

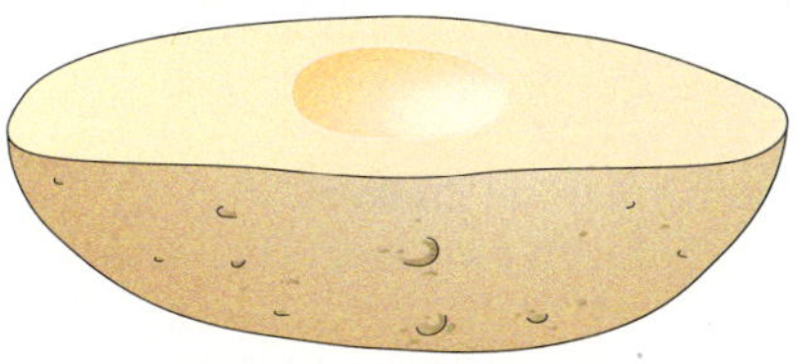

1 *Kartoffelhälfte mit Mulde*

In die Mulden von drei Kartoffelhälften wird jeweils Zucker, Kochsalz oder Stärke gegeben. Die Mulde sollte ganz ausgefüllt sein. Die vierte Hälfte bleibt leer. Nach 5 und 10 Minuten wird das Ergebnis beobachtet und notiert.

A1 Führen Sie die Versuche durch.
A2 Beschreiben Sie die vier Versuchsergebnisse und vergleichen Sie diese. Erklären Sie die Bedeutung der leeren Kartoffelhälfte.
A3 Erläutern Sie die vier Ergebnisse unter dem Aspekt der Osmose und Plasmolyse (s. Seite 52/53) und formulieren Sie eine Gesamtaussage zu allen Versuchen.
A4 Gehen Sie auf die Fragestellung ein und erläutern Sie, ob anhand der Versuche neue Fragestellungen entstanden sind.

Experiment 2

Fragestellung:
Verändert sich lebendes Gewebe durch Zucker?

Material:
Zwei Kartoffeln, Messer, Pinzette, Lineal mit Millimetereinteilung, 1 Becherglas, 3 Reagenzgläser, Bunsenbrenner, 30%ige Zuckerlösung, demineralisiertes Wasser

Versuchsdurchführung:
Mit einem Messer werden aus den Kartoffeln sechs Kartoffelstäbchen herausgeschnitten. Diese müssen gleich lang sein. Die Kartoffelstücke werden mit dem Lineal gemessen und die Werte werden notiert. Jeweils ein Stück wird in ein Gefäß mit demineralisiertem Wasser, Leitungswasser und einer 30%igen Zuckerlösung gegeben. Drei Kartoffelstäbchen werden in einem Becherglas mit Wasser kurz aufgekocht. Mit einer Pinzette werden diese drei Stäbchen ebenfalls in die drei Reagenzgläser überführt. Nach zwei Stunden wird die Länge der Kartoffelstäbchen gemessen und die Werte werden notiert.

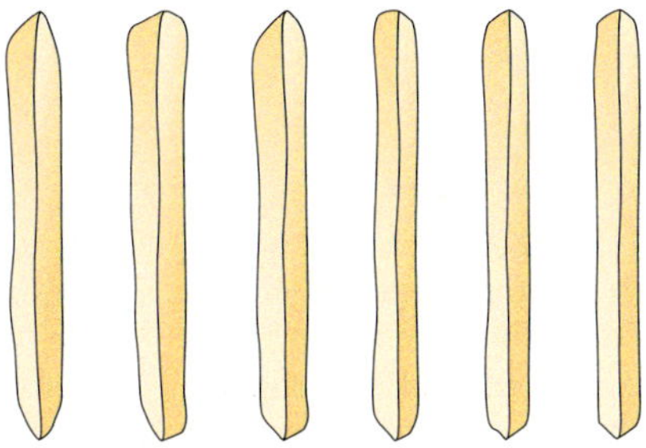

2 *Kartoffelstäbchen*

A5 Führen Sie die Versuche durch.
A6 Beschreiben Sie die Versuchsergebnisse anhand der gemessenen Daten und vergleichen Sie diese.
A7 Erklären Sie die Ergebnisse für die ungekochten und die gekochten Kartoffeln.
A8 Erläutern Sie die Versuchsdurchführung in Bezug zur Fragestellung.

Experiment 3

Fragestellung:
Verändern sich Zellen durch Zucker?

Material:
Rotkohlblätter, konzentrierte Zuckerlösung, Rasierklinge, Objektträger, Deckgläschen, Mikroskop, Zellstofftuch

Versuchsdurchführung:
Spannen Sie einen Teil eines Rotkohlblattes über Ihren Finger und schneiden Sie mit einer Rasierklinge vorsichtig die obere Epidermis ab. Geben sie auf den Objektträger einen Tropfen Wasser und überführen Sie das Stückchen Epidermis in den Wassertropfen.

3 *Rotkohl*

Legen Sie das Deckglas auf und betrachten Sie das Präparat unter dem Mikroskop mit einer geringen Vergrößerung. Suchen Sie sich eine gut durchfärbte Stelle heraus und vergrößern Sie diese stärker. Geben Sie auf die eine Seite des Deckgläschens einen Tropfen der konzentrierten Zuckerlösung und halten Sie auf der gegenüberliegenden Seite ein Zellstofftuch an den Rand des Deckgläschens. Die Zuckerlösung wird so durch das Präparat gesaugt. Wiederholen Sie anschließend diesen Vorgang mit Leitungswasser.

A9 Führen Sie den Versuch durch.
A10 Zeichnen und beschreiben Sie die Zellen vor der Zugabe der Zuckerlösung, nach Zugabe der Zuckerlösung und nach Zugabe des Wassers.
A11 Erläutern Sie die Beobachtungen unter dem Aspekt der Plasmolyse (s. Seite 53) und des Tonoplasten.
A12 Begründen Sie, ob die Fragestellung mit dieser Untersuchung geklärt werden kann.

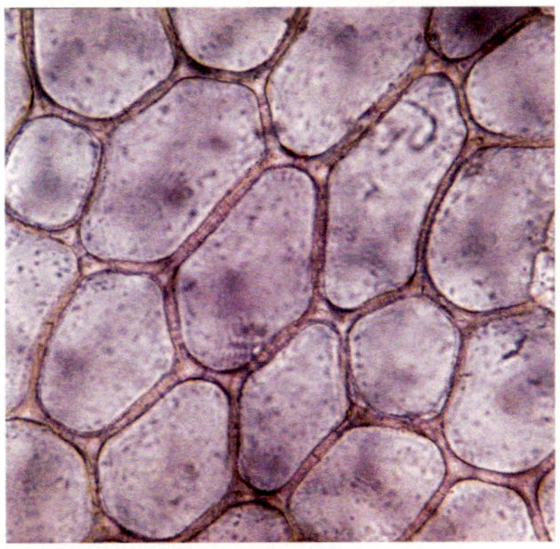

4 *Rotkohlzellen*

Diffusion und Osmose

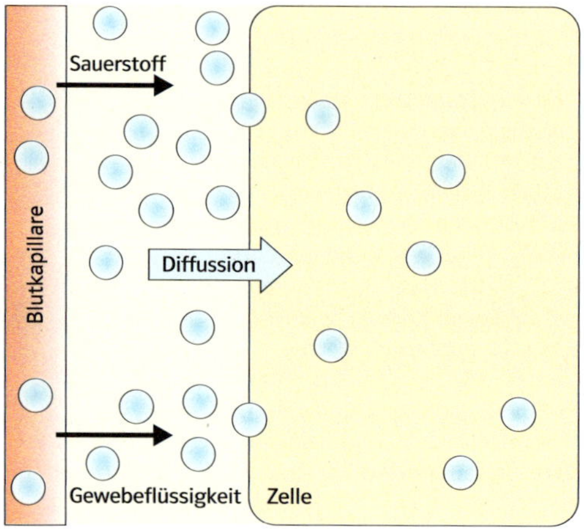

1 *Stofftransport durch Diffusion*

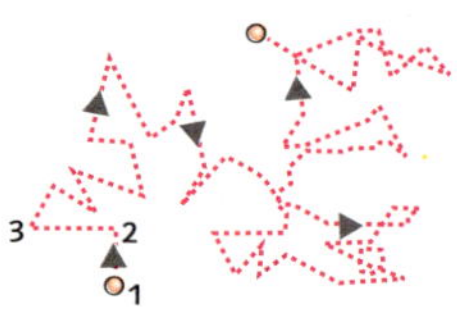

Weg der Glucoseteilchen

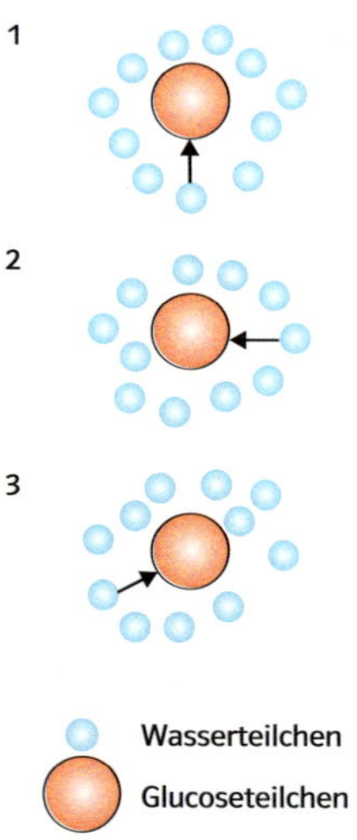

Brown'sche Molekularbewegung

Sauerstoff gelangt über den Blutkreislauf in das Gewebe. In der Zelle wird er für den Energiehaushalt benötigt. Der Sauerstoff gelangt aus den Blutkapillaren in die Gewebeflüssigkeit, die die Zellen umgibt. Über die Zellmembran gelangt er in die Zellen und verteilt sich im Cytoplasma. Andererseits muss Kohlenstoffdioxid aus den Zellen entfernt werden. Es entsteht in den Zellen, wird über die Zellmembran in die Gewebeflüssigkeit abgegeben und in den Blutkapillaren abtransportiert. Diese Vorgänge, bei denen Stoffe sich durchmischen, nennt man *Diffusion*.

Diffusionsvorgänge

Die Diffusion ist der wichtigste Verteilungsprozess innerhalb der Zelle und der Gewebeflüssigkeit. Die Verteilung erfolgt immer von der höheren Konzentration zur niedrigeren. Die Diffusion hat ihre Ursache in der ständigen Wärmebewegung aller Teilchen *(Brown'sche Molekularbewegung)*. Die Stoffteilchen kommen nur langsam voran, da sie bereits nach kurzer Zeit mit anderen zusammenstoßen und dabei die Richtung ändern (s. Randspalte). Durch viele zufällige Bewegungen und Zusammenstöße kommt es zu einer gleichmäßigen Verteilung, einem Konzentrationsausgleich. Die Diffusion ist über längere Wege jedoch nicht sehr effektiv. Die Geschwindigkeiten der Stoffteilchen sind sehr gering. Glucose hat eine Diffusionsgeschwindigkeit von ca. 6 µm pro Minute, Sauerstoff von ca. 25 µm pro Minute. Eine durchschnittliche Zelle hat eine Größe zwischen 60 und 100 µm. Die Zellgröße ist durch die Diffusionsgeschwindigkeit begrenzt. Die Geschwindigkeit der Teilchen ist von verschieden Faktoren abhängig:

- der Größe der Stoffteilchen,
- dem umgebenden Medium, z. B. Luft, Wasser, Cytoplasma,
- der Temperatur.

Osmose — Diffusion von Wasser

Behindert wird die Diffusion, wenn verschiedene Lösungen durch eine Membran getrennt sind. Salz- oder Zuckerteilchen z. B. können die Zellmembranen nicht passieren, wohl aber die Wasserteilchen. Solche Membranen, die nicht für alle Teilchen durchlässig sind, nennt man *selektiv permeable (semipermeable) Membranen*.

Sind Wasser und eine Zuckerlösung in einem Gefäß durch eine selektiv permeable Membran getrennt, liegt in dem einen Volumen eine höhere Zuckerkonzentration als im anderen vor. Die Wasserkonzentration hingegen ist in der Zuckerlösung geringer, da hier ein Teil des Volumens von den Zuckerteilchen eingenommen wird.

Von beiden Seiten stoßen Teilchen gegen die Membran. Da die Zuckermoleküle sie nicht durchqueren können, sind ihre Stöße gegen Poren wirkungslos, während die Wasserteilchen durch die selektiv permeable Membran diffundieren (Abb. 2). Die Diffusion des Wassers durch eine solche Membran nennt man *Osmose*. Sie führt zu einer unterschiedlichen Häufigkeit von Wasserteilchen auf den jeweiligen Seiten. Es befinden sich demnach mehr Wasserteilchen in der Zuckerlösung und weniger Wasserteilchen auf der reinen Wasserseite.

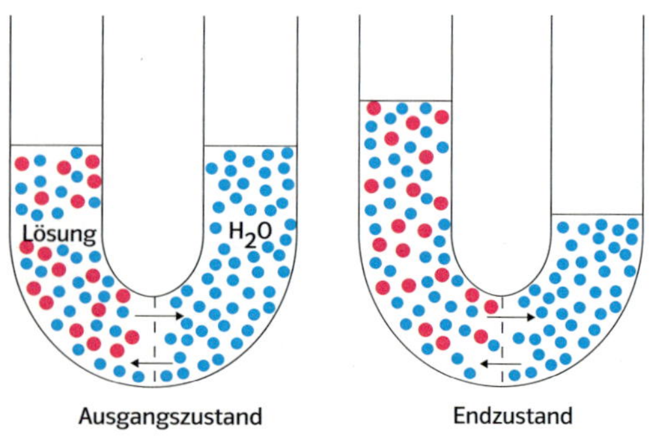

2 *Osmose*

9yw7jx

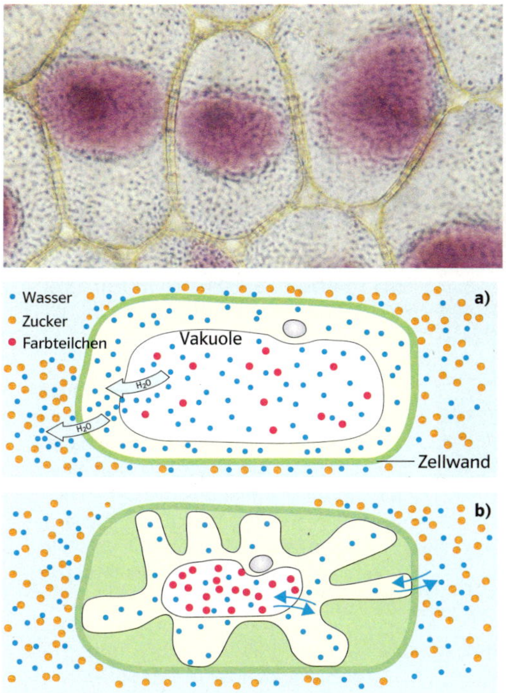

3 *Plasmolyse (Schema)*

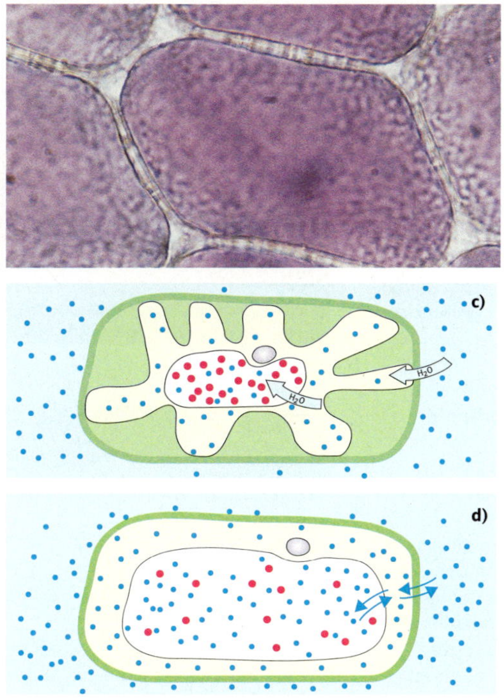

4 *Deplasmolyse (Schema)*

Dadurch nimmt das Volumen auf der Seite der Zuckerlösung zu, auf der Wasserseite ab (Abb. 2).

Plasmolyse — Deplasmolyse

Die Vorgänge der Osmose findet man auch in Lebewesen. Die Zellmembran stellt hierbei die selektiv permeable Membran dar. Jeder kennt das Phänomen bei frisch zubereitetem Salat. Nach kurzer Zeit sind die Blätter welk und zusammengefallen. Ursache sind Zucker- oder Salzmoleküle in der Salatsoße. Außerhalb der Zellen der Salatblätter ist die Konzentration höher als in den Blattzellen. Die Zuckerlösung ist *hypertonisch* gegenüber dem *hypotonischen* Zellsaft. Da die Salz- oder Zuckerteilchen zwar die Zellwand, nicht aber die selektiv permeable Zellmembran passieren können, findet ein Wasserausstrom aus den Zellen statt.

Untersucht man unter dem Mikroskop Pflanzenzellen, bei denen die Vakuolen intensiv rot gefärbt sind, kann man den Vorgang des Wasserverlustes beobachten (Abb. 3). Umgibt die Zellen eine konzentrierte Zucker- oder Salzlösung, schrumpft die Vakuole und die Zellmembran löst sich von der Zellwand. Diesen Vorgang nennt man *Plasmolyse*. Der Wasserverlust führt bei den Zellen zur Intensivierung der Rotfärbung des Zellsaftes. Ersetzt man die Zuckerlösung durch destilliertes Wasser, läuft der Vorgang bei intakten Zellen wieder in die andere Richtung (*Deplasmolyse*, Abb. 4). Lösungen mit gleicher osmotisch wirksamer Konzentration nennt man *isotonisch*.

A1 ◒ Erläutern und begründen Sie, wie eine Flüssigkeitsinfusion für einen Patienten beschaffen sein muss, der größere Blutverluste erlitten hat (kein Spenderblut!).

A2 ◒ Drei etwa gleich schwere und gleich große Hühnereier werden zur Entfernung der harten Schale zunächst in Essig eingelegt. Dann wird das erste Ei in 300 ml destilliertes Wasser, das zweite in 300 ml 4 %ige physiologische Kochsalzlösung und das dritte in eine konzentrierte Salzlösung gelegt. Nach 24 h werden die Eier erneut gewogen. Das erste hat an Masse zugelegt, das zweite hat seine alte Masse beibehalten und das dritte hat an Masse verloren. Deuten Sie die Versuchsergebnisse.

hypertonisch
höhere Zucker- oder Salzkonzentration in der Zelle als in der Umgebung

hypotonisch
geringere Zucker- oder Salzkonzentration in der Zelle als in der Umgebung

isotonisch
gleiche Zucker- oder Salzkonzentration in der Zelle und in der Umgebung

Material
Osmoregulation

In allen lebenden tierischen und pflanzlichen Zellen spielt die Osmoregulation eine entscheidende Rolle. Sie dient der Erhaltung sämtlicher stoffwechselphysiologischer Prozesse. Dabei muss ein bestimmter osmotischer Wert in der Zelle ständig aufrechterhalten werden. Dieser unterscheidet sich zumeist von der entsprechenden Umgebung. Dies wird durch ständige Regulation erreicht *(Homöostase)*. Es wird dabei gegen ein Konzentrationsgefälle gearbeitet, sodass für diese Regulation Energie verbraucht wird.

Osmoregulation bei Meerestieren

Die Mehrzahl der wirbellosen Tiere im Meer passt ihre Salzkonzentration im Körper an die Salzkonzentration im Wasser an. Man spricht in diesem Fall von *poikilosmotischen* Tieren. Fische als Wirbeltiere sind hingegen *homöosmotisch*, d.h. sie besitzen aufgrund einer ständigen Regulation eine konstante physiologische Salzkonzentration, unabhängig von ihrer äußeren Umgebung. Süßwasserfische besitzen eine hypertonische Lösung in ihren Körperzellen, sie müssen daher immer dann Wassermoleküle an ihre Umgebung in Form von Harn über die Niere abgeben, wenn der aktuelle Konzentrationswert der Körperzellen *(Istwert)* nicht dem eigentlichen *Sollwert* entspricht. Ferner transportieren sie aktiv Natrium- und Chloridionen in ihre Körperzellen. So regulieren sie ihren Salzhaushalt.

Bei Meeresfischen ist es genau umgekehrt. Ihre Körperzellen sind *hypotonisch* gegenüber der Außenlösung. Sie verlieren daher ständig Wasser. Dieser Verlust wird durch ständiges Trinken ausgeglichen, wobei sie zeitgleich über ihre Kiemen Salzausscheidung betreiben. Durch diese Art der Selbstregulation wird auch hier ein konstanter Salzspiegel innerhalb enger Grenzwerte aufrechterhalten *(Homöostase)*.

A1 ◒ Für Landtiere hat der Schutz vor Austrocknung höchste Priorität. Neben der Niere, die den Harn deutlich konzentriert, gibt es auch äußere Strukturen. Benennen Sie diese.

A2 ● Aale laichen im Salzwasser, während Lachse im Süßwasser laichen. Beide leben ansonsten aber im Süßwasser (Aale) bzw. im Meerwasser (Lachse). Erklären Sie jeweils deren Überleben in beiden Gewässerarten.

1 *Salzwiese*

Salzwiesen

Salzwiesen sind die Grünlandflächen am Meer vor dem Deich, die von Salzwasser überspült werden. Die Pflanzen auf diesen Flächen besitzen Schutzmechanismen, die verhindern, dass sie vertrocknen und absterben.

Auf der Blattoberfläche der *Salzmelde*, einer charakteristischen Salzwiesenpflanze, befinden sich kleine gestielte Blasenhaare, in die die Pflanzen aktiv Salz aus ihren Zellen ausscheiden. Die Blasenhaare sterben bei hoher Salzkonzentration ab und werden vom Regen oder Wind abgetragen.

A3 ● Beschreiben Sie die Funktion der Blasenhaare und erläutern Sie, inwiefern es sich hierbei um Osmoregulation handelt.

2 *Salzmelde*

Pantoffeltierchen (Paramecium)

Ist die pulsierende Vakuole der Einzeller ein osmoregulatorisches Organ? Um diese Frage zu klären, wurden Pantoffeltierchen bei verschiedenen Salzkonzentrationen gehalten. Sie leben normalerweise in Süßwasser. Die Förderleistung der Vakuole hat man in µl pro Minute gemessen. Bei einer Salzkonzentration von 20 mOsm betrug die Fördermenge 2,2 µl; bei 40 mOsm 1,8 µl; bei 50 mOsm 1,0 µl; bei 100 mOsm 0,8 µl. (Osm = Osmolarität: Je niedriger der Wert, desto geringer die Salzkonzentration).

Die abgegebene Flüssigkeit besteht fast nur aus Wasser, das kaum gelöste Ionen enthält. Das zentrale Bläschen und die umgebenden Kanälchen sind von einer Biomembran umgeben. Misst man die Größe der Pantoffeltierchen nach dem Umsetzen in die Lösungen mit verschiedenen Salzgehalten, so beobachtet man keine nennenswerte Änderung.

A4 ○ Beschreiben Sie die Funktion der pulsierenden Vakuole (Abb. 3).

A5 ◒ Übertragen Sie die Messwerte (s. o.) in ein Koordinatensystem.

A6 ● Erläutern Sie das Ergebnis und begründen Sie, warum die pulsierende Vakuole eine osmoregulatorische Funktion hat.

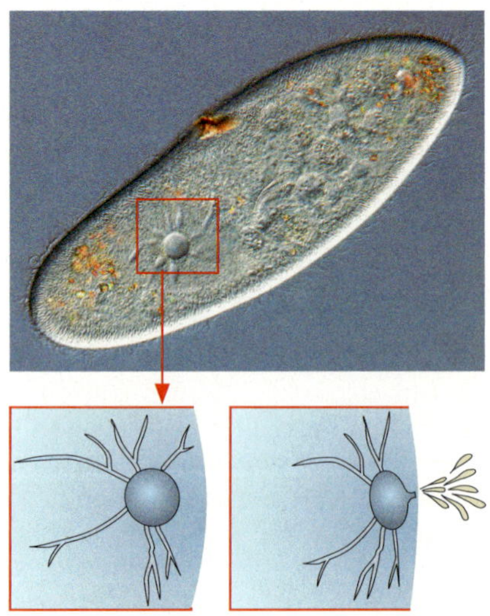

3 *Pulsierende Vakuole beim Pantoffeltierchen*

Rote Blutzellen

Die Salzkonzentration unseres Blutes wird durch die Funktion der Niere auf einem gleichbleibenden Niveau gehalten. Eine Erhöhung oder Senkung der Salzkonzentration würde zu einer Formveränderung der Roten Blutzellen (Erythrocyten) führen. Diese können dann im Blutkreislauf nicht ungehindert durch die Kapillaren transportiert werden. Als Folge können Durchblutungsstörungen und Fehlfunktionen einzelner Organe auftreten.

Bei Blutverlusten ist es daher notwendig, dem Blut eine physiologische Kochsalzlösung zuzuführen, deren osmotischer Wert dem des Blutes entspricht.

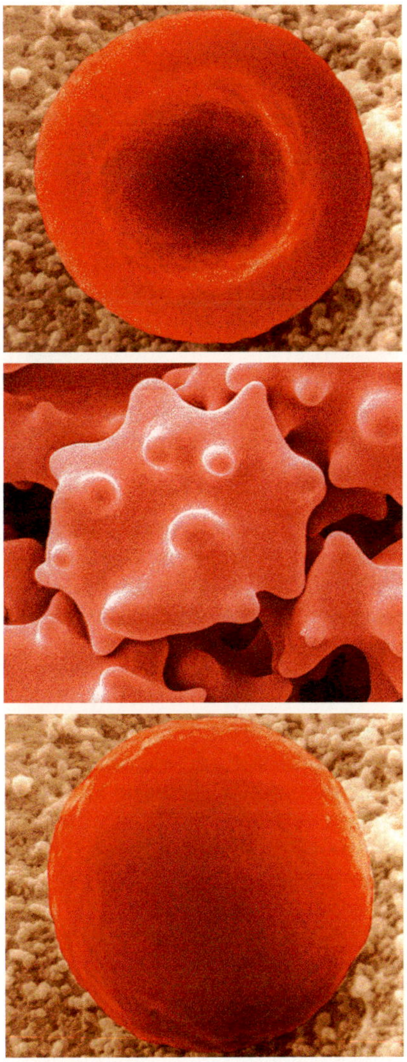

4 *Rote Blutzellen in unterschiedlichen Salzkonzentrationen*

A7 ◒ Ordnen Sie die Erythrocyten in Abb. 4 den verschiedenen Salzkonzentrationen zu und begründen Sie Ihre Entscheidung unter Verwendung der Fachbegriffe hypotonisch, hypertonisch und isotonisch.

Dialyse — die künstliche Niere

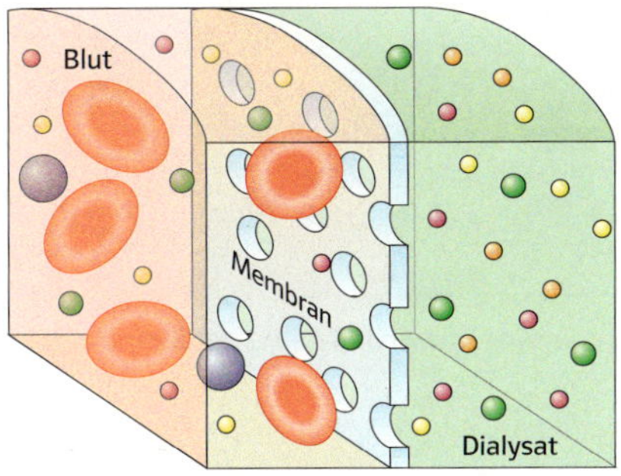

5 *Dialyse, schematisch*

Die Niere hat zwei Funktionen:
- giftige Abfallstoffe, wie z. B. Harnstoff werden ausgeschieden (*Exkretion*).
- der Salz- und Wasserhaushalt unseres Körpers wird reguliert (*Osmoregulation*).

Menschen, deren Nieren durch Krankheit oder Unfall ausgefallen oder in ihrer Funktion beeinträchtigt sind, müssen in regelmäßigen Abständen an eine künstliche Niere angeschlossen werden. Die Aufgabe der künstlichen Niere besteht darin, das Blut von Schadstoffen zu reinigen und ihm überschüssige Salz- und Wasseranteile zu entziehen. Diesen Vorgang nennt man Blutwäsche oder *Hämodialyse*. Die Hämodialyse wird dreimal pro Woche durchgeführt und dauert zwischen 3 und 5 Stunden.

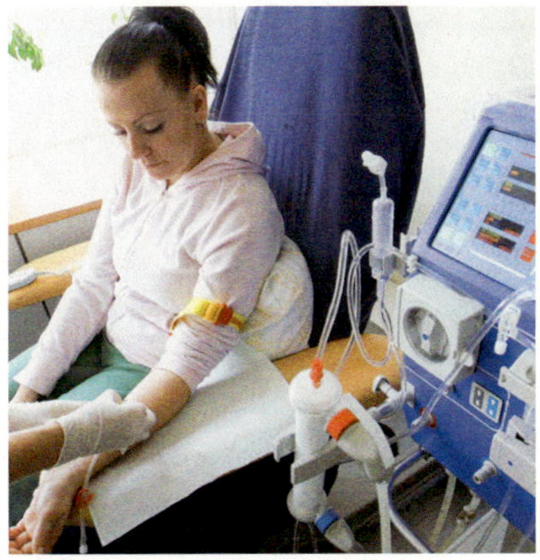

6 *Patientin an künstlicher Niere*

Das wichtigste Teil der künstlichen Niere ist ein Filter. Das Blut des Patienten wird durch feinste Hohlfasern im Filter gepumpt. Diese werden von der Dialyseflüssigkeit, dem Dialysat, umspült. Dieses ist eine Flüssigkeit, die isotonisch zu den Blutkonzentrationen eines Menschen mit einer funktionsfähigen Niere eingestellt ist.
Die sehr dünne Membran der Hohlfasern (künstliche Kapillaren) ist semipermeabel und trennt das Blut vom Dialysat. Die ins Dialysat übergetretenen Schadstoffe werden durch ständiges Pumpen weggespült. 150 Liter Dialysat werden für eine Blutreinigung benötigt. Das Blut wird auf diese Weise außerhalb des Körpers gereinigt.

A8 ● Beschreiben Sie den Aufbau einer künstlichen Niere (vgl. Abb. 5 und Abb. 7). Begründen Sie, ob es sich bei dem Vorgang der Hämodialyse um eine Diffusion oder eine Osmose handelt.

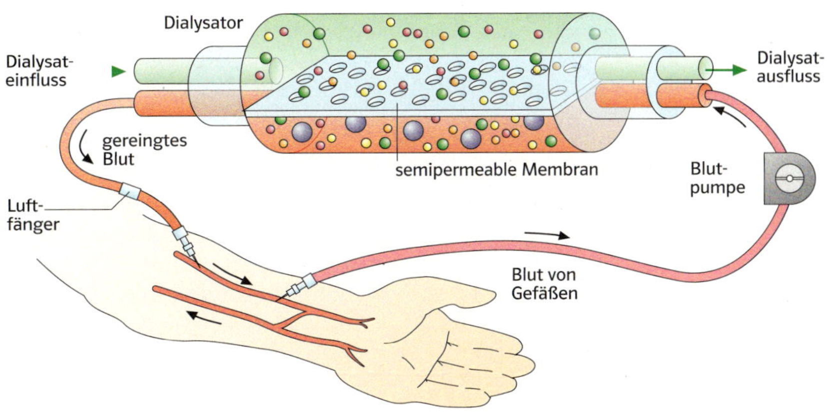

7 *Dialysevorgang*

Aufbau und Funktion einer Biomembran

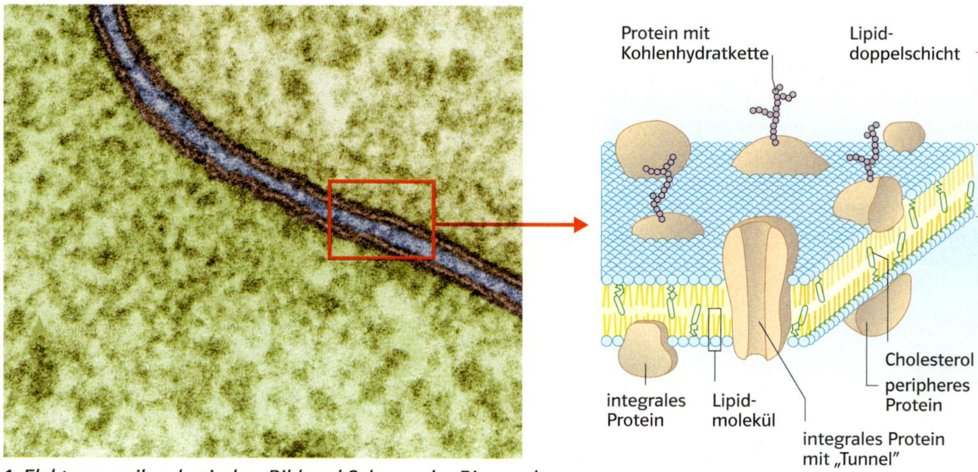

1 *Elektronenmikroskopisches Bild und Schema der Biomembran*

Alle Zellen werden von einer Membran umhüllt, die das Innere der Zelle von der Umgebung abtrennt. Diese Membranen in lebenden Zellen werden als *Biomembranen* bezeichnet. Sie schaffen sowohl eine räumliche Trennung zu benachbarten Zellen als auch innerhalb der Zelle bei den Zellorganellen (z. B. Chloroplasten, Mitochondrien). Es ergeben sich getrennte Reaktionsräume, in denen verschiedene Reaktionsbedingungen herrschen (wie z. B. pH-Wert, Enzymausstattung, Substratangebot).

Kompartimentierung

Kompartimentierungen ermöglichen es, verschiedene Konzentrationsgradienten aufzubauen. Gezielt können Stoffe in bzw. aus einem Raum transportiert werden. Ferner finden an den Biomembranen Signalübertragungen nach dem *Schlüssel-Schloss-Prinzip* statt, die unterschiedliche Reaktionsfolgen in der entsprechenden Zelle zur Folge haben (wie z. B. direkte/indirekte Änderung der Genaktivität, Stimulierung bzw. Hemmung der Zellteilung).

Nur so ist ein geordneter Ablauf unterschiedlicher Stoffwechselvorgänge möglich. Je nach Aufgabe unterscheiden sich die Membrantypen im Anteil und der Zusammensetzung der Proteine und weiterer Makromoleküle deutlich, der Grundaufbau ist jedoch gleich (Abb. 1).

Grundaufbau der Biomembran

Biomembranen bestehen aus Lipiden und Proteinen. Der Anteil an Lipidmolekülen ist ca. 50-mal höher als der Anteil an Proteinmolekülen. Letztere sind allerdings deutlich größer.

Die vorherrschenden Lipide in Zellen sind die *Phospholipide*. Weitere Lipide sind Sterole (u. a. das Cholesterol) und Glykolipide. Der Aufbau dieser Lipide gliedert sich in einen Kopfbereich und in einen Schwanzbereich. Letzterer ist hydrophob und unpolar, während der Kopfbereich hydrophil und polar ist.

Aufgrund dieser Eigenschaften ordnen sich die Biomembranlipide in Wasser spontan zu einer *(Phospho)-Lipiddoppelschicht* zusammen. Dabei zeigen die Köpfe nach außen und die Schwänze nach innen zur Membranmitte. Die Lipiddoppelschicht bildet die Grundstruktur der Membran und bestimmt deren Eigenschaften wie Stabilität und Flexibilität. Ferner stellt sie eine Barriere für Moleküle dar. Bakterien verfügen nur über eine einzige Biomembran, während eukaryotische Zellen noch zahlreiche innere Biomembranen enthalten.

Zweidimensionale Flüssigkeitsschicht

Im Jahr 1972 gelang es SEYMOUR SINGER und GARTH NICOLSON mithilfe der Gefrierbruchtechnik (s. Seite 19), ein Membranmodell zu entwickeln, das in seinen

9w8yr9

Grundzügen heute noch gültig ist. Danach hindert zwar die wässrige, polare Phase einer Zelle die Biomembran daran, die Lipiddoppelschicht kurzzeitig aufzugeben. Sie hält sie ständig zusammen. Nichts jedoch hält die Lipide und Proteine davon ab, sich in ihrer jeweiligen Ebene zu bewegen und ihre Plätze mit anderen benachbarten Molekülen zu tauschen.

Dieser Vorgang vollzieht sich in einer Zelle sehr häufig. Daher wird das Modell auch als *Fluid-Mosaik-Modell* bezeichnet. Biomembranen verhalten sich also wie zweidimensionale Flüssigkeiten mit häufigem Plätzetausch der Phospholipide und der Proteine. Auf- und Umbau einer Biomembran finden in lebenden Zellen ständig statt.

Proteine der Biomembran

Obwohl die Phospholipiddoppelschicht die Grundstruktur einer Biomembran ausmacht, werden die meisten Biomembranfunktionen von den Proteinen bestimmt (Abb. 2). Proteine besitzen hydrophobe und hydrophile Bereiche. Viele Membranproteine durchqueren die Lipiddoppelschicht von innen nach außen. Dabei ragt jeweils ihr hydrophiler Teil aus der Membran unterschiedlich weit heraus, während der hydrophobe Proteinbereich sich in der Doppelschicht innen befindet.

Andere Proteine ragen nur mit einer ihrer Seiten aus der Doppelschicht heraus, das andere hydrophobe Ende ist in der Doppelschicht lokalisiert. Beide Varianten werden als *integrale Proteine* bezeichnet. Wieder andere Membranproteine lagern nur locker auf der Biomembran auf. Diese Proteine werden als *periphere Proteine* bezeichnet. Die beiden Proteintypen kommen beispielsweise in den Membranen der Mitochondrien und der Chloroplasten vor und erfüllen dort zentrale Aufgaben (s. Seite 21).

Mikroskopische Biomembranbilder

Nur mit dem Elektronenmikroskop lassen sich die einzelnen Schichten einer Biomembran erkennen. Bei entsprechender Vergrößerung erkennt man drei Schichten (Abb. 1): Eine mittlere helle Schicht (ca. 3 nm) wird von zwei dunkleren Schichten (jeweils 2,5 nm) umgeben (Abb. 1). Alle Biomembranen besitzen diese Grundstruktur. Wird die Dicke der Membran gemessen, so können sich Unterschiede zeigen. Diese beruhen auf unterschiedlich vielen und verschieden großen Makromolekülen auf der Biomembranoberfläche.

A1 ◒ Waschaktive Substanzen in Spülmitteln haben den gleichen Grundaufbau wie Phospholipide, nämlich ein polares Ende und eine lange unpolare Kohlenwasserstoffkette.
Folgender Modellversuch kann Ihnen helfen, das Verhalten solcher Moleküle in wässriger Umgebung zu verstehen: Füllen Sie etwas Wasser in eine flache Schale oder einen Teller und bestreuen Sie es mit fein gemahlenem Pfeffer. Geben Sie dann einen Tropfen Spülmittel in die Mitte der Oberfläche.
Erklären Sie den auftretenden Effekt auf molekularer Ebene und stellen Sie einen Bezug zum Bau von Biomembranen her.

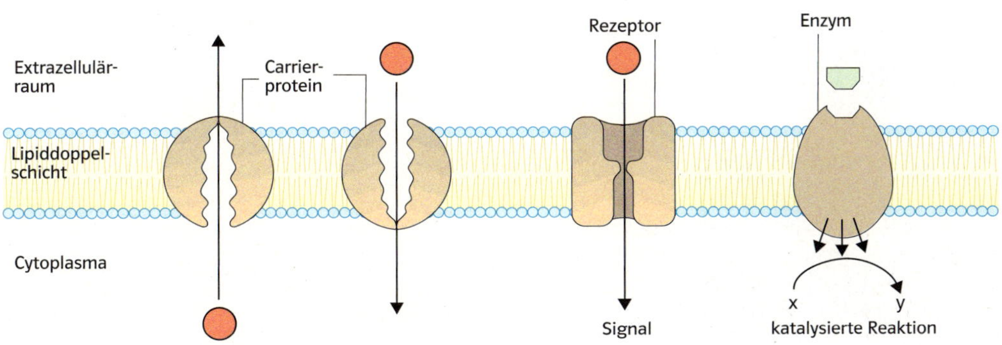

2 *Proteine in der Biomembran: Auswahl typischer Funktionen*

Material
Ein Modell entwickelt sich

Die Vorstellungen und Erkenntnisse zur Biomembran haben sich über einen langen Zeitraum immer weiterentwickelt und führten zu einem besser werdenen Verständnis über die Bedeutung und Funktion der Biomembran. Die Weiterentwicklung war abhängig von neuen Untersuchungsverfahren. Erst sie ermöglichten Antworten auf offene Fragestellungen der Wissenschaftler.

Gefrierbruchtechnik

Das gültige Modell der Biomembran ging von einer Lipiddoppelschicht aus, auf der Proteine aufgelagert sind. Untersuchungen mithilfe der Gefrierbruchtechnik im Bereich der Elektronenmikroskopie sollten die Fragestellung klären, ob die Proteine nur auf der Oberfläche der Biomembran liegen oder ob die Proteine die Membran auch durchdringen (integrale Proteine). Tiefgefrorene Membranen werden bei diesem Verfahren entlang der Lipidschicht getrennt. Die hierbei erkennbare Struktur von Erhebungen und Vertiefungen gibt Auskunft über räumliche Anordnungen.

A1 ◒ Informieren Sie sich auf Seite 19 über die Gefrierbruchtechnik. Fassen Sie das Verfahren mit wenigen Worten zusammen und erläutern Sie, welchen Vorteil es für die Klärung der wissenschaftlichen Fragestellung hatte.

A2 ◒ Beschreiben Sie das elektronenmikroskopische Foto in Abb. 1. Achten Sie dabei auf die räumliche Ausrichtung der Proteine in der Membran (grünbrauner Bereich) und ordnen Sie die jeweiligen Beobachtungen dem Schema in Abb. 2 zu.

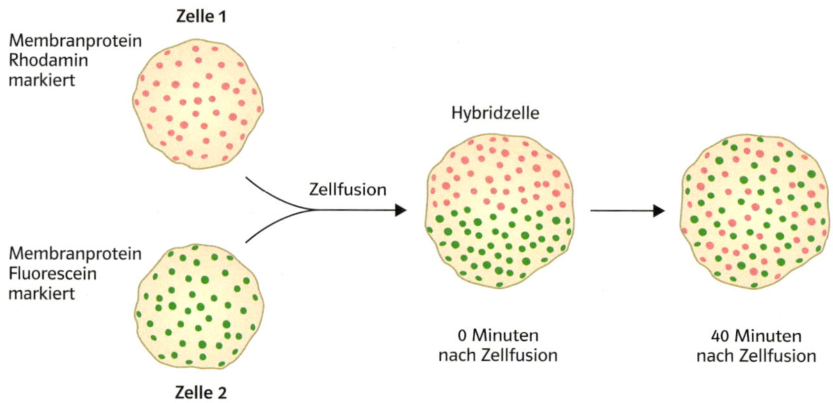

3 *Zellfusionsverfahren (schematisch)*

Zellfusionsverfahren

Experimente mithilfe der molekularen Sonden (Tracer) ermöglichten es, neue Fragestellungen zu untersuchen und zu beantworten. In den bisherigen Modellen war die Biomembran als statisches Modell dargestellt worden. Die neuen Methoden erlauben Untersuchungen an lebenden Zellen bei hoher Vergrößerung. Die neue Frage, die Wissenschaftler lösen wollten, galt der Bewegung in der Membran. Sind die Proteine in der Membran unbeweglich oder sind sie in ständiger Bewegung?

Hierzu wurden die Membranproteine von zwei Zellen jeweils mit rot und grün fluoreszierenden Farbstoffen markiert. Diese molekularen Sonden (Tracer) binden mithilfe von Antikörpern spezifisch an die jeweiligen Membranproteine. Die beiden Zellen werden über spezielle Techniken zu einer Hybridzelle verschmolzen. Anschließend wird die Membran über einen Zeitraum von ca. 30 Minuten unter dem Fluoreszenzmikroskop beobachtet (Abb. 3).

A3 ○ Informieren Sie sich auf Seite 37 über molekulare Sonden und fassen Sie das Verfahren kurz zusammen.

A4 ◒ Beschreiben Sie das Versuchsergebnis und erläutern Sie, wie die Fragestellung der Wissenschaftler zur Bewegung in der Membran hiermit geklärt werden konnte.

1 *Gefrierbruchtechnik Zellmembran (EM-Bild)*

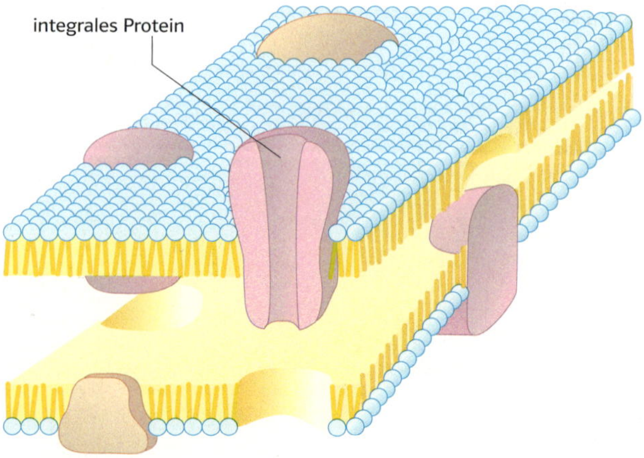

2 *Gefrierbruch (schematisch)*

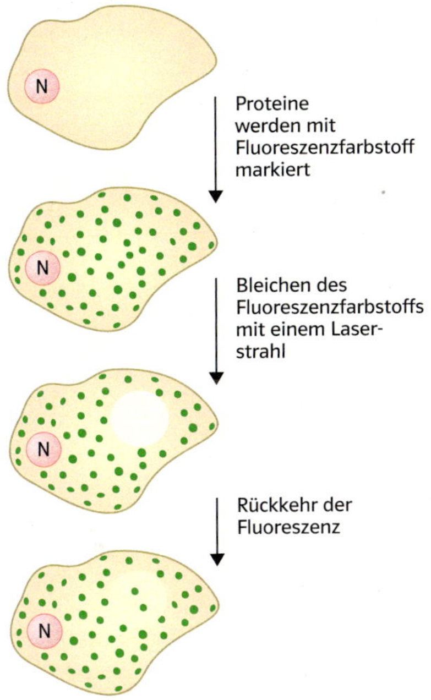

4 *Fotobleichverfahren (schematisch)*

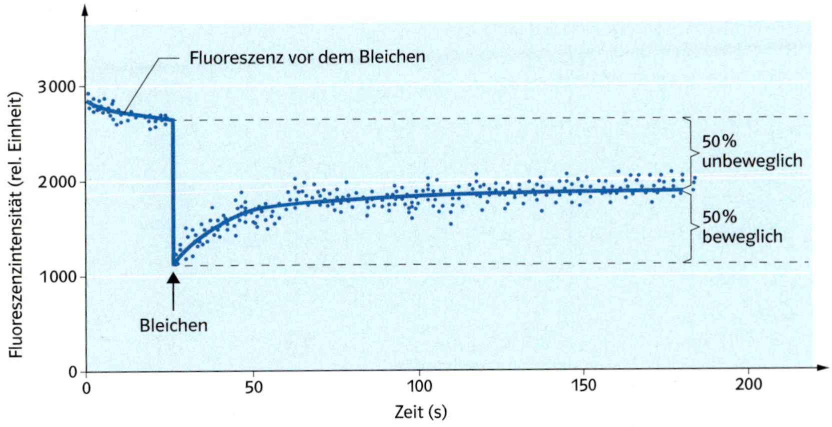

5 *Fotobleichverfahren (Messergebnis)*

Fotobleichverfahren

Das Modell zur Fluidität der Biomembran, in der die Proteine wie in einem „Lipidmeer" unbeschränkt dahintreiben, konnte mithilfe des Zellfusionsverfahrens entwickelt werden. Es fehlten jedoch präzisere Angaben über die Fluidität der Biomembran. Die Fluoreszenzmikroskopie ermöglichte genauere Aussagen. Die integralen Membranproteine wurden mithilfe von Antikörpern spezifisch mit fluoreszierenden Sonden (Tracern) sichtbar gemacht. Unter dem Fluoreszenzmikroskop wurde anschließend durch Bestrahlung mit einem Laser ein kleiner Bereich des fluoreszierenden Farbstoffs ausgebleicht, sodass er nicht mehr fluoresziert. Danach wurde die Zeit gemessen, in der die „leuchtenden" Proteine in den ausgebleichten Kreis zurückkehren.

A5 ● Erklären Sie das Experiment in Abb. 4 und vergleichen Sie die Messergebnisse mit denen aus dem Experiment in Abb. 3. Arbeiten Sie hierbei entscheidende Unterschiede zwischen den Experimenten heraus.

Cytoskelett und Biomembran

Die Biomembran ist sehr dünn und leicht zerstörbar. Die Fluidität der Biomembran ist daher nicht unbegrenzt. Untersuchungen zum Cytoskelett an der inneren Biomembran auf der Cytoplasmaseite zeigen die Anheftung eines Cytoskeletts über Ankerproteine. Diese stellen eine Verbindung zwischen den Filamenten des Cytoskeletts und der Membran dar.

A6 ◒ Beschreiben Sie das Schema in Abb. 6 und erläutern Sie den Zusammenhang zur elektronenmikroskopischen Aufnahme.

A7 ● Stellen Sie Zusammenhänge zwischen den Ergebnissen des Fotobleichverfahrens (Abb. 5) und den Befunden zum Cytoskelett dar. Erläutern sie anhand dieser Daten die Veränderungen in der Modellvorstellung in Bezug auf die Fluidität.

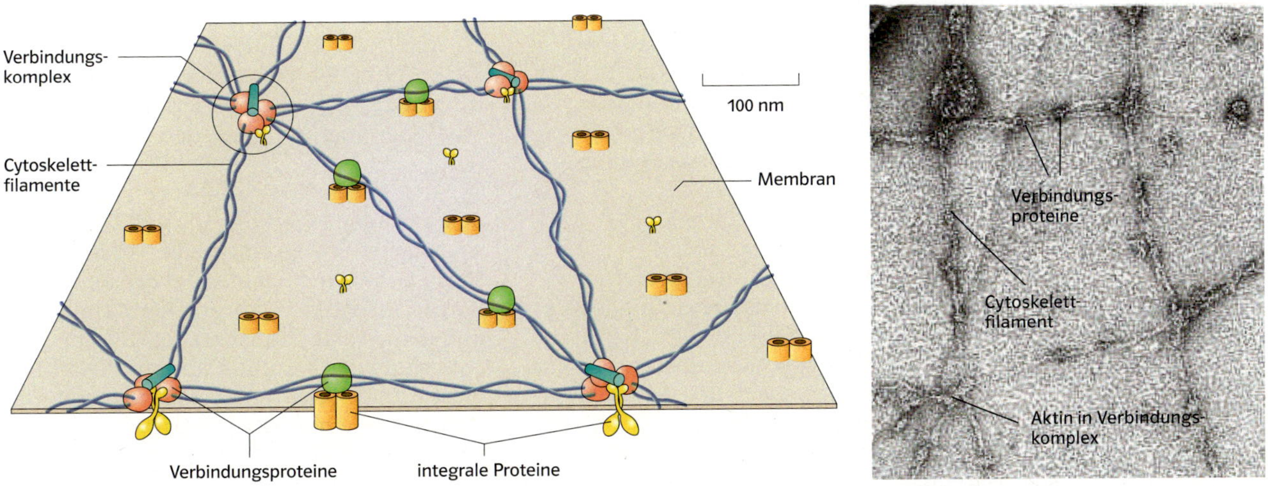

6 *Cytoskelett und Biomembran (schematisch und als elektronenmikroskopische Aufnahme)*

Transportvorgänge durch Biomembranen

je367y

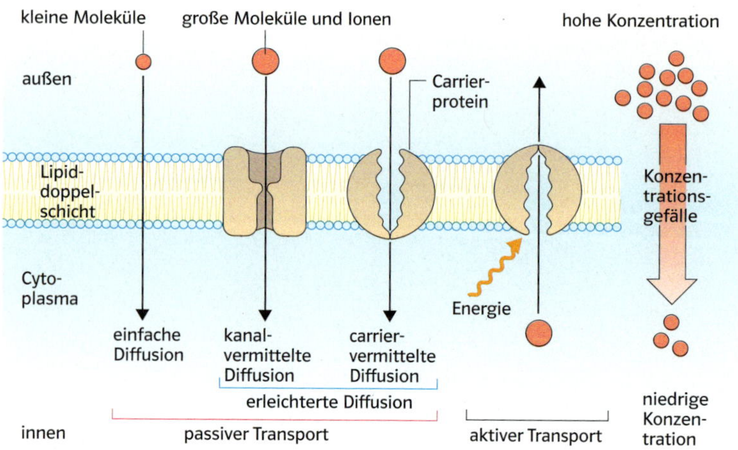

1 *Schematische Darstellung der Transportmechanismen*

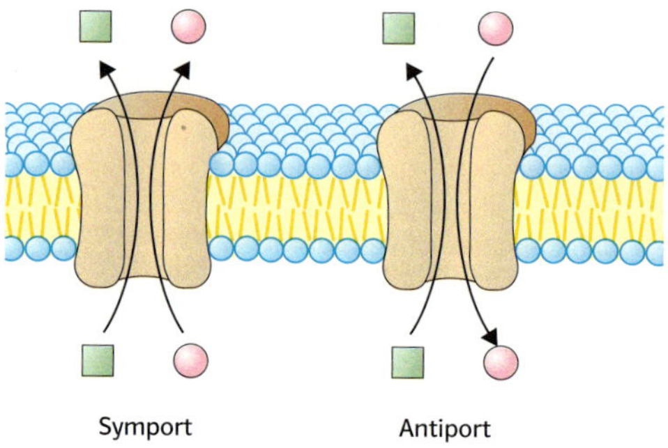

2 *Gekoppelter Transport*

Biomembranen haben keinen Rand, sie sind immer in sich geschlossen und begrenzen einen Raum. Stoffe, die zwischen Zellen oder Organellen ausgetauscht werden, müssen daher die Membran überwinden. Biomembranen sind jedoch selektiv permeabel, d. h. nicht alle Stoffe können sie passieren.

Molekülaustausch

Der Durchtritt durch Biomembranen erfolgt durch passive oder aktive Transportmechanismen. Unpolare Moleküle wie Sauerstoff können sie leicht durchdringen. Auch kleine polare Wassermoleküle gelangen hindurch. Der Austausch von größeren Molekülen oder von Ionen, die von einer Hydrathülle umgeben sind, setzt jedoch integrale Membranproteine voraus, die als Kanäle, Translokatoren *(Carrier)* oder Pumpen fungieren. Der Transport in Richtung des Konzentrationsgefälles ist energieunabhängig, während beim Transport gegen das Konzentrationsgefälle Energie aufgewendet werden muss (Abb. 1).

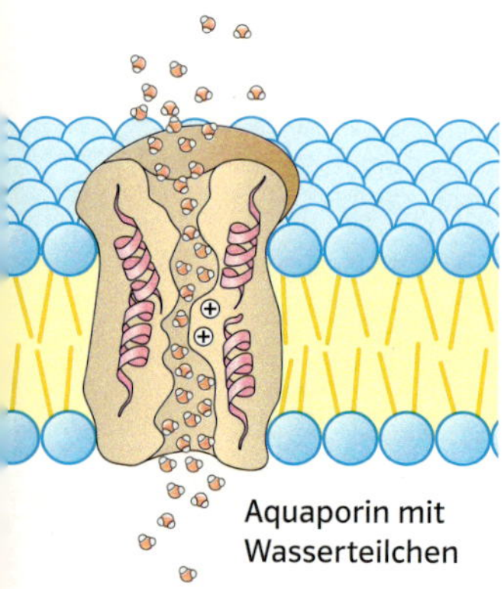

Aquaporin mit Wasserteilchen

Passiver Transport

Kanäle sind integrale Tunnelproteine, sie können ständig geöffnet sein oder sie werden durch elektrische oder chemische Signale geöffnet bzw. geschlossen. Durch elektrische Felder, spezielle Überträgerstoffe und auch durch Hormone kann das Öffnen von Ionenkanälen ausgelöst werden.

Ein Beispiel für einen passiven Transport über *Carrier* ist die Glucoseaufnahme aus dem Blutplasma in die Erythrocyten. Im Blutplasma ist die Glucosekonzentration höher als in den Erythrocyten. Glucosemoleküle werden an den Carrier in der Erythrocytenmembran gebunden und in Richtung des Konzentrationsgradienten ins Zellinnere transportiert. Man spricht hier von einer *erleichterten Diffusion* durch die Biomembran, weil hier der Transport, bedingt durch ein jeweiliges Kanalprotein, spezifisch ist, während die „einfache Diffusion" unspezifisch erfolgt. Der Glucoseeinstrom erfolgt nur solange, bis die Glucosekonzentrationen angeglichen sind.

Schneller Wassertransport

Aquaporine sind integrale Proteinkanäle, die selektiv für Wassermoleküle durchlässig sind (s. Randspalte). Sie ermöglichen einen schnellen Wassertransport in Richtung des Konzentrationsgefälles. Beim Menschen regulieren sie den Wasserhaushalt in der Niere, der Augenlinse und im Gehirn. In der Niere gibt es den Aquaporinen ähnliche Moleküle, die den Durchtritt von Harnstoff erleichtern. Bei Pflanzen sind Aquaporine wichtig bei der hohen Wasseraufnahme während der Keimung und dem Wassertransport im Gewebe außerhalb der Leitungsbahnen. Obwohl diese Kanäle sehr feinporig sind, erreichen sie eine hohe Wasserleitfähigkeit von bis zu drei Milliarden Wassermolekülen pro Sekunde und Kanal.

Aktiver Transport

Beim aktiven Transport gibt es zwei Varianten: primär aktiv und sekundär aktiv. Der primär aktive Transport ist direkt verbunden mit energetischen Vorgängen. Die benötigte Energie stammt entweder aus dem energiereichen ATP-Molekül, aus Redoxreaktionen oder aus der Lichtenergie.

Ein Beispiel für durch Lichtenergie getriebene Carrier besitzen in Salzseen lebende Halobakterien. Durch die Energie des Sonnenlichts werden H^+-Ionen aus dem Inneren des Bakteriums in das Außenmedium gepumpt. Der entstehende H^+-Ionen-Konzentrationsunterschied ist die Basis für den Energiestoffwechsel der Halobakterien.

Sekundär aktiver Transport

Beim *sekundär aktiven Transport* wird das zu transportierende Molekül zusammen mit einem anderen Molekül in die gleiche Richtung *(Symport)* oder in die entgegengesetzte Richtung transportiert *(Antiport)*. Das zu transportierende Molekül wird gegen das Konzentrationsgefälle transportiert, der zweite Stoff jedoch immer in die Richtung des Konzentrationsgefälles. Hierzu wird das Molekül an eine spezifische Stelle des Carriers gebunden. Durch diese Bindung ändert sich die Konformation des Proteins. Hierdurch gelangt das gebundene Molekül auf die andere Seite der Membran.

Ein Beispiel für einen *Symport* ist die Glucoseaufnahme. Die Konzentration der bei der Verdauung angefallenen Glucose ist im Darminhalt niedriger als in den Darmzellen. Ein Transport kann über die Carrier nur erfolgen, weil Natrium-Ionen im Darminhalt in sehr viel höherer Konzentration als in den Darmzellen vorkommen. Bei dem „freiwilligen" Konzentrationsausgleich der Natrium-Ionen werden die Glucosemoleküle „huckepack" mittransportiert. Die Form des beteiligten Proteinkomplexes in der Biomembran ist exakt an diese Funktion angepasst. Um den Konzentrationsgradienten für die Natrium-Ionen aufrechtzuerhalten, sind jedoch ATP-abhängige Natriumpumpen in den Darmzellen notwendig.

Von *Antiport* spricht man z. B. bei der Natrium-Kaliumpumpe in Nervenzellen, die unter ständigem Verbrauch von ATP Na^+- und K^+-Ionen gekoppelt in entgegengesetzter Richtung transportiert. Dadurch wird eine ungleiche Verteilung von Ionen aufrechterhalten, die zur Funktion der Nervenzelle notwendig ist.

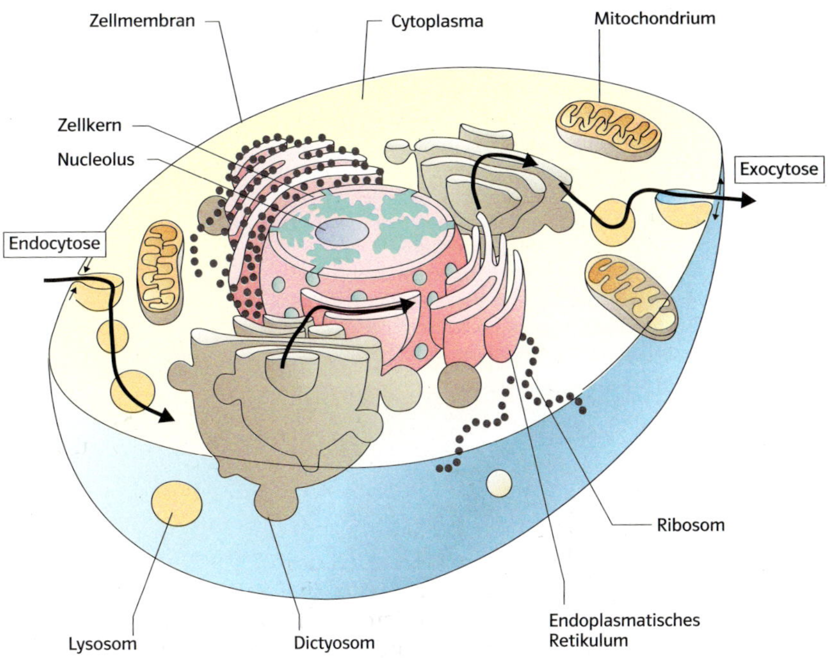

3 *Membranfluss*

Endocytose und Exocytose

Größere Partikel werden in membranumschlossenen Bläschen *(Vesikeln)* durch *Endocytose* aufgenommen, durch *Exocytose* abgegeben oder durch Zellen hindurch transportiert (Abb. 3), sie können aber auch nach Verschmelzen mit Lysosomen (s. Seite 21) abgebaut werden. Vesikel können mit Dictyosomen und Endoplasmatischem Retikulum verschmelzen oder von ihnen abgeschnürt werden *(Membranfluss*, Abb. 3).

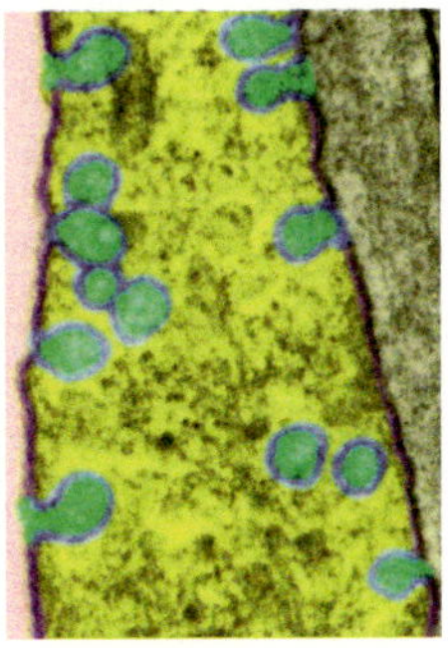

Endocytose

A1 ○ Vergleichen Sie in tabellarischer Form die folgenden Transportmechanismen hinsichtlich der Kriterien Richtung, Spezifität und Energiebedarf miteinander:
1) Diffusion, 2) erleichterte Diffusion,
3) aktiver Transport.

Material
Membrantransport – Glucosetransport ins Blut

Mit der Nahrung nehmen wir ständig Kohlenhydrate in Form von Stärke und verschiedenen Zuckern auf. Im Mund und im Dünndarm wird die Stärke enzymatisch in Glucose zerkleinert. Die Glucose wird im Dünndarm aus dem Nahrungsbrei in das Blut aufgenommen.

Glucose im Tauschverfahren

Die Aufnahme der Glucose erfolgt nicht über die Diffusion. Nur eine gezielte und gerichtete Aufnahme von Glucose in die Darmzellen und den Körper gewährleistet, dass dieser für den Organismus wertvolle Stoff nicht zum Teil wieder ausgeschieden wird. Der gerichtete Transport der Glucose durch die Zelle kann nur dann zustande kommen, wenn die Aufnahme in die Zelle und die Abgabe aus der Zelle in das Blut durch unterschiedliche Mechanismen erfolgt. Die Zwischenräume zwischen den Zellen werden durch Barrieren, die Tight Junctions, verschlossen. Dadurch wird der Diffusionsvorgang ausgeschlossen.

1 *Zucker in der Nahrung*

Die Vorgänge beim Transport wurden mithilfe von Experimenten untersucht. Hierbei wurde die Glucoseaufnahme unter verschiedenen Bedingungen mit Natrium-Ionen oder Kalium-Ionen gemessen. In einem Versuch wurden den Darmzellen nur Kalium-Ionen angeboten und die aufgenommene Glucosemenge gemessen, im anderen Fall nur Natrium-Ionen.

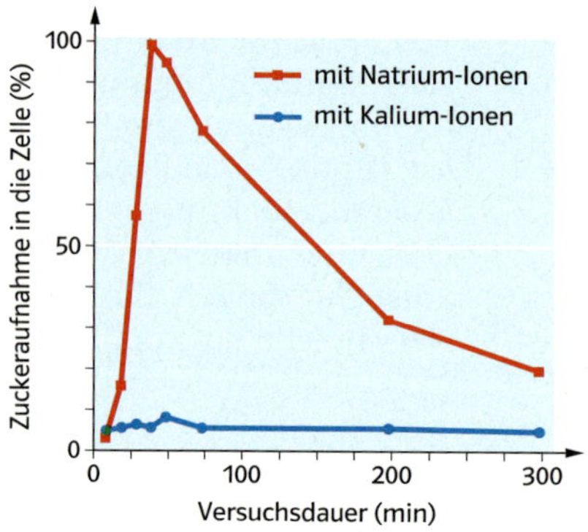

3 *Glucoseaufnahme in Darmzellen*

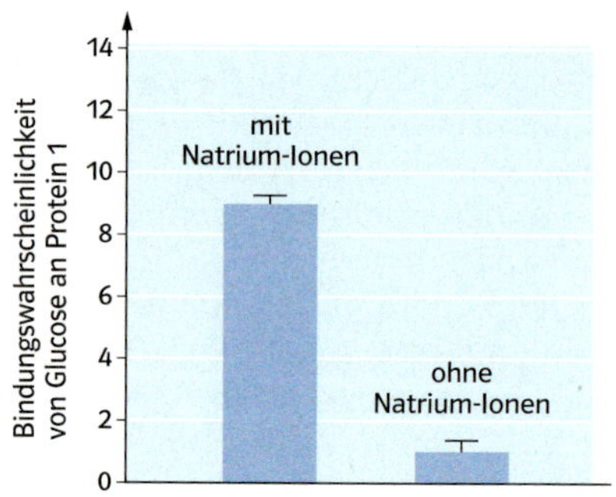

4 *Glucosebindung an das Protein 1*

Die Glucoseaufnahme ist energieabhängig. Nur wenn die Natrium-Ionenkonzentration in der Darmzelle geringer ist als im Darmlumen, funktioniert der Mechanismus, da hierdurch der Konzentrationsunterschied für die Natrium-Ionen festgelegt ist. Die Natrium-Ionen diffundieren verstärkt in die Zelle.

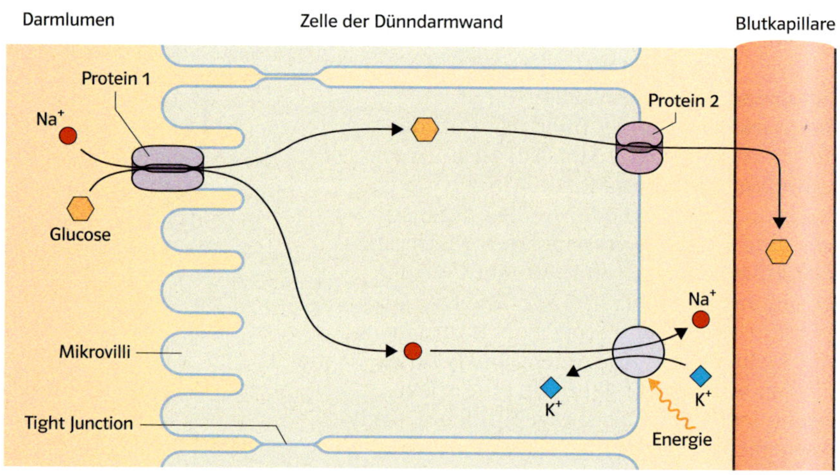

5 *Glucosetransport aus dem Darm ins Blut*

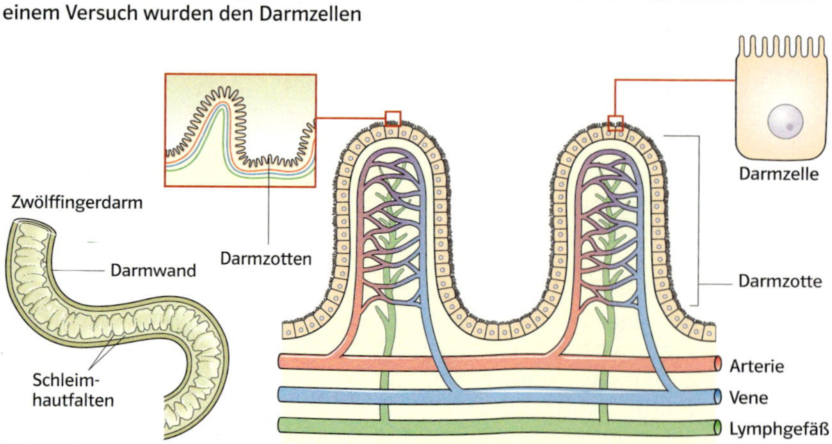

2 *Darmlumen mit Darmzotten*

A1 ○ Beschreiben Sie mithilfe von Abb. 2 den Aufbau des Darms und erläutern Sie den Vorteil der Darmzotten und der Mikrovilli für die Aufnahme der Nährstoffe.

A2 ◒ Erläutern Sie anhand von Abb. 3, unter welchen Bedingungen die Glucose aus dem Darmlumen in die Darmzellen aufgenommen wird.

A3 ◒ Stellen Sie mithilfe von Abb. 4 dar, welche Aussage für den Glucosetransport durch diesen Versuch geklärt werden konnte, und bringen Sie dieses Ergebnis in Verbindung zum Versuch in Abb. 3.

A4 ● Erläutern Sie, weshalb ein effektiver Glucosetransport aus dem Darmlumen in das Blut nur über unterschiedliche Transportmechanismen möglich ist, und stellen Sie diese Mechanismen anhand des Textes und der Abb. 5 vor.

Membrantransport — Wasseraufnahme in der Wurzel

1 *Pflanzenaufbau über und unter der Erde*

Pflanzen benötigen neben der Lichtenergie als Lebensgrundlage Wasser und Kohlenstoffdioxid. Lichtenergie und Kohlenstoffdioxid nehmen sie über die Blätter auf, das Wasser in den meisten Fällen über die Wurzel. Durch die Wasserverdunstung entsteht eine Sogwirkung auf das Wasser im Spross. In den Wurzeln entsteht ein zusätzlicher Wasserdruck.

Wurzel

Die Aufgaben der Wurzel sind es, die Pflanze im Boden zu verankern sowie Wasser und Mineralsalze aus dem Boden aufzunehmen (Abb. 1). Diese Stoffe werden in der gesamten Pflanze bis zu den Blättern verteilt. Die Wurzel wird von den Blättern über den Stängel mit Glucose versorgt. Die Wasseraufnahme erfolgt nicht über alle Wurzelabschnitte, sondern hauptsächlich über die Wurzelhaare (Abb. 2). Diese sind einzellig. Sie kommen nur an den letzten 2 bis 3 cm der Wurzel vor. Beim weiteren Wachstum der Wurzel in den Boden sterben die älteren Wurzelhaare ab und an den gewachsenen Wurzelspitzen bilden sich neue. Eine Getreidepflanze kann bis zu 10 Milliarden Wurzelhaare haben. Deren Oberfläche entspricht ca. der Fläche eines Handballfelds.

2 *Wurzelhaare*

Wasseraufnahme

Die dünnen Wurzelhaare wachsen zwischen den Bodenpartikeln hindurch und nehmen aus den Zwischenräumen im Boden Wasser und gelöste Mineralsalze auf. Sie befinden sich an den jüngsten Verzweigungen des Wurzelsystems, die älteren weiter hinten liegenden verkorkten Wurzelteile dienen der Wasserleitung.

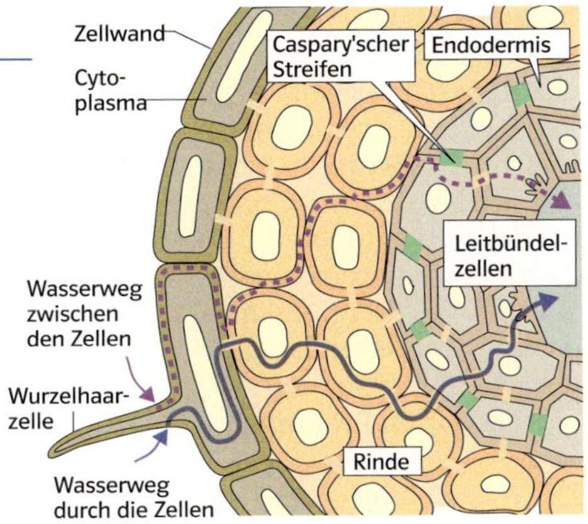

3 *Wassertransport in der Wurzel*

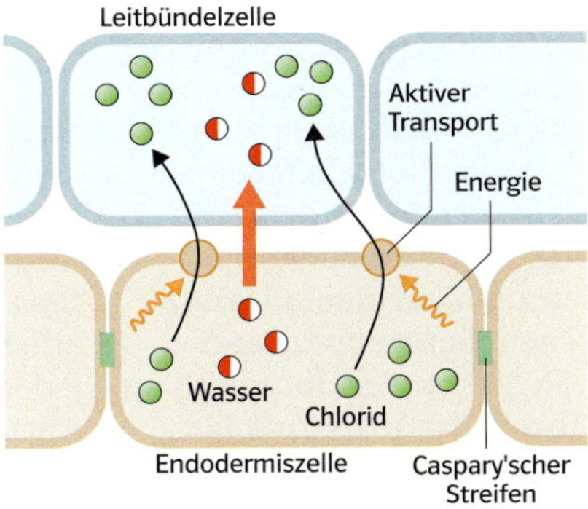

4 *Aktiver Transport (schematisch)*

Das Wasser kann zwischen den Zellen in den Interzellularräumen oder durch das Cytoplasma der Zellen bis zur Endodermis fließen (Abb. 3).

Der Caspary'sche Streifen

Der Caspary'sche Streifen in den Endodermiszellen stellt ein Hindernis für den weiteren Transport des Wassers im Interzellularraum dar. Die Zwischenräume zwischen den Zellen sind durch eine wasserundurchlässige Substanz abgedichtet. Diese konnte mithilfe von Tracern (rote Zone) und der Fluoreszenzmikroskopie nachgewiesen werden (Abb. 5).

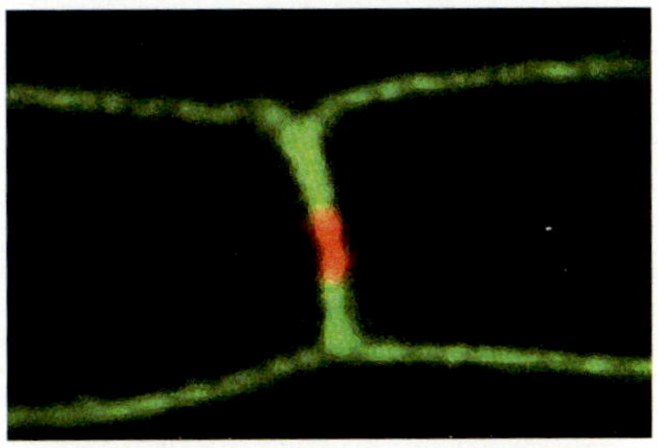

5 *Zellwände mit Caspary'schen Streifen*

Die Endodermiszellen mit dem Caspary'schen Streifen haben die Aufgabe, die Wasser- und Mineralstoffaufnahme zu kontrollieren und zu verhindern, dass Wasser aus den Leitbündeln der Wurzel wieder zurückfließt. In den Zellen des Caspary'schen Streifens erfolgt ein aktiver Ionentransport, der zur Wasseraufnahme in die Leitbündelzellen führt (Abb. 4). Der anschließende Transport des Wassers aus den Wurzeln in die Blätter erfolgt durch den Transpirationssog, der durch die Verdunstung des Wassers in den Blättern erzeugt wird.

A1 ◒ Beschreiben Sie anhand der Abb. 2 und 3 und des Textes den Aufbau der Wurzel. Erläutern Sie die Bedeutung der Wurzelhaare und ihrer großen Anzahl pro Pflanze.

A2 ◒ Beschreiben Sie Abb. 3 und 4 und erklären Sie die Wasseraufnahme vom Caspary'schen Streifen in das Leitbündel. Erläutern Sie hierbei die Bedeutung der wasserundurchlässigen Substanz für die Wasserversorgung der Pflanze (Abb. 4).

A3 ● Wird der Stoffwechsel in den Endodermiszellen der Pflanze unterbunden, wird nach einiger Zeit kaum Wasser in die Leitzellen aufgenommen. Erklären Sie diesen Zusammenhang.

Zellen werden erkannt

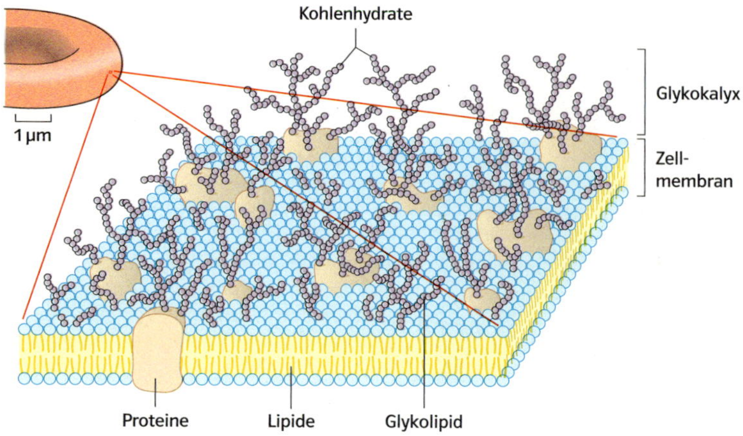

1 *Oberfläche der Zellmembran (hier Rote Blutzelle)*

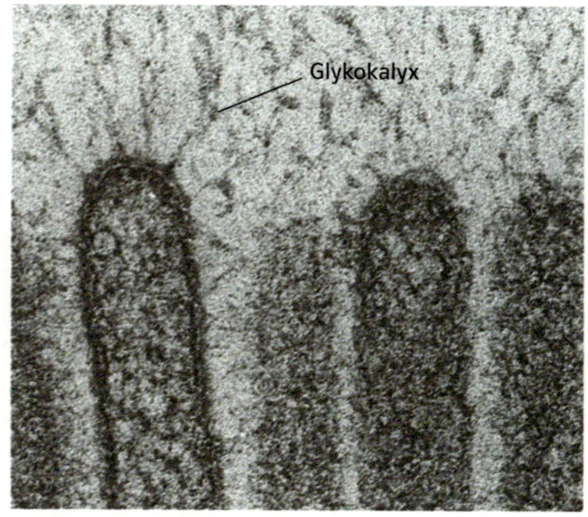

2 *Glykokalyx (TEM-Aufnahme)*

Alle Biomembranen besitzen die gleiche Grundstruktur, die Oberfläche ist trotzdem sehr unterschiedlich.

Zuckermantel — Ausweis der Zellen

Zellmembranen besitzen an ihrer nach außen gerichteten Seite Ketten aus Kohlenhydraten, die die Zelle wie ein dünner Zuckermantel überziehen (Abb. 1). Die Gesamtheit dieser Schicht auf der Zelloberfläche wird als *Glykokalyx* bezeichnet. Sie lässt sich nicht nur chemisch, sondern auch mit dem Elektronenmikroskop nachweisen (Abb. 2). Bei den Kohlenhydraten handelt es sich hauptsächlich um verschiedene Zucker mit einer unterschiedlichen Kettenlänge und Verzweigungen. Die Zucker haften an der äußeren Lipidschicht über eine Verbindung mit den Lipiden (Glykolipide) oder den Proteinen in der Biomembran.

Die Zusammensetzung der verschiedenen Zucker in der Glykokalyx ist genetisch bedingt. Sie ist daher bei jedem Menschen unterschiedlich. Die Blutgruppen A und B sind zum Beispiel durch die spezifische Zusammensetzung der Glykokalyx auf der Zellmembran der Roten Blutzellen festgelegt und werden als körpereigen erkannt. Dies ist sehr wichtig zu wissen, denn bekommt ein Mensch nach einem Unfall Blut mit der falschen Blutgruppe, kann dies zu einer gefährlichen Verklumpung der Blutzellen führen. Auch die Zelloberflächen der Organe und Gewebe sind sehr spezifisch. Aus diesem Grund müssen bei Organtransplantationen Gewebe erst auf ihre Verträglichkeit getestet werden. Werden die nicht körpereigenen Zelloberflächen im Körper des Organempfängers erkannt, führt dies zur Aktivierung der zellulären Immunantwort und damit zur Zerstörung des transplantierten Gewebes.

Antigen — Antikörper

Die Kennzeichnung der Zelloberfläche als körpereigen ist vor allem bei der Abwehr von körperfremden Erregern (Antigenen) von Bedeutung.

Nicht nur Zellen von Menschen und Tieren, sondern auch Bakterien und Viren haben Glykolipide. Dadurch werden sie von den Weißen Blutzellen (Phagocyten oder Fresszellen) als körperfremd erkannt und abgetötet. Die Erkennung erfolgt über begrenzte Bereiche der Glykokalyx z. B. auf der Bakterienmembran, die die Antigene darstellen (Abb. 4). Die Phagocyten besitzen bestimmte Rezeptoren, mit denen sie auf bestimmte Antigene reagieren.

Nachdem eine Phagocyte ein Bakterium als körperfremd erkannt hat, stülpt sie sich über die Bakterien, nimmt sie in ihre Zelle auf und baut sie mithilfe der Lysosomen ab (Phagocytose). Diese unspezifische Immunabwehr ist angeboren, hat jedoch den Nachteil, dass nur für einige Antigene Rezeptoren vorhanden sind. Dadurch werden nicht alle Krankheitserreger erkannt.

Bei Bakterien und Viren kommen viele Variationen der Zellmembranoberfläche vor. Dendritische Zellen erkennen diese neuen Krankheitserreger mit Antigenrezeptoren. Dendritische Zellen sind stark verzweigte Weiße Blutzellen im Körpergewebe (Abb. 3). Hier kontrollieren sie ständig das Vorhandensein von Krankheitserregern, die sie durch die Wechselwirkung von Antigenen und Antigenrezeptoren erkennen. Die Krankheitserreger werden phagocytiert und mithilfe der Lysosomen in ihre Bausteine zerlegt. Diese werden anschließend in Vesikeln zur Oberfläche der Biomembran transportiert und mithilfe von bestimmten Membranproteinen präsentiert.

Die so „aktivierten“ dendritischen Zellen verlassen das infizierte Gewebe und haben im Lymphsystem Kontakt zu T-Helferzellen, die in verschiedenen Immunzellen die Bildung von passenden Antikörpern auslösen. Antikörper sind Proteine mit zwei Bindungsstellen für Antigene. Die zwei Bindungsstellen ermöglichen die Verklumpung der Krankheitserreger (s. Randspalte). Diese erworbene oder spezifische Immunabwehr ermöglicht die Anpassung an verschiedene Krankheitserreger.

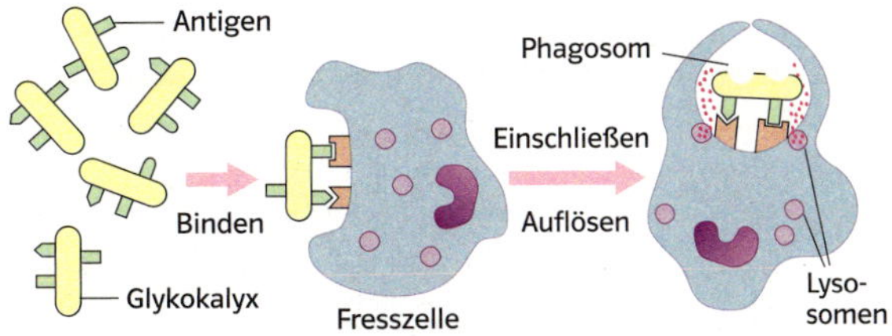

4 *Unspezifische Immunabwehr*

A1 ◒ Beschreiben Sie anhand der Unterpunkte in Abb. 3 und 4 und des Textes die Vorgänge der Zellerkennung.

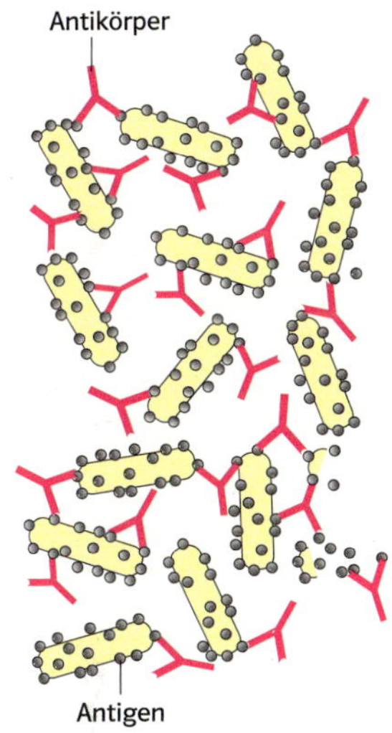

Verklumpung der Antigene

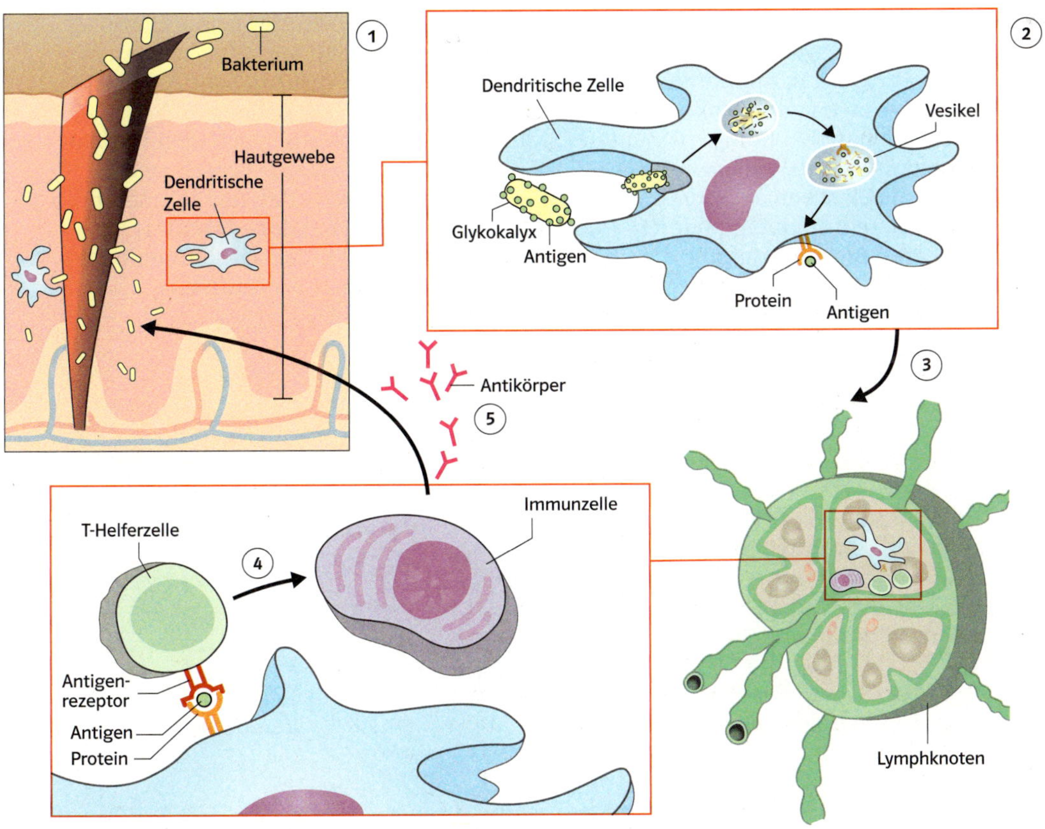

3 *Krankheitserreger werden als „fremd“ erkannt*

Der Golgi-Apparat — Stoffverteiler der Zelle

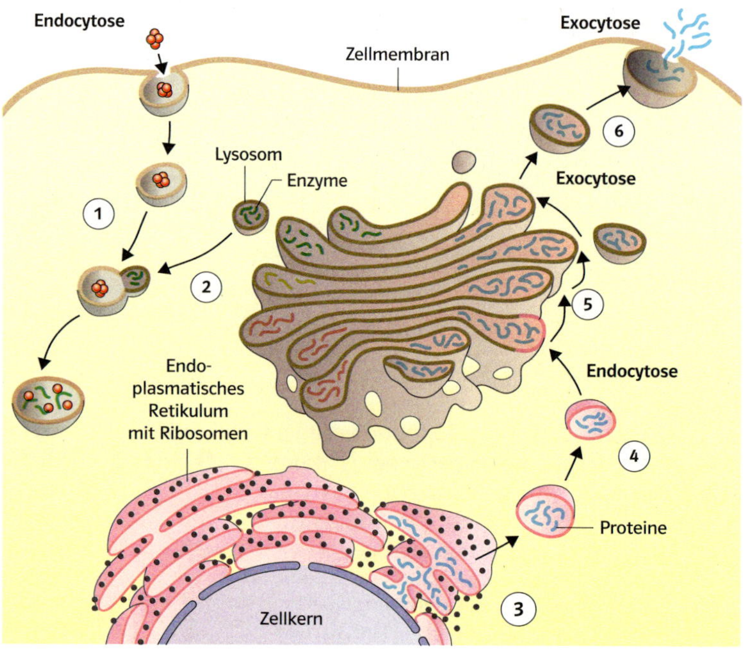

1 *Vesikeltransport in der Zelle*

Innerhalb einer Zelle werden ständig Stoffe aufgebaut, umgewandelt oder abgebaut. Damit dies kontrolliert abläuft, finden diese Prozesse in membranumschlossenen Räumen statt (*Kompartimente*). Oft findet zwischen den Kompartimenten ein Stoffaustausch statt, indem Teile der Membranen als Bläschen abgeschnürt werden und diese mit einem anderen Kompartiment verschmelzen.

Produktionsräume in der Zelle

Das *Endoplasmatische Retikulum (ER)* ist ein Kompartiment. Es besteht aus untereinander verbundenen Membranen (Abb. 1). Teile des ER sind mit Ribosomen besetzt, weswegen es als raues ER bezeichnet wird. Am rauen ER werden Proteine z. B. für die Zellmembran und die Abgabe aus der Zelle hergestellt. Das raue ER gibt membranumschlossene Bläschen, sogenannte Vesikel, in denen sich die Proteine befinden, an den Golgi-Apparat ab.

Der Golgi-Apparat verändert Proteine

Der *Golgi-Apparat* ist ein weiteres Kompartiment. Er besteht aus abgeflachten membranbegrenzten Säckchen, die zu Stapeln angeordnet sind. Er verändert die Proteine spezifisch für die jeweilige Funktion und leitet sie an ihren Bestimmungsort. Der Golgi-Apparat hat eine bestimmte Ausrichtung. Die Membranstapel, die sich in der Nähe des ER befinden, nennt man cis-Golgi. Den Membranstapel, der der Zellmembran zugewandt ist, nennt man trans-Golgi. Vesikel mit neu produzierten Proteinen werden immer an der cis-Seite aufgenommen. Ab hier durchlaufen diese Proteine die einzelnen Stapel bis zur trans-Seite. In jedem Stapel wird das Protein weiterverarbeitet, sodass es für seine spezifische Aufgabe fertiggestellt ist und in Vesikeln weitertransportiert wird. Im mittleren Teil des Golgi-Apparats werden zum Beispiel die Proteine neu gefaltet, mit verschiedenen Kohlenhydraten (glykosiliert) oder mit anderen Proteinen verknüpft. Im trans-Golgi-Netzwerk entscheiden sich die weiteren Wege der Vesikel. Die spezifischen Vesikel werden für ihren Bestimmungsort markiert, z. B.:

a) werden die Proteine in Vesikeln zur Zellmembran transportiert und aus der Zelle heraus in die Zellumgebung abgegeben (*Exocytose*). Hierbei verschmelzen Vesikelmembran und Zellmembran. Die abgegebenen Substanzen können Hormone, wie Insulin, oder Antikörper sein.
b) werden die Proteine nach dem Umbau als Membranproteine gezielt zu den verschiedenen Stellen der Zellmembran transportiert und dort durch die Verschmelzung mit der Vesikelmembran in der Zellmembran verankert.

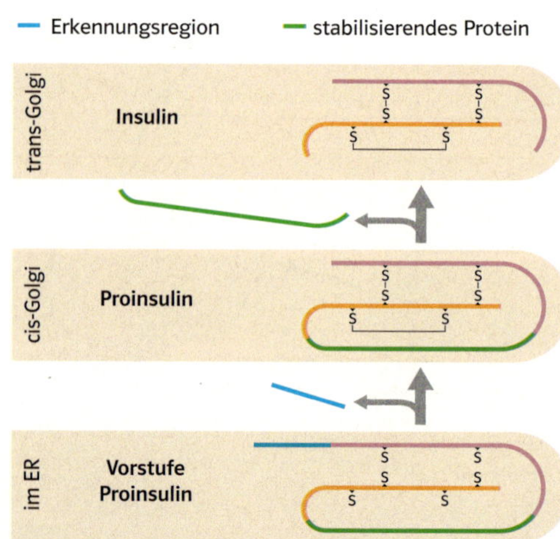

2 *Synthese des Insulins (schematisch)*

c) verharren die Proteine als abbauende Enzyme in Vesikeln als Lysosomen (gr. *lyse* = auflösen).

Insulin entsteht im Golgi-Apparat
In spezifischen Zellen der Bauchspeicheldrüse, den Langerhans'schen Inseln, wird das Hormon Insulin gebildet und direkt in die Blutbahn abgegeben. Insulin reguliert den Glucosehaushalt im Blut.

Die für das Insulin notwendigen kurzen Proteinketten werden an den Ribosomen gebildet und mithilfe einer Erkennungsregion in das ER aufgenommen. Es entsteht jedoch nicht sofort das Insulin, sondern eine Vorstufe, die noch nicht die für die Hormonfunktion notwendige räumliche Struktur besitzt. Das Proinsulin wird in Vesikeln aus dem ER zum Golgi-Apparat transportiert. Im Golgi-Apparat erfolgt die Umwandlung in die funktionsfähige Struktur (Abb. 2). Hierzu werden die Erkennungsregion und ein stabilisierendes Stück des Proteins entfernt. Das funktionsfähige Insulin wird in Vesikeln über die Mikrotubuli zur Oberfläche der Zellen transportiert und aus den Zellen abgegeben *(Exocytose)*. Das Insulin gelangt sofort über die Blutkapillaren in das Blut.

Gezielter Abbau ist lebensnotwendig
Im Golgi-Apparat entstehen aus Proteinvorstufen gezielt abbauende Enzyme, die z.B. überflüssige gealterte Zellbestandteile oder Krankheitserreger abbauen können.

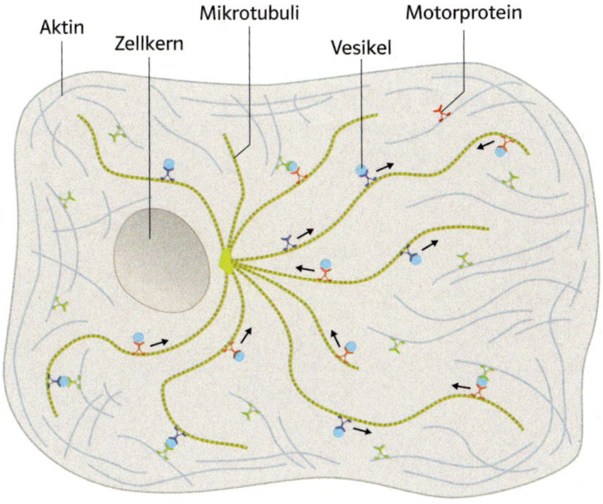

3 *Stoffverteilung in der Zelle über das Cytoskelett*

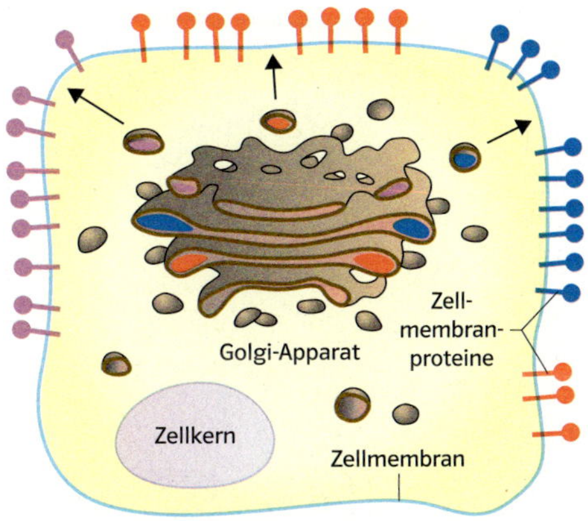

4 *Stoffsortierung in der Zelle*

Die Enzyme sind in Vesikeln, den Lysosomen, verpackt. Bakterien werden durch Einstülpung der Zellmembran in die Zelle als Vesikel aufgenommen *(Endocytose*, Abb. 1). An diese werden die Lysosomen gezielt angedockt und geben die Enzyme frei. Die Bakterien oder Zellbestandteile werden durch diese Enzyme in ihre Bausteine zerlegt. Diese werden für die Synthese neuer Substanzen verwertet.

Schneller Transport
Die Transportgeschwindigkeit der Vesikel spielt für die Vorgänge innerhalb der Zelle eine große Rolle. Die ungerichtete Diffusionsgeschwindigkeit (s. Seite 52), beträgt z.B. für Glucose nur 6 µm pro Sekunde. Bei großen Molekülen oder Vesikeln ist sie wesentlich geringer. Hormone oder Antikörper z.B. müssen schnell an den richtigen Ort transportiert werden (Abb. 3). Dies wird über das Cytoskelett ermöglicht (s. Seite 25). Die Transportgeschwindigkeit liegt hier bei bis zu 200 µm pro Sekunde. Der Transport über große Strecken erfolgt innerhalb der Zelle über Motorproteine auf den Mikrotubuli. Wie auf Eisenbahnschienen werden die Vesikel auf dem festgelegten Weg vom Golgi-Apparat zum jeweiligen Bestimmungsort transportiert (Abb. 3). Dies können verschiedene Regionen der Zellmembran oder verschiedene Organellen sein.

A1 ◒ Beschreiben Sie die beiden Vorgänge in Abb. 1 mithilfe eines kurzen Textes. Ergänzen Sie dabei die Informationen zum Cytoskelett aus dem Text.

Übungen
Zellforschung

1 Zellkern und Zellorganellen

Der Aufbau des Zellkerns ist in Abb. 1 zu sehen.

A1 ○ Stellen Sie in einer Übersicht Zellorganellen mit Doppelmembran und einfacher Membran bzw. ohne Membran sowie deren Funktionen zusammen. Nennen Sie dabei auch die Funktionen einer Biomembran.

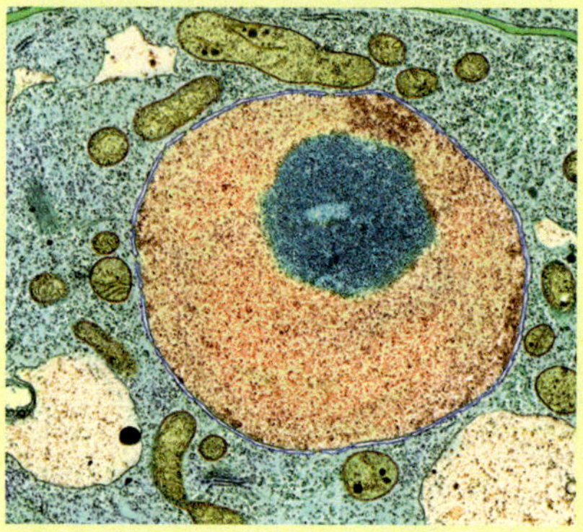

1 *Zellkern*

A2 ○ Beschreiben Sie den Bau des Zellkerns anhand der Strukturen, die auf dem EM-Bild der Abb. 1 zu erkennen sind.

A3 ◒ Beschreiben Sie das Prinzip der Oberflächenvergrößerung am Beispiel des Zellorganells Mitochondrium.

2 Biomembran

Phospholipide stellen den Hauptteil der Biomembran. Verschiedene Untersuchungen zeigen aber, dass die Biomembran nicht nur eine Lipiddoppelschicht ist.

A4 ◒ Erklären Sie anhand der Abb. 2, weshalb Phospholipide in der Biomembran zwei wässrige Bereiche voneinander trennen können.

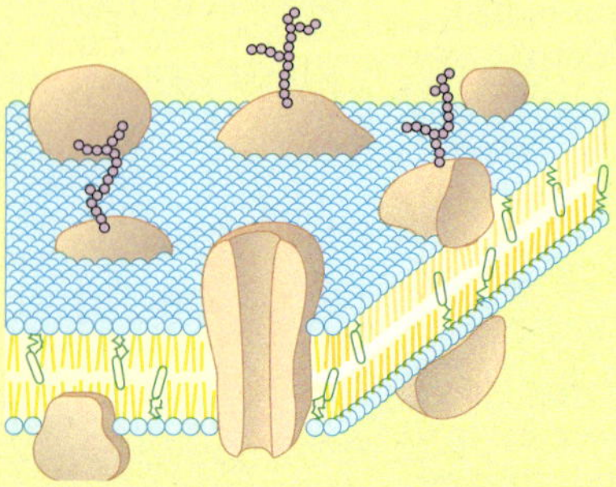

2 *Biomembran*

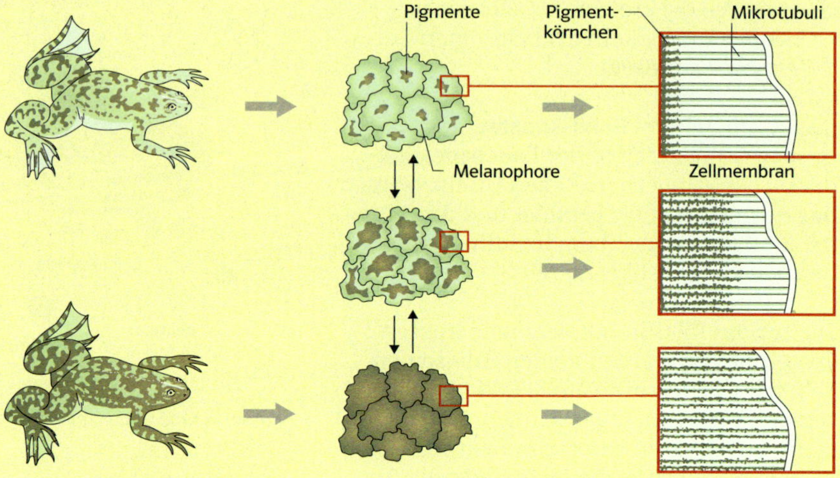

3 *Farbwechsel beim Krallenfrosch*

3 Der Krallenfrosch tarnt sich

Bei Tintenfischen, einigen Fischen, wie z. B. der Scholle, und bei Amphibien, wie dem Krallenfrosch, sind in der Haut Zellen mit Pigmenten (Melanophore) vorhanden. Die Pigmente können in verschiedenen Farben auftreten, wie braun-orange, schwarz oder auch leuchtend blau. Mit diesen verschiedenen Farben können sich die Frösche je nach Lebensraum durch einen Farbwechsel an ihre Umgebung anpassen. Hierdurch sind sie gut getarnt und vor Fressfeinden besser geschützt.

A5 ○ Beschreiben Sie die Abb. 3.

A6 ◒ Erklären Sie die Vorgänge beim Farbwechsel mithilfe des Cytoskeletts auf zellulärer und molekularer Ebene.

4 Bleiben Pflanzenzellen totipotent?

Auch bei Pflanzenzellen lassen sich Experimente durchführen, bei denen aus differenzierten Zellen wieder ganze Pflanzen entstehen. Die Zellen aus der Wurzelscheibe einer Möhre werden zuerst mit Pflanzenhormonen behandelt. Die wuchernden Zellen auf dem Wurzelgewebe werden in einem Nährmedium getrennt und entwickeln sich zu Gewebestückchen, aus denen junge Möhrenpflanzen entstehen.

A7 ○ Erläutern Sie den Begriff der Totipotenz.

A8 ◒ Beschreiben Sie das Experiment in Abb. 4 unter dem Aspekt der Totipotenz.

A9 ● Vergleichen Sie dieses Experiment mit dem Experiment am Krallenfrosch auf Seite 41.

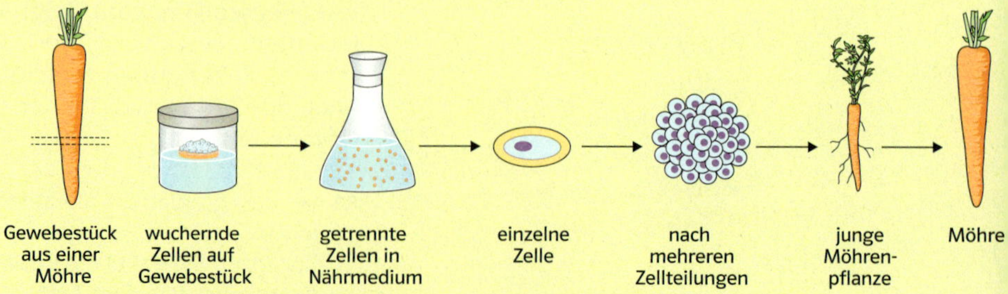

4 *Möhrenzellen im Experiment*

5 Kompartimentierung

Die *Kompartimentierungsregel* von SCHNEPF (1965) besagt, dass eine biologische Membran stets eine nicht cytoplasmatische Phase von einer cytoplasmatischen Phase trennt.

A10 ◒ Wie abgeschnürte Vesikel oder sich teilende Mitochondrien zeigen, ist in der aktiven Zelle das Membransystem in ständiger Bewegung. Begründen Sie, weshalb die Kompartimentierungsregel trotzdem nicht verletzt wird.

In der Tabelle in Abb. 5 ist der Anteil verschiedener Zellbestandteile in einer Leberzelle einer Ratte dargestellt.

A11 ◒ Deuten Sie das Datenmaterial. Gehen Sie dabei nur auf die zentral bedeutsamen Zellbestandteile ein.

Zellbestandteile	absolutes Volumen (μm^3)	Anteil am Zellvolumen (%)	Anzahl der Strukturen (Absolutwerte)	Oberflächen (μm^2)
gesamte Zelle	4940	100	1	1740
Zellkern	300	6	1	
Cytoplasma	4640	94		
Grundplasma und restl. Komponenten	2656	53,8	370	große innere Oberfläche
Peroxisomen	67	1,4	1665	
Mitochondrien	1070	21,7		
Endoplasmatisches Retikulum (ER)	756	15,4		63000
raues ER (rER)	467	9,5		37900
rER-gebundene Ribosomen	99	ca. 2		$1{,}27 \times 10^7$
glattes ER	289	5,9		25100
Dictyosomen (Golgi-Stapel)	< 50	< 1	mehrere	
Lysosomen	41	0,8		ca. 102

5 *Anteil verschiedener Komponenten in einer „typischen" Säugetierzelle*

6 Phagocytose — Immunsystem

Die Endocytose ist die aktive Form Substanzen aufzunehmen. Die Aufnahme größerer Teilchen oder kleinerer Zellen, z. B. Bakterien, wird als Phagocytose (zelluläres Fressen) bezeichnet. Über Rezeptorproteine auf der Zelloberfläche erkennen die Weißen Blutzellen Bausteine, die von Bakterien stammen. Die Bewegung der Weißen Blutzellen erfolgt dann in diese Richtung.

Hierzu wird das Aktin-Cytoskelett ständig umorganisiert. Durch die Verlängerung der Aktinfilamente auf der ausstülpenden Seite und den gleichzeitigen Abbau an anderer Stelle verändert sich die Form der phagocytierenden Zelle. Gleichzeitig verändert sich die Netzstruktur der Aktinfilamente, die die Zellmembran verstärkt. Verknüpfungen zwischen den Aktinfilamenten werden gelöst und die Zellmembran wird dadurch verformbar. Die von der Membran eingeschlossenen Bakterien liegen in Form kleiner Bläschen, den Vesikeln, im Inneren der Zelle vor. Lysosomen mit abbauenden Enzymen lagern sich an die Vesikel an. Die Bakterien werden zu den Grundbausteinen abgebaut. Diese werden für den Stoffwechsel der Weißen Blutzellen genutzt.

A12 ◒ Beschreiben Sie in Form eines Sachtextes den Vorgang der Phagocytose anhand von Abb. 6. Verwenden Sie hierbei die Begriffe: umschließen, verdauen, absorbieren und einfangen. Begründen Sie Ihre Zuordnung.

A13 ◒ Stellen Sie bei der Phagocytose und der Fortbewegung der Zellen die Bedeutung des Cytoskeletts und des Golgi-Apparats dar.

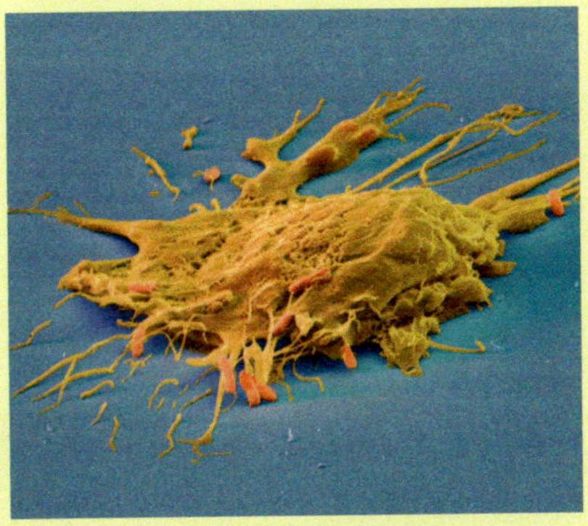

7 *Fresszelle umschließt Bakterien*

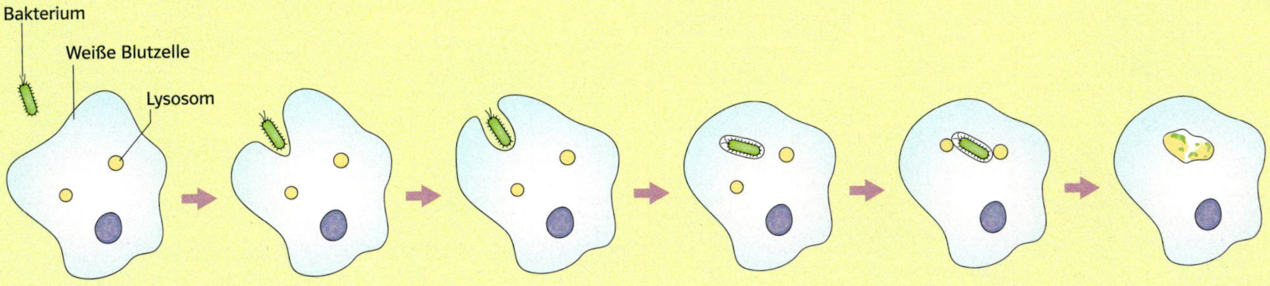

6 *Vorgänge bei der Phagocytose*

Energiestoffwechsel

Ruhe und Aktivität

Tiere und Menschen benötigen ständig Energie, die sie aus den Nährstoffen beziehen. Selbst beim Schlaf für die Atmung, den Blutkreislauf oder die Funktion der Organe.

Sauerstoff

In den Zellen reagiert Sauerstoff mit Nährstoffbausteinen. Hierdurch wird die lebensnotwendige Energie zur Verfügung gestellt.

Alle Zellen unseres Körpers benötigen Energie, um ihre spezifischen Aufgaben, z. B. Muskelarbeit, erfüllen zu können. Nährstoffe und Sauerstoff müssen daher im ganzen Körper verteilt werden.

Enzyme ermöglichen den notwendigen Stoffumsatz bei den Energie liefernden Stoffwechselprozessen. Sie ermöglichen auch den effektiven Aufbau körpereigener Substanzen.

Mitochondrien

Sie sind die Kraftwerke aller Zellen. Der größte Teil der für den Körper notwendigen Energie wird hier zur Verfügung gestellt.

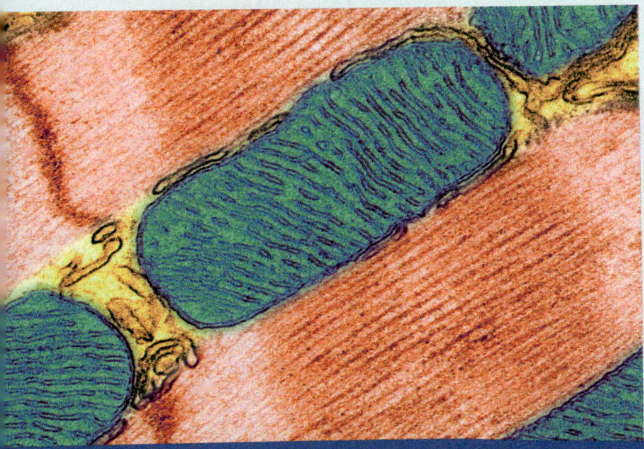

Nahrung

Unsere Nahrung besteht aus verschiedenen Nährstoffen. Die Nährstoffbausteine sind energiereich.

2.1 Bau und Funktion von Enzymen
Enzyme sind Biokatalysatoren

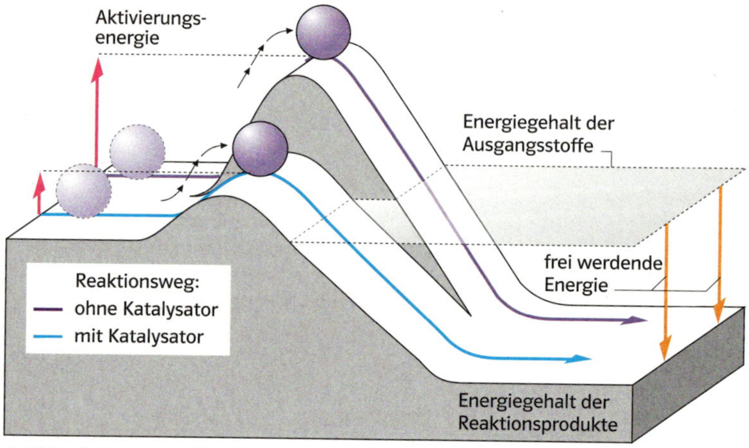

1 *Ablauf einer enzymkatalysierten Reaktion*

2 *Glühwürmchen — Biolumineszenz*

Die Weibchen der Glühwürmchen haben an ihrem Hinterleib Leuchtorgane, mit denen sie Lichtblitze aussenden, um die Männchen zur Paarung anzulocken (Abb. 2). Diese *Biolumineszenz* gibt es auch bei Tieren in der Tiefsee. In den Zellen der Leuchtorgane findet man das Enzym Luciferase, das die Reaktion der Leuchtsubstanz Luciferin mit Sauerstoff katalysiert, d. h. beschleunigt. Bei dieser Reaktion wird die chemisch gebundene Energie aus den energiereichen Nährstoffen in Lichtenergie umgewandelt. Die Biolumineszenz ohne das Enzym Luciferase wäre nicht möglich, da die Reaktion zu langsam ablaufen würde.

Die Bedeutung von Biokatalysatoren

Enzyme ermöglichen den Auf- und Abbau von Stoffen in allen Zellen. Sie haben daher eine große Bedeutung beim Energiehaushalt und beim Aufbau komplexer Moleküle als Baustoffe für die Zelle. Nach jeder Zellteilung müssen die Zellen wachsen und viele Baustoffe synthetisieren. Für die Bewegung oder Sinnesleistungen beispielsweise ist die schnelle Bereitstellung von Energie notwendig. Ohne Enzyme wären diese Vorgänge nicht zu leisten. Wir und andere Lebewesen wären nicht lebensfähig. Alle Zellen verwenden hauptsächlich Proteine als Enzyme.

Enzyme sind Biokatalysatoren

Zur Reaktion von Molekülen benötigen diese eine bestimmte Energiemenge. Auch Reaktionen, bei denen Energie als Licht, Bewegungs- oder Wärmeenergie frei wird, laufen nicht spontan ab. Damit eine Reaktion ablaufen kann, muss eine Energieschwelle überwunden werden. Diese Schwelle wird von Enzymen gesenkt, wie bei den *Katalysatoren* in chemischen Reaktionen (Abb. 1).

Die Katalysatoren gehen dabei unverändert aus der Reaktion heraus. Man bezeichnet Enzyme daher auch als *Biokatalysatoren*. Sie senken die Energieschwelle und damit die notwendige Aktivierungsenergie. Hierdurch besitzen schon bei Körperwärme genügend viele Teilchen die notwendige Energie, um zu reagieren. Würde man den Abbau von 1000 Proteinmolekülen untersuchen, wäre die Hälfte der Moleküle nach 7 Jahren zu Aminosäuren abgebaut. Bei Zugabe des entsprechenden Enzyms ist dieser Umsatz innerhalb weniger Sekunden erfolgt. Die Herabsetzung der Aktivierungsenergie ist auf eine Wechselwirkung zwischen dem Enzym und dem umzusetzenden Stoff (Substrat) zurückzuführen. Dadurch kommt es zu einer Lockerung der zu spaltenden Bindungen.

Eine Erhöhung der Körpertemperatur zur Beschleunigung der Reaktionen ist in Zellen nicht möglich, da die Proteine sehr temperaturempfindlich sind und zerstört (denaturiert) würden.

A1 ◒ Beschreiben und vergleichen Sie die Vorgänge in Abb. 1 in Form eines Textes.

Modelle zur Biokatalyse

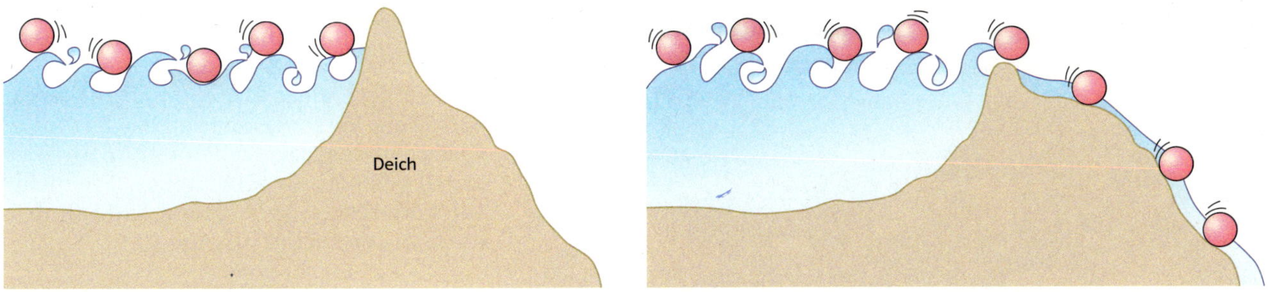

1 *Schematisches Enzymmodell 1*

Naturwissenschaftliche Modelle haben in der Forschung und im Verständnis von Zusammenhängen eine große Bedeutung. Viele Vorgänge, besonders auf der zellulären oder molekularen Ebene, die wir nicht direkt sehen können, sind sehr komplex.

Man kann sich die Abläufe und Zusammenhänge besser vorstellen, wenn man bildhafte Vorstellungen entwickelt. An diesen können die Abläufe vereinfacht erarbeitet werden. Durch solche Vereinfachungen können nicht immer alle Zusammenhänge dargestellt werden, sondern nur Teilaspekte. Hierdurch haben Modelle jedoch auch Grenzen. Sie können nicht die gesamte Komplexität des naturwissenschaftlichen Vorgangs erklären. Hierzu sind mehrere Modelle notwendig. Die Vorgänge bei den chemischen Umsetzungen in der Zelle, die an Enzymen ablaufen, muss man daher an Modellen nachvollziehbar und erklärbar machen.

Ein See und ein Berg als Modell?

In den lebenden Zellen sind Enzyme die Voraussetzung für einen effizienten Stoffwechsel. Enzyme ermöglichen jedoch keine Reaktionen, die ohne sie nicht ablaufen würden, sondern sie senken die Energieschwelle. Hierdurch können auch weniger energiereiche Teilchen reagieren. Die Bedeutung der Enzyme als Biokatalysatoren kann man mit Modellen besser verständlich machen.

A1 ◒ Beschreiben Sie Abb. 1 und Abb. 2. Erläutern Sie, ob diese schematischen Abbildungen zur Modellvorstellung für die Bedeutung von Enzymen genutzt werden können.

A2 ◒ Vergleichen Sie Abb. 1 mit Abb. 2 unter dem Aspekt der Enzymfunktion. Stellen Sie hierbei heraus, welche Zusammenhänge mit den jeweiligen Modellen erklärt werden können.

A3 ◒ Geben Sie die Grenzen zum Erklären von Enzymen für beide Modelle an.

Feuer ohne Funken

Wasserstoff (H_2)ist ein sehr reaktionsfähiges Gas. Strömt es aus einem Vorratsbehälter, entzündet es sich jedoch nicht. Die Reaktion mit dem Luftsauerstoff (O_2) und die damit erkennbare Flammenbildung erfolgt erst durch einen kleinen heißen Funken. Hält man jedoch Platindraht in das ausströmende Wasserstoffgas, entzündet sich dieses sofort an der Luft auch ohne Funken (Abb. 3). Dieses chemische Experiment verwendet zwar keine Enzyme, kann aber trotzdem als Modellexperiment für enzymatische Vorgänge genutzt werden.

A4 ○ Erklären Sie mithilfe von Begriffen auf Seite 72 den beschriebenen Vorgang und erläutern Sie diesen unter dem Aspekt der Enzyme.

A5 ◒ Erläutern Sie, welche Aspekte bei diesem Modellexperiment deutlich werden und wo Grenzen und Unterschiede vorliegen.

2 *Schematisches Enzymmodell 2*

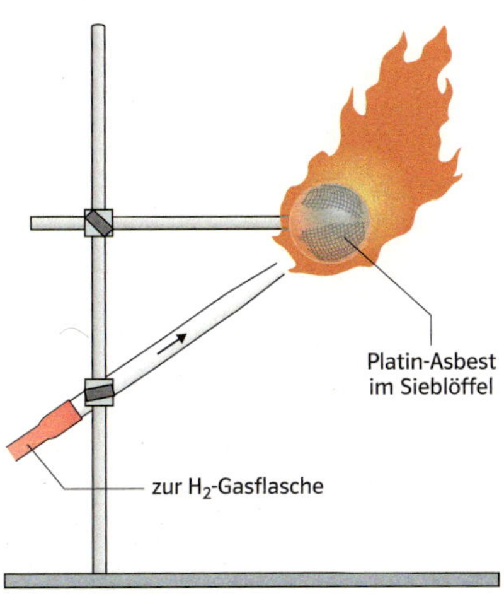

3 *Wasserstoffgas und Platin*

Enzyme bei allen Stoffwechselprozessen

1 *Blumenwiese*

Tausende von Reaktionen laufen ständig in allen lebenden Zellen von Pflanzen, Tieren oder Menschen ab. Jede Reaktion wird durch ein spezifisches Enzym mit einer bestimmten räumlichen Struktur katalysiert. Die Summe dieser verschiedenen Reaktionen macht den Stoffwechsel einer Zelle aus und ist dadurch Voraussetzung für alle Lebensgrundlagen. Fehlen spezifische Enzyme, kann dies zu Krankheiten oder zum Tode führen.

Viele Aufgaben — viele Enzyme
Die Blütenfarben der Pflanzen haben eine große Bedeutung bei der Anlockung von Insekten oder anderen Bestäubern (Abb. 1). Die Zellen der Blütenblätter enthalten in ihren Zellen die entsprechenden Farbstoffe. Rote Blüten enthalten einen roten, weiße Blüten keinen Farbstoff. Die Zellen der roten Blüten beinhalten Enzyme, die den roten Blütenfarbstoff aufbauen. Bei weißen Blüten fehlen diese Enzyme. Diese Unterschiede sind genetisch festgelegt.

Stärke ist ein wichtiger Bestandteil unserer Nahrung. Sie ist in Getreideprodukten und anderer pflanzlicher Nahrung enthalten. Die schwer löslichen Makromoleküle der Stärke können von unserem Körper nur dann genutzt werden, wenn sie durch Spaltung in leicht lösliche *Di-* und *Monosaccharide*, z. B. Glucose, zerlegt werden. Der Dünndarm (Abb. 2) gibt die gelösten Stoffe in die Blutbahn ab.

Fehlende Enzyme führen zu Stoffwechselstörungen, die Krankheiten auslösen können. *Lactoseintoleranz* ist eine Unverträglichkeit gegenüber *Lactose* (Milchzucker). Betroffene Personen können das Enzym Lactase in den Darmzellen nur unzureichend oder gar nicht herstellen. Die nicht verdaute Lactose gelangt aus dem Dünndarm in den Dickdarm (Abb. 2).

Dort wirkt sie abführend, weil durch den osmotischen Effekt Wasser aus den Dünndarmwänden in den Darm einströmt. Zusätzlich bauen Darmbakterein die Lactose zu Fettsäuren und Gasen um. Diese verursachen mit den Flüssigkeitsmengen Beschwerden, wie Völlegefühl, Bauchschmerzen, Blähungen und Durchfall. Die Wirkung der Enzyme ist spezifisch, daher können auch vorhandene Enzyme nicht die Funktion von fehlenden Enzymen übernehmen.

Substrat- und Wirkungsspezifität
Der Bau des Enzymmoleküls ist Voraussetzung für die Wechselwirkung zwischen Enzym und Substrat. Am Beispiel des *Chymotrypsins*, eines proteinspaltenden Enzyms des Bauchspeichels, soll dies erläutert werden. Chymotrypsin besteht, wie alle Enzyme, aus einem Proteinmolekül und besitzt aufgrund seiner Eiweißnatur eine ganz charakteristische räumliche Gestalt *(Tertiärstruktur)*. Die Moleküloberfläche hat in einem Bereich eine Oberflächenstruktur, in die das Substrat ganz genau wie ein Schlüssel ins Schloss hineinpasst *(Schlüssel-Schloss-Prinzip)*.

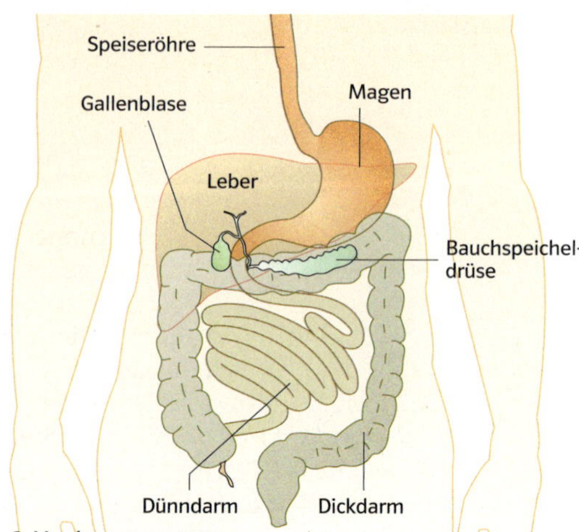

2 *Verdauungssystem*

Enzymmoleküle sind in der Regel wesentlich größer als ihre Substratmoleküle. Das Substrat besteht in diesem Fall aus einem Eiweißbruchstück. Die wie eine Passform konstruierte Bindungsstelle im Enzymmolekül *(Bindungszentrum)* enthält das *aktive* oder *katalytische Zentrum*. An diesem entstehen am Substrat kurzfristig elektrische Ladungen, die die Reaktion des Substrats erleichtern. Das ist der eigentliche Ort für die katalysierte Reaktion. Andere Moleküle können in der Regel nicht gebunden und in der entsprechenden Weise umgesetzt werden. Nach der Umsetzung wird das Enzym wieder frei und steht erneut für eine Reaktion zur Verfügung.

Das Enzym Maltase z. B. kann ausschließlich Maltose (Zweifachzucker) binden und zu Glucose (Einfachzucker) abbauen (Abb. 3). Enzyme sind also spezifisch für ein bestimmtes Substrat *(Substratspezifität)*. Aufgrund der Eigenschaften des aktiven Zentrums katalysiert ein Enzym nur eine von mehreren möglichen Reaktionen des Substrats, d. h. es entstehen nur ganz bestimmte Produkte. Enzyme besitzen also außerdem die Eigenschaft der *Wirkungsspezifität*. Eine Enzymreaktion kann mit folgendem Schema beschrieben werden:

$E + S \rightarrow [ES] \rightarrow E + P$
E = Enzym, S = Substrat
[ES] = Enzym-Substrat-Komplex
P = Produkt(e)

Von der Art der chemischen Reaktion hängt auch ab, mit welcher Geschwindigkeit Enzyme ihre Substrate umsetzen (je nach Enzym zwischen 10^3 und 10^6 Substratmoleküle pro Sekunde).

Systematik von Enzymen

Die meisten Enzyme sind reine Proteine, andere bestehen aus einem Komplex von Protein und einer besonderen Wirkgruppe. Das Protein wird dann als *Apoenzym* bezeichnet. Zusammen bilden Apoenzym und die Wirkgruppe das *Holoenzym*. Die Wirkgruppen, die an manchen Reaktionen auch als Enzymbestandteile beteiligt sind, werden als *Cofaktoren* bezeichnet. Sie sind keine Proteine. Viele Cofaktoren sind locker an das jeweilige Enzym gebunden, man spricht dann von einer *prosthetischen Gruppe*. Bei den Cofaktoren handelt es sich meistens um kleine Moleküle, die sich aus den Vitaminen ableiten. Viele der Cofaktoren übertragen Molekülgruppen von einem Substrat auf ein anderes. Die übertragenen Molekülgruppen können Protonen, Phosphate oder kleine Kohlenstoffmoleküle sein. Andere Cofaktoren sind Metall-Ionen aus der Nahrung. Wichtige Metall-Ionen sind z. B. die Kupfer-Ionen für die Vorgänge in den Mitochondrien bei der Energieumwandlung oder Zink-Ionen für die Alkoholdehydrogenase beim Alkoholabbau.

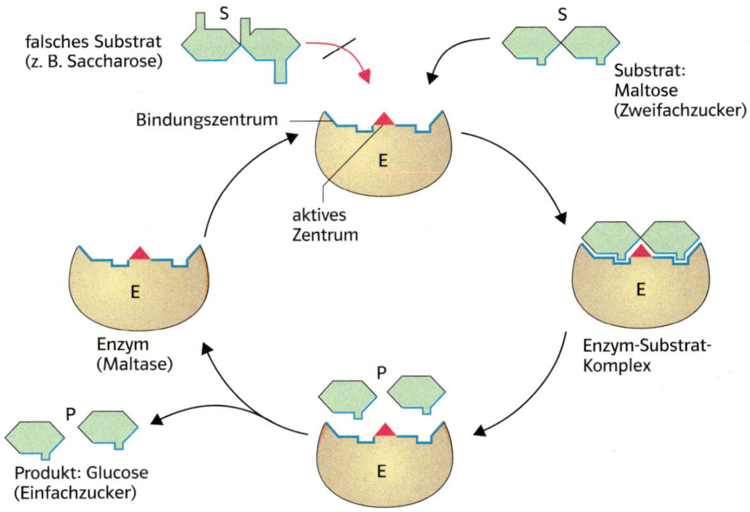

3 *Schema zur Substrat- und Wirkungsspezifität*

Die Benennung von Enzymen erfolgt in der Regel so, dass der erste Teil des Namens aus dem jeweils umgesetzten Substrat besteht. Der zweite Teil des Namens gibt über die Wirkung des Enzyms Auskunft. Vielfach sind auch noch Trivialnamen in Gebrauch. So bezeichnet *Ptyalin* die Mundspeichelamylase und Chymotrypsin eine Proteinhydrolase des Bauchspeichels. Der Name Proteinhydrolase bedeutet, dass erstens ein Protein umgesetzt wird und zweitens das Protein unter Wasseranlagerung gespalten wird *(Hydrolyse)*. Bezieht man sich nur auf das Substrat, so nennt man proteinspaltende Enzyme *Proteasen*.

A1 ○ Erläutern Sie das Schlüssel-Schloss-Prinzip am Beispiel Enzym – Substrat.

Praktikum
Enzyme

Enzyme sind die Werkzeuge des Stoffwechsels. Sie senken die Aktivierungsenergie vieler Reaktionen, sodass diese bei Körpertemperatur überhaupt ablaufen können. Die Eigenschaften von Enzymen kann man experimentell ermitteln.

Eigenschaften von Enzymen

Materialien (Lehrerversuch):
Reagenzgläser mit Ständer, Sand, Reibschale mit Pistill, Kartoffel oder Leber, Wasserstoffperoxidlösung (3 %), Braunsteinpulver (MnO_2), verd. Salzsäure, verd. Natronlauge, Kupfer(III)-Sulfatlösung, Holzspan, Schutzbrille

Zu Beginn wird die Kartoffel bzw. die Leber in der Reibschale mit etwas Sand zerrieben. Das Homogenat stellt das Katalasepräparat für die Versuche dar.

1. Versuch
In drei Reagenzgläser werden je 2 ml Wasserstoffperoxidlösung gegeben. Geben Sie dann in das erste etwas Sand, in das zweite etwas Braunstein und in das dritte etwas Katalasepräparat. Halten Sie einen glimmenden Holzspan in die Reagenzgläser.

2. Versuch
In zwei Reagenzgläser wird etwas Katalasepräparat gegeben. In das erste wird anschließend 1 ml Salzsäure gegeben, in das zweite 1 ml Natronlauge. Lassen Sie die Lösungen 5 min einwirken und geben Sie dann je 2 ml Wasserstoffperoxidlösung hinzu.

3. Versuch
In ein Reagenzglas wird etwas Katalasepräparat gegeben. Anschließend werden wenige Tropfen Kupfer(III)-Sulfatlösung hinzugegeben. Lassen Sie das Reagenzglas 5 min stehen und geben Sie dann 2 ml Wasserstoffperoxidlösung dazu.

A1 Deuten Sie die Ergebnisse der Versuche.

Versuche mit Amylase

Materialien:
Reagenzgläser, Ständer, Wasserbäder, Reibschale, Gerstenkörner, Stärkelösung, Iod-Kaliumiodidlösung

Die Amylase-Lösung stellt man wie folgt her: Etwa 100 Gerstenkörner werden zwei Tage vor dem Versuchstag in einer Petrischale ca. 30 min in Wasser eingeweicht und dann auf einem feuchten Filterpapier ausgebreitet. Am Tag des Versuchs werden die Gerstenkörner in der Reibschale mit etwas Sand und 50 ml Wasser zerrieben. Der erhaltene Extrakt wird 10 min zentrifugiert. Der Überstand wird 1:20 verdünnt und stellt die Amylaselösung dar (kühl aufbewahren!).

Die Stärkelösung wird vorsichtig mit so vielen Tropfen Iod-Kaliumiodidlösung versetzt, bis eine deutliche Blaufärbung zu sehen ist. Zu viel Iod behindert den Versuch!

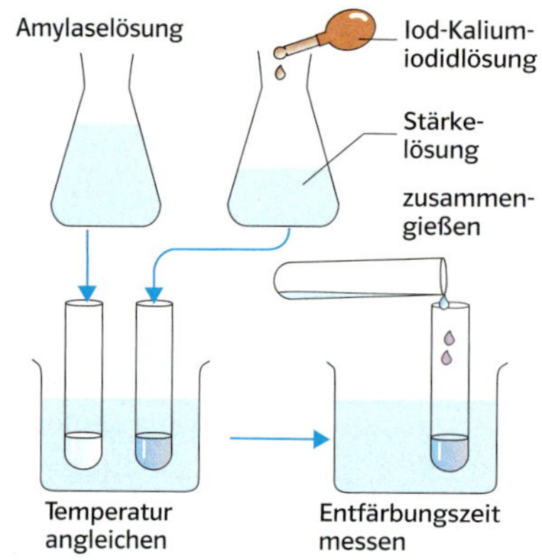

Versuchsablauf:
In den Versuchen wird die Zeit (t) bis zur Entfärbung bei verschiedenen Temperaturen (T) bestimmt. Die vorhandenen Wasserbäder werden auf verschiedene Temperaturen im Bereich von 10 °C bis 60 °C eingestellt. In jedes Wasserbad werden zur Temperaturangleichung zwei Reagenzgläser mit folgendem Inhalt gestellt:
1) 2 ml (blaue) Stärkelösung
2) 1 ml Amylaselösung
Nach Angleichung der Temperaturen (ca. 5 min) wird der Versuch gestartet und die Entfärbungszeit ermittelt.

A2 Tragen Sie die Entfärbungszeit (t) gegen die Temperatur (T) auf.
A3 Erklären Sie, wie man aus der Entfärbungszeit (t) auf die Reaktionsgeschwindigkeit (v) schließen könnte.

Versuche mit Urease

Materialien:
Reagenzgläser mit Ständer, Tropfpipetten, Ureaselösung (10 mg in 10 ml Wasser), Harnstofflösung (20 mg in 100 ml Wasser), Thioharnstofflösung (1 mg in 10 ml Wasser), Indikatorlösung Bromthymolblau, Messpipetten und Pipettierhilfe

Achtung: Nie mit dem Mund pipettieren! Stets mit einer Pipettierhilfe arbeiten. Ohne Pipettierhilfe besteht Verätzungs- und Vergiftungsgefahr!

1. Versuch
Zu 5 ml Harnstofflösung wird 1 Tropfen Indikator gegeben. Dann wird 1 ml Urease hinzugegeben.

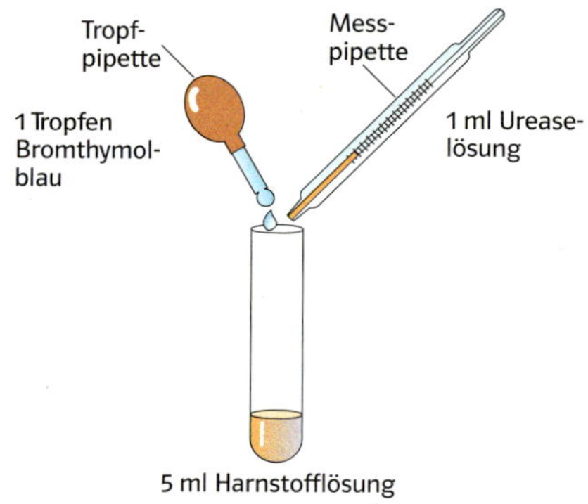

2. Versuch
Vier Reagenzgläser werden wie folgt befüllt:

Stoff (ml)	Reagenzglas Nr.			
	1	2	3	4
Harnstoff	5,0	1,0	0,5	0,1
Wasser	0,0	4,0	4,5	4,9

Etwas Indikator wird hinzugefügt. Anschließend werden die vier Versuchsansätze möglichst gleichzeitig durch Hinzugabe von je 1 ml Ureaselösung gestartet.

3. Versuch
Drei Reagenzgläser werden wie folgt befüllt:

Stoff (ml)	Reagenzglas-Nr.		
	1	2	3
Harnstoff	4,0	4,0	4,0
Thioharnstoff	0,0	0,1	1,0
Wasser	1,0	0,9	0,0

Nach Zugabe von 2 Tropfen Indikatorlösung und Schütteln werden die Versuchsansätze möglichst gleichzeitig mit je 1 ml Ureaselösung gestartet.

A4 Protokollieren Sie die Ergebnisse und deuten Sie sie.

Enzyme

Enzyme sind unabhängig von der Zelle funktionsfähig: Bereits 1892 hatten Experimente ergeben, dass Hefeextrakte Glucose zu Kohlenstoffdioxid und Ethanol umwandeln. Auf dieser Grundlage führten HARDEN und YOUNG im Jahre 1905 folgende Experimente durch:

a) Hefezellen wurden zerrieben und
b) die größeren Zellbestandteile vom Zellsaft durch Filtration getrennt (Filtrat 0).
c) Ein Teil des so gewonnenen Filtrates wurde 24 Stunden dialysiert, d.h. es wurde in einen Schlauch mit einer Membran gegeben, die für kleinere Moleküle durchlässig ist, aber nicht für größere. Dieser Schlauch wurde in ein Gefäß mit destilliertem Wasser gegeben
d) Danach wurden aus dem Außenmedium (1) und dem Dialyseschlauch (2) Proben entnommen. Diese wurden wie das Filtrat (0) nach Zugabe von Glucoselösung auf Kohlenstoffdioxidentwicklung untersucht (Versuchsreihe 1) oder wie in Versuchsreihe 2 weiterbehandelt.

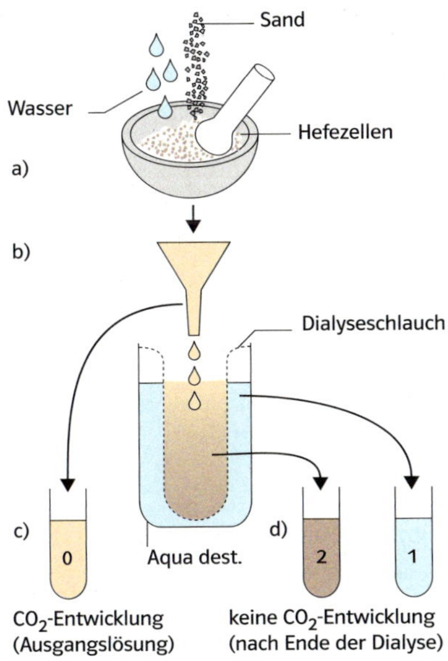

1 *Versuchsreihe 1*

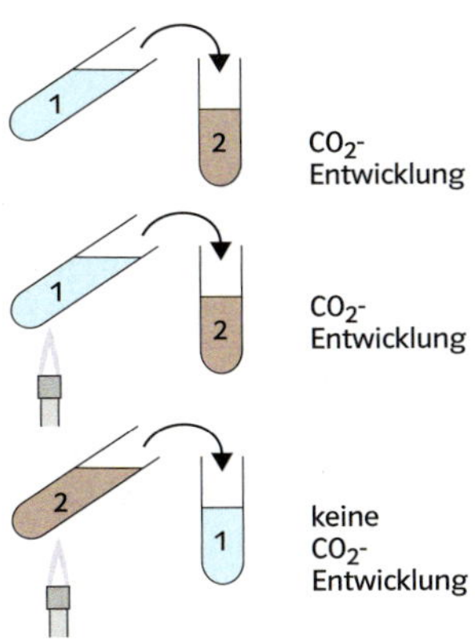

2 *Versuchsreihe 2*

A1 ◒ Ziehen Sie Rückschlüsse auf den Aufbau und die Wirkung des hier eine Rolle spielenden Enzyms. Begründen Sie Ihre Schlussfolgerungen konkret anhand der einzelnen Experimente.

Die Wirkung von Katalase

Katalase ist ein Enzym, welches Wasserstoffperoxid (H_2O_2) zu O_2 und H_2O zersetzt. Man hat die Aktivität der Katalase in Abhängigkeit von der H_2O_2-Konzentration untersucht und dabei die nachfolgenden Ergebnisse erhalten:

g H_2O_2 pro 100 ml Reaktionslösung	ml O_2-Entwicklung in 5 min
1	3,1
2	4,9
3	6,0
4	6,8
5	7,3
6	7,8
7	8,1
8	8,2
9	8,2

A2 ○ Setzen Sie die Werte der Tabelle in eine Grafik um. Achten Sie dabei auf eine sinnvolle Achsenwahl und die Beschriftung.

A3 ● Erläutern Sie das experimentelle Ergebnis. Ziehen Sie allgemeine Rückschlüsse auf die Wirkungsweise von Enzymen und erläutern Sie diese auch hinsichtlich der Versuchsbedingungen.

Temperatur und Ureasewirkung

Urease spaltet Harnstoff hydrolytisch in Kohlenstoffdioxid und Ammoniak. CO_2 und NH_3 reagieren mit Wasser in einer Säure-Base-Reaktion, bei der Ionen entstehen. In einer wässrigen Lösung leiten sie im Gegensatz zum ungeladenen Harnstoff den elektrischen Strom. Setzt man Harnstofflösung mit Urease um, so kann man die Änderung der Leitfähigkeit pro Zeiteinheit als relatives Maß für die Aktivität der Urease benutzen. Für eine solche Messung benutzt man die in der Abbildung dargestellte Apparatur.

Nacheinander werden bei verschiedenen Temperaturen (5°, 15°, 35°, 50° und 75 °C) jeweils 40 ml Harnstofflösung und 10 ml Enzymlösung zusammengegeben und die Änderung der Leitfähigkeit über einen Zeitraum von 10 Minuten gemessen. Dabei wird in Abständen von 20 Sekunden die Leitfähigkeit abgelesen. Das Ergebnis dieses Versuchs zeigt Abbildung 4.

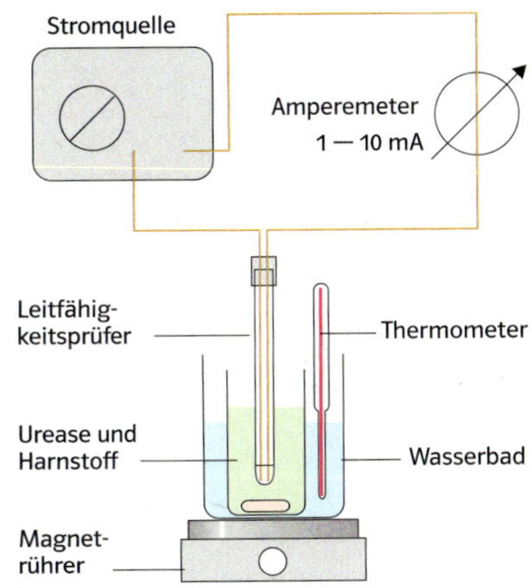

3 *Versuchsaufbau*

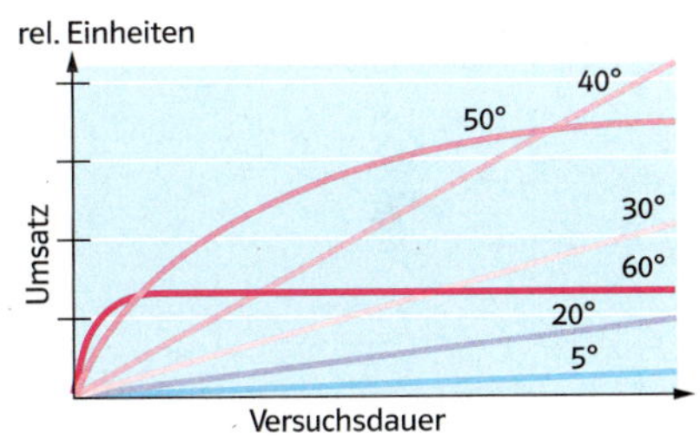

4 *Abhängigkeit der Enzymaktivität von der Temperatur*

A4 ● Begründen Sie, dass bei allen Versuchen mit jeweils derselben Menge Harnstoff- und Ureaselösung gearbeitet werden muss.

A5 ◒ Erläutern Sie anhand der Grafik die Ergebnisse der Versuche einzeln und im Vergleich.

Die Reaktionsbedingungen bestimmen die Enzymaktivität

Substratkonzentration
Bei niedrigen Substratkonzentrationen ist die Geschwindigkeit der Substratumsetzung gering. Diese lässt sich durch Erhöhung der Konzentration steigern, bis schließlich weitere Erhöhungen der Substratkonzentration zu keiner weiteren Steigerung der Geschwindigkeit führen (Abb. 1). Jedes *Enzym* hat daher eine Maximalgeschwindigkeit der Substratumsetzung. Da sich die Sättigungskonzentration des Substrates zur Maximalgeschwindigkeit aus dem Ergebnis schlecht ablesen lässt, ermittelt man, bei welcher Substratkonzentration die halbmaximale Geschwindigkeit erreicht wird. Die Substratkonzentration bei halbmaximaler Reaktionsgeschwindigkeit bezeichnet man als *Michaelis-Menten-Konstante* (K_M).

Ist die Substratkonzentration gering, so sind nicht alle Enzyme mit einem Substratteilchen beladen, weil die Wahrscheinlichkeit, dass Enzym und Substrat sich treffen, gering ist. Mit zunehmender Anzahl der Substratteilchen steigt die Wahrscheinlichkeit, auf das Enzym zu treffen; daher steigt die Reaktionsgeschwindigkeit. Bei hohen Konzentrationen ist die Wahrscheinlichkeit des Zusammentreffens zwar sehr hoch, jedoch können die Substratmoleküle das aktive Zentrum nicht besetzen, da sich dort das Produkt der vorigen Reaktion erst langsam vom Enzym trennt. In lebenden Zellen wird der Maximalwert nie erreicht, da andere Stoffe die Reaktion behindern.

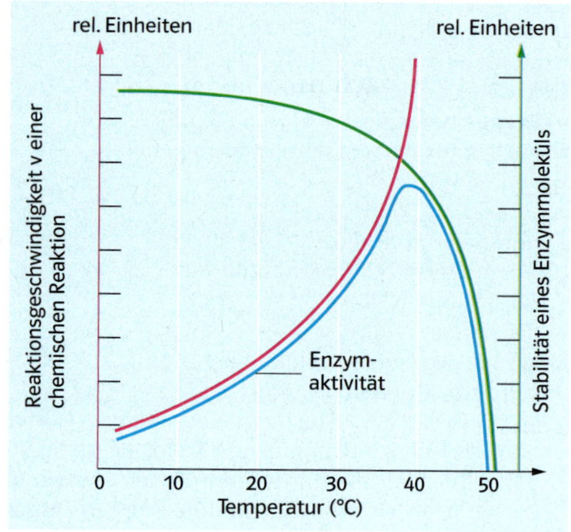

2 *RGT-Regel und Enzymaktivität*

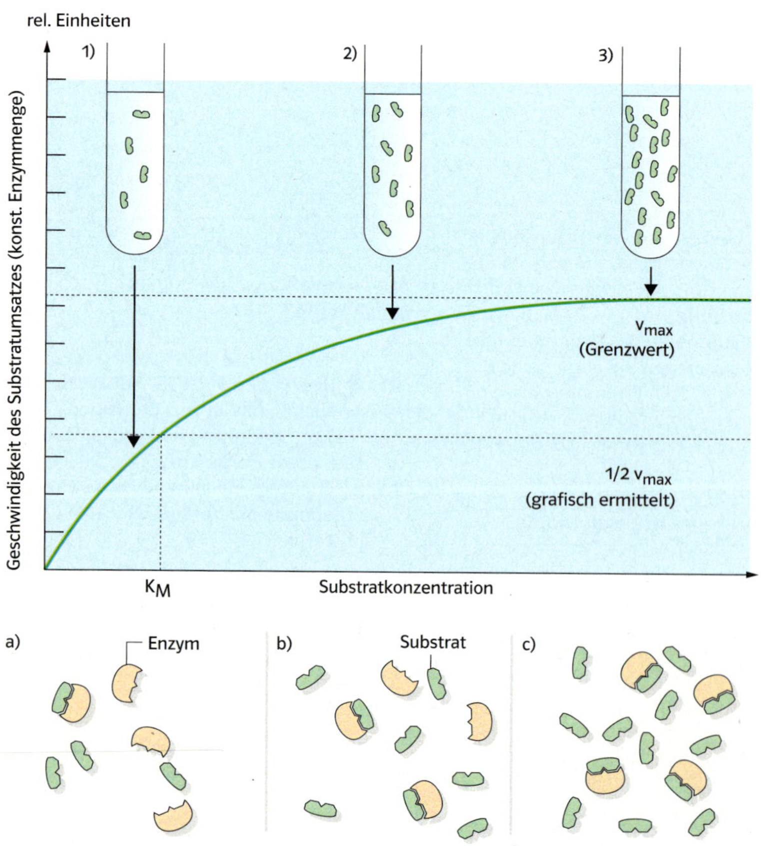

1 *Reaktionsgeschwindigkeit und Substratkonzentration (siehe Aufgabe 1)*

Der Einfluss der Temperatur
Gleichwarme Tierarten haben eine konstante Körpertemperatur, egal ob sie in der Wüste oder der Antarktis leben. Wechselwarme Tiere, wie Amphibien oder Insekten, bewegen sich bei tiefen Temperaturen in der Regel träge bzw. fallen in eine Kältestarre. Erst bei höheren Temperaturen werden sie wieder aktiv. Die chemischen Reaktionen des Stoffwechsels in einem Organismus sind *temperaturabhängig*. Diese Zusammenhänge zeigen sich auch bei isoliert ablaufenden enzymatischen Reaktionen.

Untersucht man die Aktivität eines Enzyms experimentell, so stellt man zunächst bei steigenden Temperaturen eine starke Erhöhung der Reaktionsgeschwindigkeit fest (Abb. 2, blaue Linie). Bei einer bestimmten Temperatur wird qm7g6n

schließlich ein Maximum erreicht. Dieses liegt bei vielen Enzymen zwischen 30 °C und 50 °C. Danach nimmt die Geschwindigkeit der enzymkatalysierten Reaktion sehr schnell ab, bis schließlich überhaupt keine Wirkung des Enzyms mehr erkennbar ist. Höhere Temperaturen bewirken eine stärkere Teilchenbewegung, sodass Enzym und Substrat mit einer größeren Wahrscheinlichkeit aufeinander treffen. Zudem werden die Bindungen zwischen Atomen reaktiver. Die Folge ist ein höherer Stoffumsatz. Bei enzymkatalysierten Reaktionen erhöht sich die Reaktionsgeschwindigkeit bei einer Temperaturerhöhung um 10 °C exponentiell um das 2- bis 4Fache (rote Linie). Dieser Zusammenhang heißt *Reaktionsgeschwindigkeits-Temperatur-Regel*, kurz *RGT-Regel*.

Bei Eiweißen, und damit auch bei Enzymen, haben hohe Temperaturen noch eine andere Wirkung: Sie verändern und zerstören schließlich die *Tertiärstruktur*, d. h. die räumliche Anordnung der Aminosäurekette wird irreversibel verändert. Diesen Vorgang bezeichnet man als *Denaturierung*. Da die Funktion des Enzyms von der Tertiärstruktur abhängt, wird die Abnahme der Enzymaktivität ab einer bestimmten Temperatur verständlich (grüne Linie).

Enzyme sind meist nur bis zu Temperaturen zwischen 50 °C und 60 °C stabil (Abb. 2). Höhere Temperaturen liefern so viel Energie, dass die geringen Bindungskräfte, welche die räumliche Faltung des Proteins aufrechterhalten, überwunden werden. Die Passform des Enzymmoleküls für das Substrat geht verloren, das Enzym ist inaktiv. Nur wenige Enzyme werden erst bei höheren Temperaturen denaturiert, z. B. die von Bakterien aus heißen Quellen (90 °C und mehr). Deren Enzyme sind an diese extremen Lebensbedingungen angepasst, indem bei ihnen die Passform im Wesentlichen durch besonders stabile Disulfidbrücken und ionische Anziehungskräfte aufrechterhalten wird.

Der Einfluss des pH-Wertes

Untersucht man die Enzymaktivität in Abhängigkeit vom pH-Wert (Konzentration von H^+-Ionen) experimentell, so ergibt sich ein Optimum. Jedes Enzym hat sein spezifisches pH-Optimum. Bei vielen Enzymen liegt es im neutralen pH-Bereich. Bei deutlich höheren oder niedrigeren pH-Werten sinkt die Aktivität immer stärker ab. Ursache ist, wie bei hohen Temperaturen, eine Denaturierung des Enzyms, da durch Säuren bzw. Basen an bestimmte Reste der einzelnen Aminosäurebausteine H^+-Ionen angelagert oder von ihnen abgespalten werden können. So wird die für die Passform wichtige Ladungsverteilung im Enzymmolekül verändert, sodass die spezifische Molekülfaltung verloren geht (Abb. Randspalte).

3 *Eisfisch in der Antarktis*

A1 ○ Erklären Sie anhand der modellhaften Teilchendarstellung in Abb. 1 den Kurvenverlauf im Diagramm.

A2 ◒ Informieren Sie sich über die Lebensweise des in Abb. 3 dargestellten Tieres und stellen Sie den Zusammenhang zur Enzymaktivität her.

A3 ◒ Nähert sich die Körpertemperatur bei hohem Fieber dem Wert von 42 °C, besteht für den Menschen Lebensgefahr. Erläutern Sie mögliche Gründe dafür mit Bezug zu den genannten Eigenschaften von Enzymen.

A4 ◒ Der Einfluss des pH-Wertes auf die Enzyme kann an der Verdauung des Menschen deutlich gemacht werden. Informieren Sie sich über die jeweiligen pH-Werte und Enzyme der einzelnen Verdauungsschritte und erläutern Sie.

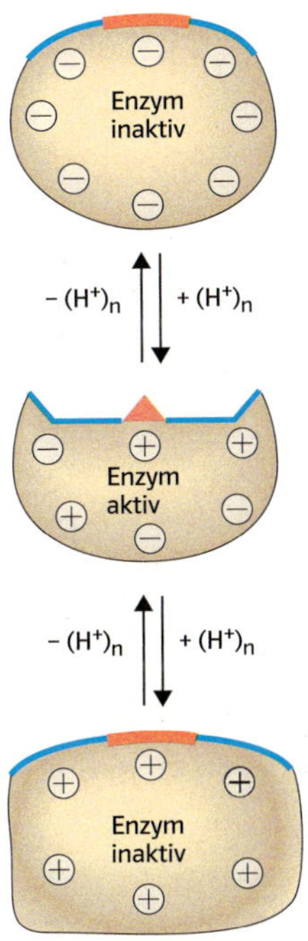

Einfluss des pH-Wertes auf die Enzymaktivität

Der Einfluss des Bindungspartners auf die Enzymaktivität

Wenn außer dem eigentlichen Substrat andere Stoffe an das Enzymmolekül binden, kann die Enzymaktivität beeinträchtigt werden.

Kompetitive Hemmung

Konkurrieren zwei chemisch ähnliche Stoffe um das Bindungszentrum eines Enzyms, beeinflusst dies die Enzymaktivität, wenn einer das Substrat ist und der andere als Hemmstoff wirkt. Der Hemmstoff kann zwar an das Enzym gebunden, aber nicht umgesetzt werden. Er verdrängt somit das eigentliche Substrat (*Verdrängungshemmung* oder *kompetitive Hemmung*, Abb. 1). Die Wirkung solcher Hemmstoffe ist umso größer, je höher die Konzentration im Vergleich zum eigentlichen Substrat ist.

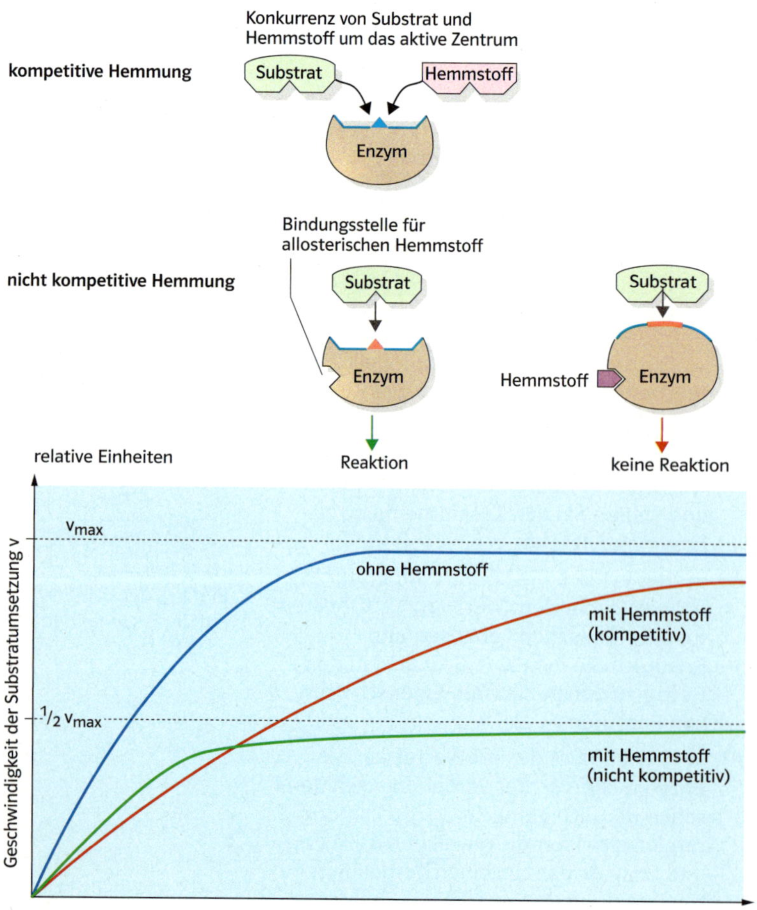

1 *Hemmung der Enzymaktivität*

Ein Beispiel dafür ist die Anwendung des Medikaments *Allopurinol* gegen *Gicht*. Diese Krankheit äußert sich — infolge der Einlagerung von Harnsäurekristallen — in einer schmerzhaften Veränderung der Gelenke, die unbehandelt bis zu deren Zerstörung fortschreiten kann. Harnsäure entsteht im Organismus z. B. beim Abbau von Nucleinsäuren, wobei die Verbindung *Hypoxanthin* als Zwischenprodukt entsteht.

Hypoxanthin wird mithilfe des Enzyms *Xanthinoxidase* zu Harnsäure abgebaut, die bei Gesunden über die Nieren ausgeschieden wird. Entsteht aber infolge einer Stoffwechselschwäche oder infolge von Fehlernährung zu viel Harnsäure, so wird sie nicht mehr vollständig ausgeschieden, sondern lagert sich bevorzugt in Gelenken in kristalliner Form ab. Eine mögliche medikamentöse Behandlung ist die Verabreichung von Allopurinol, das dem Hypoxanthin chemisch sehr ähnlich ist, aber von der Xanthinoxidase nicht umgesetzt werden kann. Die dadurch bedingte Hemmung des Enzyms, die zur Verminderung der Harnsäureeinlagerung in die Gelenke führt, ist abhängig von der Menge des eingenommenen Medikaments. Diese Hemmung endet nach dem Absetzen des Medikaments. Sie ist reversibel.

Allosterische Effekte

Bestimmte Enzyme haben nicht nur eine Bindungsstelle für das umzusetzende Substrat, sondern eine weitere Bindungsstelle, an der ein ganz anders aufgebautes Molekül binden kann. Die Passform eines solchen Enzyms hängt davon ab, ob an dieser Stelle ein Hemmstoff gebunden ist oder nicht. Dadurch kann das Enzym zwei verschiedene räumliche Strukturen annehmen. In der einen Form kann es das Substrat binden und umsetzen. In der anderen Form, also mit Hemmstoff, ist das Bindungszentrum für das Substrat so verändert, dass es nicht mehr gebunden werden kann. Diese durch die Veränderung der räumlichen Struktur bedingte Hemmung nennt man *nicht kompetitive Hemmung* oder *allosterische Hemmung* (Abb. 1). Sie spielt bei der Regulation vieler Stoffwechselprozesse eine wichtige Rolle.

Allosterische Effekte sind aber nicht in jedem Fall hemmend. Manche Enzyme erreichen erst durch allosterische Veränderungen ihre volle katalytische Wirkung, sie werden allosterisch aktiviert. Bei zu hohem Blutzuckerspiegel z. B. wird durch aktivierte Glucose ein Enzym allosterisch aktiviert, das den Aufbau des Speicherstoffs Glykogen aus Glucose bewirkt (Abb. 2).

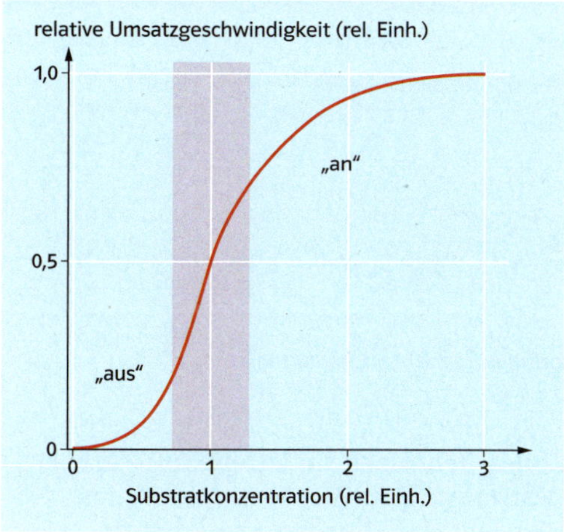

2 *Allosterischer Effekt beim Glykogenaufbau*

Irreversible Hemmung

Die Giftigkeit bestimmter Metall-Ionen beruht darauf, dass sie bei Enzymen Veränderungen ihrer Passform bewirken, die nicht rückgängig zu machen sind. Die Hemmung ist irreversibel. Besonders giftig für den Menschen sind die *Schwermetalle* Quecksilber und Blei. Sie zerstören die Disulfidbrücken, da sie mit Schwefel eine äußerst stabile Verbindung bilden.

Bioindikatoren

Einige Organismen lassen sich als *Bioindikatoren* einsetzen, da sie Enzyme besitzen, die auf Schwermetalle sehr empfindlich reagieren. So wird die Gäraktivität von Hefezellen bereits von geringen Schwermetallmengen deutlich gehemmt. Hefezellen vergären Zucker u. a. zu Kohlenstoffdioxid. Bringt man eine bestimmte Menge der Probe (z. B. belasteter Boden) mit Zucker und einer Hefeaufschwemmung zusammen, so zeigt die geringere Kohlenstoffdioxidentwicklung die Belastung mit Schwermetallionen an.

A1 ● Erläutern Sie folgende Aussage: Kompetitiv wirkende Hemmstoffe verlieren bei hoher Substratkonzentration ihre Wirkung, nicht kompetitiv wirkende jedoch nicht.

Info-Box: Vitamine: Cofaktoren von Enzymen

Zahlreiche Enzyme bestehen aus einem Proteinanteil und aus einem *Cofaktor*. Dabei handelt es sich um ein Hilfsmolekül, das für sich alleine keine Katalysatorfunktion hat. Der Cofaktor kann aus bestimmten Metallionen wie Fe^{2+}, Mn^{2+} bestehen oder aus größeren Molekülen. Die Cofaktoren verleihen den Enzymen besondere katalytische Fähigkeiten und können leicht von ihnen getrennt werden. Ein besonders wichtiger Cofaktor ist das NAD^+ *(Nicotinamid-Adenin-Dinucleotid)*, das bei der enzymatischen Elektronenübertragung von einer Substanz auf eine andere eine entscheidende Rolle spielt. Viele Cofaktoren können vom Körper des Menschen nicht selbst synthetisiert werden. Sie müssen vollständig oder als halbfertige Vorstufe mit der Nahrung aufgenommen werden und sind als Vitamine von großer Bedeutung.

Thiamin (Vitamin B_1)

Thiamin ist eine Vorstufe von Thiaminpyrophosphat, das für den Körper als Cofaktor wichtig ist. Es bindet und aktiviert kleine Molekülbausteine, sodass diese von Enzymen übertragen oder verändert werden können.

Pantothensäure

Pantothensäure ist Bestandteil und damit gleichzeitig Vorstufe von Coenzym A. Dieses wiederum besitzt eine wichtige Funktion bei der Zellatmung und den Reaktionen des Fettstoffwechsels.

Pyridoxin (Vitamin B_6)

Pyridoxin bindet und aktiviert Aminosäuren. Es ist ein wichtiger Cofaktor von Enzymen des Aminosäurestoffwechsels und an vielen biochemischen Reaktionen beteiligt.

Biotin (Vitamin H)

Biotin dient in vielen Enzymen als Überträger von Carboxylgruppen. Es ist über eine Elektronenpaarbindung fest mit dem Enzym verbunden.

Enzymregulation

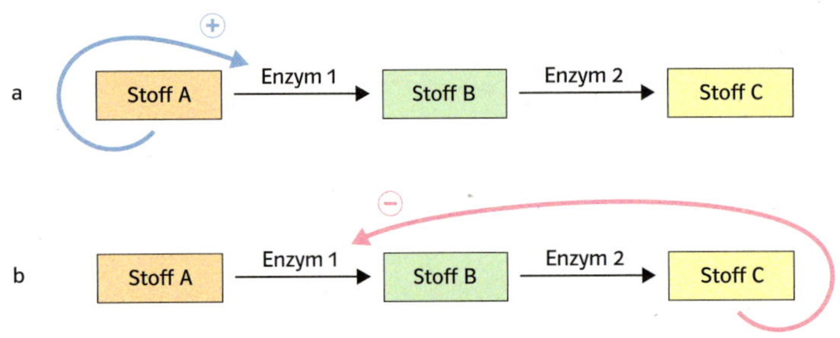

1 *Enzymregulation: a) Substratinduktion, b) Endprodukthemmung*

Zellen benötigen für ihren Stoffwechsel bestimmte Enzyme in verschiedenen Mengen. Die Anzahl an benötigten Enzymmolekülen richtet sich nach der Umsatzgeschwindigkeit des Enzyms. Ferner können Enzyme nur in ihrer aktiven Zustandsform arbeiten. Diese Eigenschaften werden in der Zelle zur Regulation genutzt.

Spezifische Umsatzgeschwindigkeit

Die Geschwindigkeit, mit der verschiedene Enzyme bei optimalen Bedingungen arbeiten können, ist für jedes Enzym typisch (Substratumsätze eines Enzymmoleküls pro Zeiteinheit = *Wechselzahl*). Für diese Berechnung ist die Anzahl an Substratmolekülen groß. Es liegt eine Sättigung vor.

Das Enzym *Katalase* kommt in allen lebenden Zellen vor und besitzt mit einer Wechselzahl von ca. 200 000 Substratmolekülen pro Sekunde eine der höchsten Umsatzzahlen. Das Enzym hat die Funktion, das in der Zelle häufig anfallende toxische Wasserstoffperoxid in Wasser und Sauerstoff zu spalten.

Info-Box: Kompartimentierung

Kompartimente in Zellen unterscheiden sich durch die darin vorkommenden Stoffe und deren Konzentration. Auch die Ausstattung mit Enzymen und deren Aktivitätszustand ist unterschiedlich. Zu den Kompartimenten zählen u.a. der Zellkern, die Mitochondrien, die Chloroplasten, die Peroxisomen, das Cytoplasma und die Lysosomen. Sie alle besitzen unterschiedliche pH-Werte und unterschiedliche Molekülklassen. Kompartimente in Zellen ermöglichen es damit, dass zur gleichen Zeit in unterschiedlichen Räumen verschiedene Stoffwechselreaktionen ablaufen können. Gleiche Kompartimente können in Zellen unterschiedlich häufig vorkommen. Muskelzellen enthalten z.B. viele Mitochondrien, Fettzellen weniger.

Rubisco, das Enzym zur Kohlenstoffdioxidfixierung in der Fotosynthese, besitzt dagegen nur eine Wechselzahl von drei Substratmolekülen pro Sekunde. Rubisco wird in Chloroplasten aufgrund seiner sehr geringen Wechselzahl in großen Mengen synthetisiert. Es ist mengenmäßig daher das häufigste Enzym der Erde.

Allosterische Aktivierung

Bestimmte Enzyme, sogenannte *Apoenzyme* (s. Seite 75), entfalten ihre katalytische Wirkung, wenn Cofaktoren oder Cosubstrate außerhalb des aktiven Zentrums gebunden werden. Diese Form der Aktivierung nennt man *Substratinduktion* (Abb. 1a). Für diese Hilfsenzyme ist häufig auch die Bezeichnung „Coenzyme" gebräuchlich, aber nicht ganz zutreffend. Dies liegt daran, dass die Cofaktoren und Cosubstrate im Gegensatz zu den Enzymen verändert aus ihrer Reaktion hervorgehen und daher verbraucht werden. Außerdem arbeiten sie, wie im Falle des NAD^+, mit verschiedenen Enzymen zusammen, sind also nicht wie Enzyme substratspezifisch.

Allosterische Hemmung

Wenn Endprodukte eines bestimmten Stoffwechselweges anfallen, so kann deren Überschuss eine allosterische Hemmung der an diesem Stoffwechsel beteiligten Enzyme bewirken. Aufgrund des negativen Feedbacks der Endprodukte erfolgt eine Drosselung der Enzymsynthese. Man spricht von *Endprodukthemmung* (Abb. 1b).

Weitere Aktivierungsmechanismen

Durch Phosphorylierung kann ein Enzym aktiv oder inaktiv werden. Auslöser dafür können Hormone oder andere Enzyme sein. Diese Stoffe wiederum werden über die Proteinbiosynthese einer Zelle hergestellt. Letztendlich entscheidet damit das An- bzw. Abschalten bestimmter Gene über den Aktivitätszustand eines Enzyms. Kontrollmechanismen, bei denen Bindungen verändert werden, sind meist energieabhängig und benötigen ATP. Manche Enzyme (z.B. Proteasen) werden auch als inaktive Vorstufe bereitgestellt und später durch Spaltung einer Peptidbindung aktiviert.

Material
Regulation von Enzymreaktionen

Substanzen in Zellen und im ganzen Körper werden nicht immer in gleicher Menge benötigt. Regulation von Enzymreaktionen ermöglicht eine bedarfsgerechte Herstellung von Produkten.

Allosterie

Der Begriff *Allosterie* bezeichnet eine Eigenschaft, die sich auf die räumliche Gesamtstruktur bezieht. Kann ein Molekül seine dreidimensionale Anordnung abwandeln, ohne seine chemische Zusammensetzung zu variieren, spricht man von Konformationsänderung. Betrifft dies Enzyme, wird damit auch das aktive Zentrum verändert und die Fähigkeit des Enzyms, sein Substrat umzusetzen.

A1 ○ Benennen Sie die Unterschiede zwischen kompetitiver und allosterischer Hemmung (Abb. 1).

A2 ◒ „Negative Regulatoren stabilisieren die inaktive Form eines allosterischen Enzyms, positive Regulatoren stabilisieren seine aktive Form." Erklären Sie diesen Satz mithilfe von Abb. 2.

A3 ● Die Umsetzung der Aminosäure Threonin zu Isoleucin erfolgt im tierischen Organismus über mehrere Zwischenprodukte (Abb. 3). Die Reaktionen werden von verschiedenen Enzymen katalysiert. Nach ausreichender Produktion von Isoleucin kommt die Reaktion zum Stillstand. Welcher Mechanismus ist dafür verantwortlich? Erklären Sie auch seine biologische Bedeutung.

Cofaktoren

Das Schema (Abb. 4) zeigt zwei Teilreaktionen des Alkoholabbaus in Leberzellen. Der Alkohol (Ethanol) wird zunächst zu Acetaldehyd (Ethanal) oxidiert. Dieses ist ein starkes Zellgift, das umgehend weiter abgebaut wird. Der Abbau von Alkohol liefert Energie, die z. B. durch die Oxidation der Cofaktoren bei den Reaktionen der Atmungskette in den Mitochondrien zur Bildung von energiereichem ATP genutzt werden kann. Dort wird der an den Cofaktor gebundene Wasserstoff letztlich auf Sauerstoff übertragen, sodass Wasser entsteht.

A4 ◒ Beschreiben Sie die Rolle des Cofaktors NAD^+ beim Alkoholabbau nach Abb. 4.

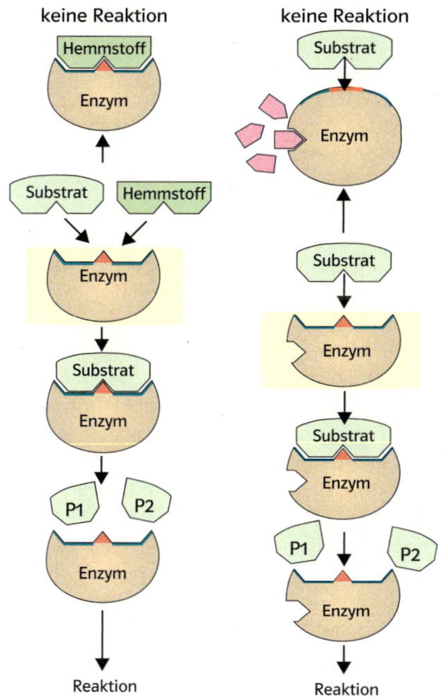

1 *Verschiedene Formen der Hemmung*

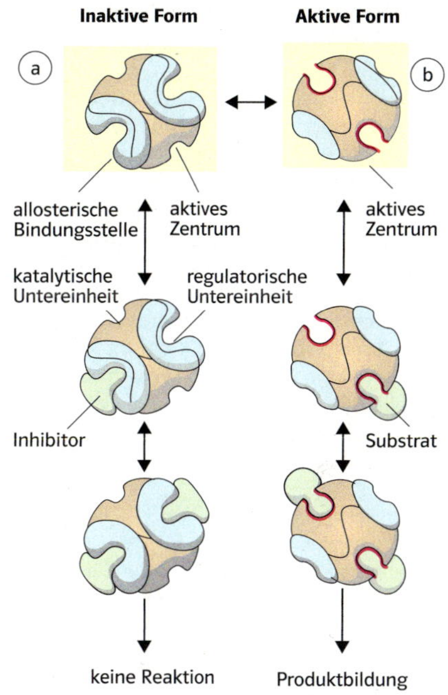

2 *Aktive und inaktive Form eines allosterischen Enzyms*

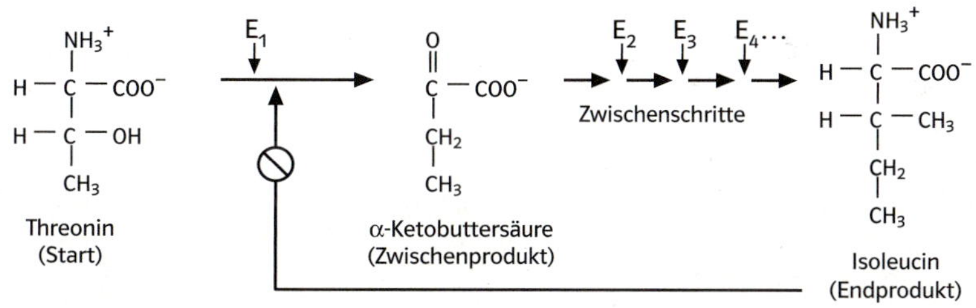

3 *Entstehung von Isoleucin*

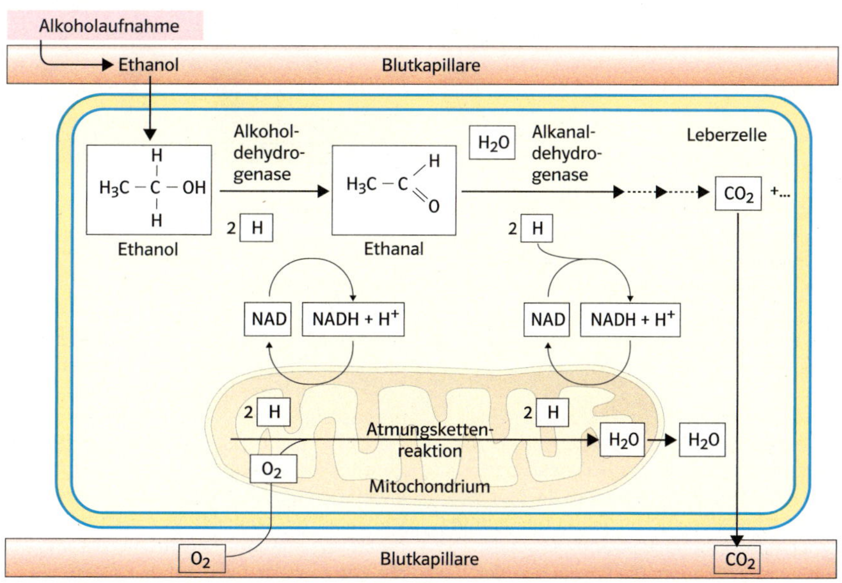

4 *Alkoholabbau in der Leberzelle*

Material
Enzyme im Einsatz

Enzyme werden bereits seit Jahrhunderten eingesetzt. Die Käseherstellung mit dem Labferment (Enzym) aus Kälbermägen wurde schon vor Christi Geburt genutzt. Beim Bierbrauen wurde die keimende Gerste über 3000 Jahre v. Chr. in Ägypten zum Vergären genutzt. Die Gärprozesse bei Fruchtsäften und Honig stammen ebenfalls aus diesem Zeitalter. Den Menschen waren die enzymatischen Vorgänge nicht bewusst. Durch zufällige Beobachtungen von Phänomenen wurden Verfahren entwickelt. In Klöstern wurden verschiedene Rezepte und verschiedene Erfahrungen gesammelt und die Weiterentwicklung dadurch vorangetrieben.

Enzyme und Lebensmittel

Das Labferment (Enzym) für die Käseproduktion (Abb. 1) stammt in den meisten Fällen nicht aus dem Kälbermagen, sondern aus spezifisch gezüchteten Hefezellen. Dies ist durch den hohen Bedarf an Labferment in der Käseindustrie zu erklären. In der Milchindustrie wird die Weiterverarbeitung der Milch durch den enzymatischen Lactoseabbau in Produkten für lactoseempfindliche Personen weiterentwickelt.

1 *Käseherstellung*

In der Fleischproduktion ist das enzymatische „Kleben" von Fleischresten zu einem zusammenhängenden Stück Fleisch, wie z. B. Kochschinken oder Formfleisch, stark umstritten. Bei diesem Verfahren werden die Proteine der Fleischreste durch bestimmte Enzyme vernetzt.

Ein wichtiger Einsatz von Enzymen in der Lebensmittelindustrie ist auch die Verzuckerung von Stärke aus Mais, Kartoffeln oder Weizen. Enzyme spalten die Stärke in verschiedene Zucker, die für bestimmte Anwendungsbereiche weiterverarbeitet werden können. Die Produktion der unterschiedlichen Zucker und Sirupe ist hierdurch billiger geworden. Sie können daher kostengünstig vielen Produkten zugesetzt werden.

Grundsätzlich können fast alle Nahrungsmittelbestandteile enzymatisch hergestellt werden. Im functional food-Bereich versucht man neben künstlichen Aromen auch Stoffe, wie enzymatisch gewonnene Vitamine, Mineralstoffe oder Naturfasern, für eine gesundheitliche Unterstützung den Nahrungsmitteln beizumengen. Diese müssen jedoch gesundheitlich unbedenklich sein. Citronensäure für die Lebensmittel-, Reinigungsmittel- und Waschmittelproduktion wird enzymatisch in Schimmelpilzen produziert. Die jährliche Menge beträgt über 1 Million Tonnen weltweit. Auch Apfelsäure als Säuerungsmittel z. B. in Marmeladen wird nicht aus Äpfeln, sondern ebenfalls enzymatisch gewonnen. In den Backbetrieben werden Enzyme seit langem eingesetzt, um eine gleichmäßige Teigmasse zu erhalten, die in automatisierten Betrieben maschinell und bei gleichbleibender Fertigungsqualität weiterverarbeitet werden kann. Diese Rohlinge (Abb. 2) können zentral kostengünstig produziert und anschließend in die Läden verteilt werden. Die anschließende gleichmäßige Bräunung, Krustenstabilität und das Volumen werden ebenfalls durch Enzyme im Teig beeinflusst.

2 *Teigrohlinge*

Enzyme beim Waschvorgang

Waschmittel enthalten Enzyme, die ein bestimmtes Temperaturoptimum haben. Die meisten Waschmittel entwickeln bereits zwischen 30° und 60 °C ihre volle Waschkraft, was zu einem deutlich geringeren Stromverbrauch führt. Insbesondere eiweißhaltige Verschmutzungen waren früher schwer zu beseitigen. Dies wird nun durch verschiedene spezifische Enzyme, die Verschmutzungen auf den Kleidungsfasern gezielt abbauen, ermöglicht:

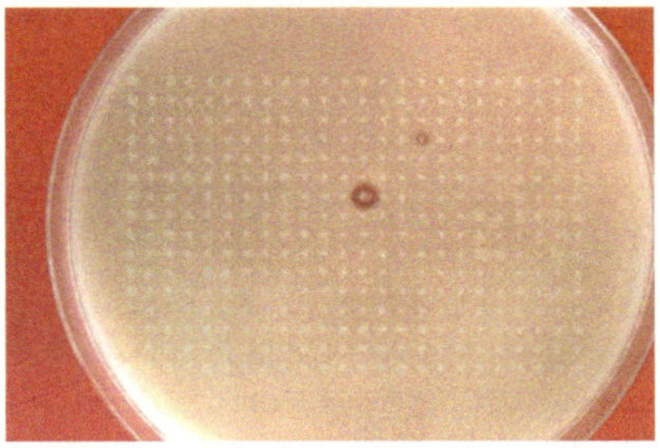

3 *Enzym-Screening*

- Proteasen für Eiweiße,
- Amylasen für Stärke
- Cellulasen für Cellulose
- Lipasen für Fette.

Durch die Enzyme konnte der Anteil der Waschprogramme bei 90 °C um ca. 80 % gesenkt werden. Die eingesetzten Waschmittelmengen konnten auch verringert werden, da die Enzyme bei den Reaktionen nicht verbraucht werden. Ein Nachteil ist, dass bei einer fehlenden Vollwäsche bei 90 °C Pilze in der Wäsche nicht vollständig abgetötet werden.

Aber die Suche nach neuen Enzymen geht weiter. Diese werden in verschiedenen Bodenbakterien (Destruenten) oder anderen Organismen gesucht und anschließend verändert. Die Überprüfung der Wirksamkeit erfolgt über ein Enzym-Screening (Abb. 3). Bei diesem werden verschiedene Enzyme in einem systematischen Testverfahren auf ihre spezifische Wirksamkeit untersucht. Auf diesem Wege versucht man z. B, die Waschtemperatur auf 20 °C zu senken.

Enzyme in der Körperpflege

Der Speichel säubert, schützt und regeneriert die Zähne. Zahnpasten können das Schutzsystem unterstützen. Sie enthalten Enzyme, die zur Bildung von antibakteriellen Substanzen beitragen und die Vermehrung von Bakterien im Mundraum erschweren (Abb. 4).

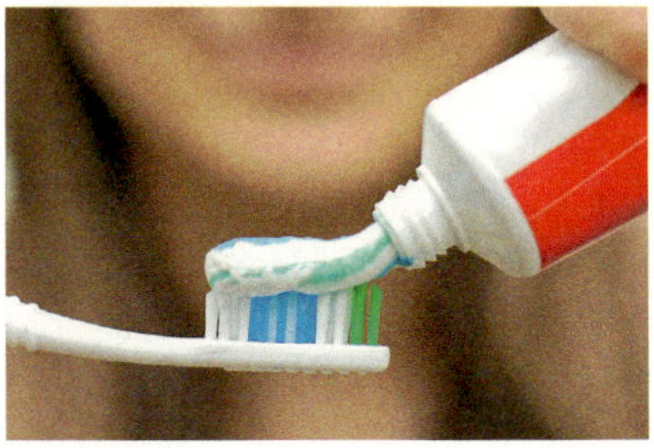

4 *Verbesserte Zahnhygiene*

Diese Enzyme werden im Verdauungstrakt abgebaut. In der Kosmetikindustrie werden in einigen Hautcremes Enzyme eingesetzt, um Verunreinigungen auf der Haut oder in Talgdrüsen abzubauen.

Enzyme in der Medizin

Beim Einsatz von Enzymen im Bereich der Medizin muss man unterscheiden zwischen Anwendungen in der Diagnose und der

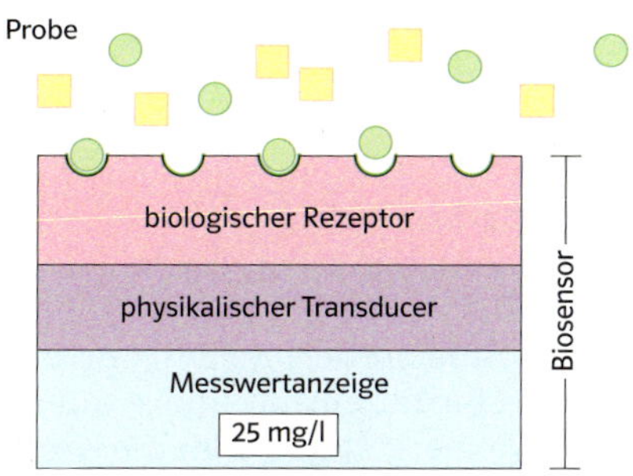

5 *Biosensor (schematisch)*

Therapie. Bei der Diagnose wird das Vorhandensein von bestimmten Enzymen im Blut Symptomen zugeordnet und sie können dadurch als Indikatoren von Krankheiten genutzt werden. Enzymatische Reaktionen helfen auch beim schnellen Nachweis bestimmter Substanzen im Blut wie Glucose, Harnstoff oder Cholesterin. Bei diesen schnellen Nachweisverfahren reagieren spezifische Enzyme mit den Substanzen in den medizinischen Proben.

Ein physikalisches Messsystem ist nachgeschaltet. Dieser physikalische Transducer reagiert z. B. auf Temperaturänderung, Biolumineszenz oder Fluoreszenz, die bei dem enzymatischen Nachweisverfahren entstehen können. Eine Messanzeige zeigt direkt den errechneten Wert der Konzentration in der Probe an (Abb. 5). Der bekannteste Biosensor ist der Glucosesensor für Diabetiker. Für den Einsatz in der Therapie wird gezielt die enzymatische Produktion von Wirkstoffen oder Enzymen in Zellkulturen genutzt.

Zum Beispiel können bestimmte Enzyme Verklumpungen im Blut verhindern. Dies geschieht durch den gezielten Abbau von Fibrin, das die Verklumpung auslöst. Sie kommen daher bei Herzinfarkten und Schlaganfällen zum Einsatz, um die Durchblutung der betroffenen Gewebe wieder zu gewährleisten. Für antibakterielle Medikamente werden die abbauenden Enzyme aus Lysosomen eingesetzt, da sie die Bakterienmembran auflösen.

Enzyme für Futtermittel

Im Gegensatz zu Kühen können Schweine und Geflügel das in der pflanzlichen Nahrung enthaltene lebensnotwendige Phosphat nicht verwerten. Durch den Zusatz des Enzyms Phytase kann das im Futter vorhandene Phosphat genutzt werden und muss nicht zugefüttert werden. Hierdurch wird die Phosphatbelastung der Umwelt bei der Düngung mit Gülle reduziert.

6 *Gülle mit weniger Belastung*

Enzyme in der Zukunft?

Biologen erforschen Mikroorganismen auf ihre Enzymzusammensetzung. Mithilfe der Informatik sind die gewonnenen Ergebnisse in Datenbanken gespeichert und schnell abrufbar. Enzyme können dadurch für gezielte Einsätze ausgewählt werden. Durch kleine Veränderungen in der Aminosäuresequenz der Enzyme wird getestet, ob gewünschte Eigenschaften noch besser erreicht werden können.

Sekundäre Pflanzenstoffe, wie Carotinoide oder Duftstoffe aus Citrusfrüchten, können die Gesunderhaltung des Körpers unterstützen. Sie können helfen, z. B. den Blutdruck zu regulieren oder das Immunsystem zu stärken, oder antibakteriell und entzündungshemmend wirken. Nahrungsmittel sollen daher in Zukunft nicht nur schmecken, sondern auch die Gesundheit unterstützen. Die Isolierung dieser Substanzen aus Früchten ist technisch sehr aufwendig und großtechnisch nicht ergiebig. Für chemische Produktionsverfahren werden viel Energie, Wasser und Erdölrohstoffe benötigt. Nachhaltiger wäre eine biologische Produktion. Hierzu werden in einem Screening mehr als tausend Bakterien und Pilze auf ihre Enzymzusammensetzung getestet. Um wiederum diese aufwendigen Screeningverfahren zu verkürzen, will die „synthetische Biologie" Organismen gezielt entwickeln, die eine Produktion verschiedener Substanzen ermöglichen. Hier werden nicht die Enzyme gesucht, sondern die Genabschnitte auf der DNA, die für die Enzyme zuständig sind. Alle Gene von Mikroorganismen werden radikal verändert, sodass neue Eigenschaften eingeführt werden. Zusätzlich werden auch Gene entfernt, sodass diese Organismen nur unter eng definierten Bedingungen überleben können.

Somit entstehen maßgeschneiderte Organismen mit Minimalgenomen. Der Prozess des Entfernens und Reorganisierens von Erbgut wird auch top-down-Ansatz genannt. Demgegenüber steht die komplette Neusynthese von Genomen, was als bottom-up-Ansatz gilt. Mit DNA-Synthese-Robotern ist es heute möglich. kleine Genome komplett zu synthetisieren. Diese künstlichen Zellen, die sich teilen können, werden als Protozellen bezeichnet. Auf diesem Weg könnten Impfstoffe, Arzneimittel, Chemikalien oder Wasserstoff als Treibstoff in großen Mengen gewonnen werden. Auch die Vernichtung von Umweltgiften könnte gezielt durchgeführt werden. Kritiker dieser Forschungsrichtung weisen darauf hin, dass keine anderen schädlichen Folgen durch neu gestaltete Organismen entstehen dürfen und ein Missbrauch der synthetischen Biologie verhindert werden muss.

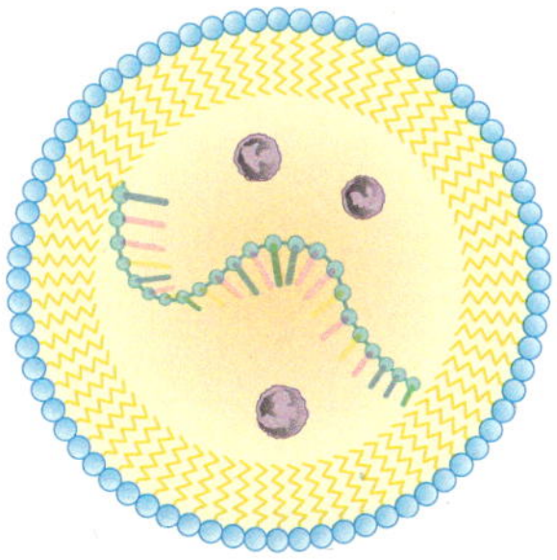

7 *Protozelle*

A1 ○ Stellen Sie die verschiedenen Anwendungen für Enzyme tabellarisch dar.

A2 ◒ Fassen Sie Vorteile und Nachteile des heutigen Enzymeinsatzes in den verschiedenen Anwendungsbereichen aus Ihrer Sicht zusammen.

A3 ● Erläutern Sie kritisch, welche Bedeutung Enzyme in unserem Leben und der Gesellschaft gewonnen haben und welche Bedeutung sie noch erlangen können. Stellen Sie Ihre Ergebnisse in Form eines Zeitungsartikels dar.

2.2 Energieumsatz
Säugetiere haben unterschiedliche Herzschlagfrequenzen

Alle Lebensvorgänge von Tieren, wie z. B. das Wachstum, die Zellteilungen, der Stofftransport im Körper oder der Wärmehaushalt, brauchen Energie. Diese wird über die Nährstoffe in der Nahrung dem Körper zur Verfügung gestellt.

Stoffwechsel und Herzschlag
Man unterscheidet den *Ruhestoffwechsel*, bei dem das Tier keine Muskelarbeit verrichtet, und den *Leistungsstoffwechsel* bei körperlichen Aktivitäten. Auch beim Ruhestoffwechsel wird Energie umgesetzt, deren Menge man als *Grundumsatz* bezeichnet. Vergleicht man den Ruhestoffwechsel von Maus und Elefant, so ist dieser beim Elefanten ca. 10 000-mal so groß wie bei der Maus. Dies ist bei dem extremen Größenunterschied nicht erstaunlich. Nimmt man als Maß für die Stoffwechselintensität jedoch die Herzschlagfrequenzen, so schlägt das Herz des Elefanten nur 22-, das der Maus 690-mal pro Minute.

homoiotherm
direkte Regulation der Körperwärme

poikilotherm
keine direkte Regulation der Körperwärme

Energie wird abgegeben
Maus und Elefant sind *homoiotherme* Tiere. Bei unterschiedlichen Umgebungstemperaturen halten sie ihre *Körperkerntemperatur* konstant. Somit ist gewährleistet, dass die Lebensfunktionen unabhängig vom Klima auf unverändert hohem Niveau ablaufen können. Da die Körperkerntemperatur meist oberhalb der Temperatur der Umgebung liegt, geben die Homoiothermen ständig Energie ab (Abb. 1 und 2).

Diese wird durch den Abbau energiereicher Stoffe *(Dissimilation)* in den Zellen ersetzt. Hierzu benötigen die Zellen Sauerstoff und Nährstoffe.

Das Blut gleicht aus
Den unterschiedlichen Herzschlagfrequenzen entsprechend, werden die Nährstoffbausteine und der Sauerstoff über den Blutkreislauf zu den Zellen transportiert. Gleichzeitig wird viel warmes Blut aus dem Kernbereich zur Körperoberfläche transportiert und die Wärmeverluste werden ausgeglichen.

Frösche sind sparsam
Poikilotherme Tiere, wie z. B. Frösche, Eidechsen oder Insekten, haben im Vergleich zu den Homoiothermen eine niedrigere Stoffwechselintensität und somit eine geringere Energieabgabe an die Umgebung. Ihre Körpertemperatur entspricht weitgehend der Umgebungstemperatur. Bei niedrigen Temperaturen sinken die Stoffwechselrate und die Enzymaktivität. Durch das Angleichen der Körpertemperatur an die Umgebungstemperatur wird die benötigte Energie gesenkt. Poikilotherme können daher mit weniger Nahrung länger überleben.

A1 ◒ Fledermäuse sind homoiotherme Tiere. Im Winter fallen sie in einen Winterschlaf, bei dem sie die Körpertemperatur stark herabsenken. Erklären Sie den biologischen Vorteil dieses Vorgangs.

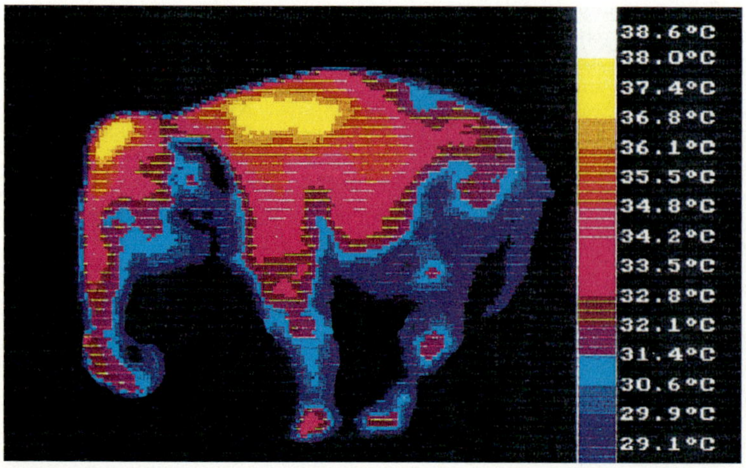

1 *Thermografie eines Elefanten (Wärmeabgabe)*

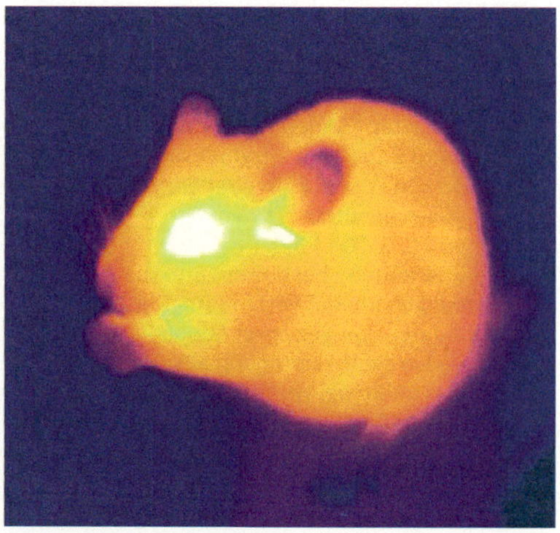

2 *Thermografie einer Maus*

Material
Körpergröße und Energiehaushalt

Kleine homoiotherme Tiere, wie Mäuse, haben bezogen auf ihre Körpermasse einen höheren Energieumsatz und damit eine höhere Stoffwechselrate als große. Messwerte können diese Hypothese bestätigen.

A1 ◒ Stellen Sie die Zusammenhänge Körpermasse — Sauerstoffverbrauch und Körpermasse — Herzfrequenz in Form eines Textes dar. Fassen Sie die Aussagen des Diagramms zusammen.

A2 ◒ Erläutern Sie anhand von Abb. 2, dass es kaum homoiotherme Tiere geben kann, die kleiner als eine Maus sind. Erläutern Sie in diesem Zusammenhang, dass dies bei poikilothermen Tieren, wie Insekten oder kleinen Fröschen, nicht zutrifft.

A3 ◒ Berechnen Sie anhand von Abb. 3 die Oberfläche, das Volumen und die relative Oberfläche (Verhältnis Oberfläche : Volumen) für verschieden große Würfel. Beginnen Sie bei 80 cm Kantenlänge und halbieren Sie sie immer weiter bis zu einer Länge von 5 cm. Stellen Sie die Ergebnisse in einer Tabelle zusammen und formulieren Sie die Grundaussage.

A4 ◒ Wenden Sie die Aussagen aus Aufgabe 3 auf den Wärmeverlust, die Wärmeproduktion und die Stoffwechselintensität gleichwarmer Tiere verschiedener Größe an.

A5 ◒ Je größer ein Tier, desto problematischer die Wärmeableitung. Begründen Sie diese Aussage.

A6 ◒ Erklären Sie die biologische Bedeutung des Verhaltens von Pinguinen, die sich bei eisigen Stürmen in engen Gruppen dicht gedrängt aufstellen (Abb. 4).

Säugetierart	Masse (g)	Sauerstoffverbrauch ml O_2/h	Herzfrequenz (1/min)
Maus	22	36	600
Meerschweinchen	900	605	280
Zwergziege	7 000	2 710	158
Orang-Utan	54 000	12 105	106
Mensch	76 000	15 980	72
Löwe	155 000	26 490	50
Pferd	500 000	65 100	44
Elefant	3 833 000	268 000	26

1 *Säugetiere im Vergleich*

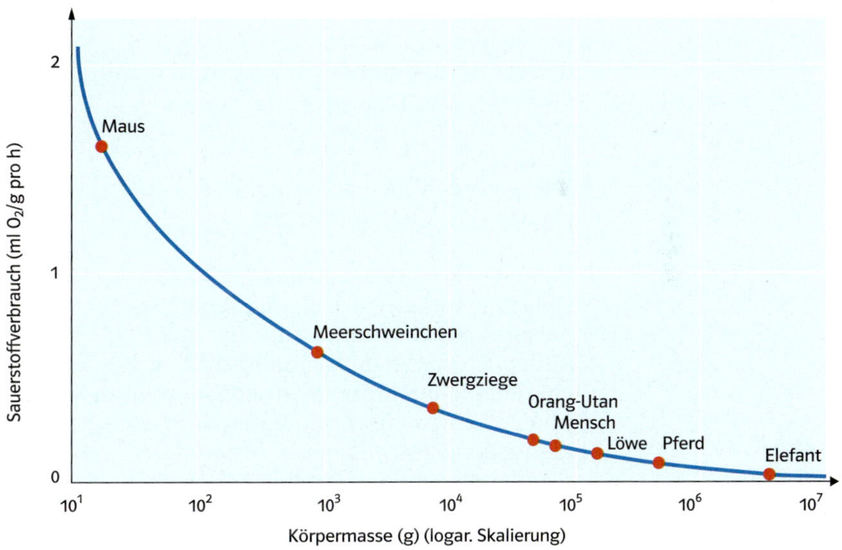

2 *Sauerstoffverbrauch gleichwarmer Tiere*

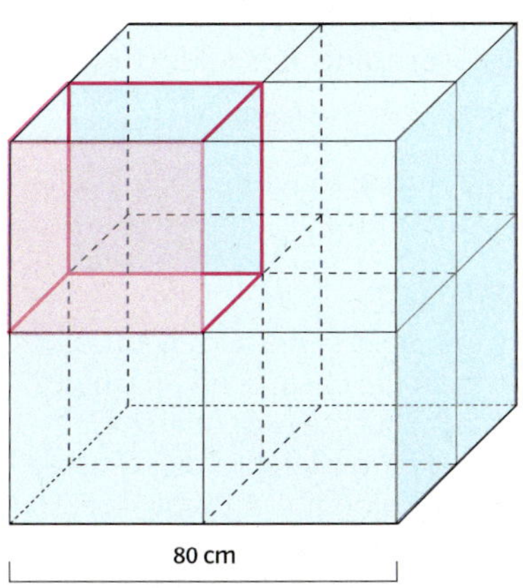

3 *Oberfläche und Volumen von Würfeln*

4 *Pinguine bei eisigen Stürmen*

Messen des Energieumsatzes

Beispiel einer Messung
eingeatmetes Atemvolumen: 12 l/min

eingeatmete Sauerstoffkonzentration: 21 %

ausgeatmete Sauerstoffkonzentration: 17 %

Die Differenz von 4 % ergibt einen Sauerstoffverbrauch von:
12 x 4 : 100 = 0,48 l/min

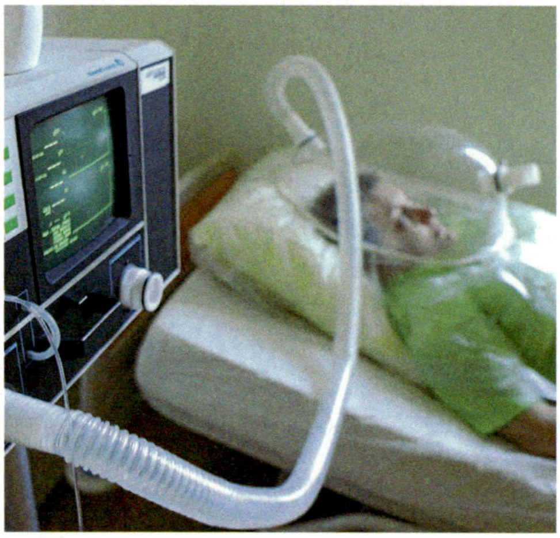

1 *Messung des Sauerstoffverbrauchs*

Für eine gesunde Lebensweise ist es notwendig, die tägliche Ernährung und Bewegung aufeinander abzustimmen. Auf vielen Lebensmittelverpackungen finden wir eine Nährwertkennzeichnung. Diese Angaben erfolgen in Kilojoule (kJ). Der Energiebedarf des Menschen lässt sich ebenfalls in Kilojoule bestimmen.

Nahrung liefert Bau- und Energiestoffe

Die aufgenommene Nahrung setzt sich neben Ballaststoffen, Vitaminen und Mineralstoffen hauptsächlich aus den energiereichen Kohlenhydraten, Fetten und Proteinen zusammen. Diese energiereichen Substanzen werden unter Sauerstoffverbrauch zu energiearmem Kohlenstoffdioxid und Wasser abgebaut, soweit sie nicht in den Baustoffwechsel fließen. Die Hauptenergielieferanten sind Kohlenhydrate und Fette. Bei deren Abbau wird Energie frei. Sie wird zu einem kleineren Teil im *Baustoffwechsel* zum Aufbau körpereigener Stoffe verwendet. Der Hauptanteil dient dazu, im *Betriebsstoffwechsel* den Energiebedarf des Körpers zu decken. Überschüssige Energie wird in Form von Reservefetten gespeichert.

Energieumsatz		
Alter (a)	Mann	Frau
5	4950	4870
20	3910	3570
70	3400	3190

Grundumsatz in kJ pro m^2 Körperoberfläche und 24 h im Vergleich

Liegen	1,0
Gehen	5,1
Schwimmen	8,1
Bäume fällen	14,5

Leistungsumsatz angegeben als das X-fache gegenüber dem Grundumsatz

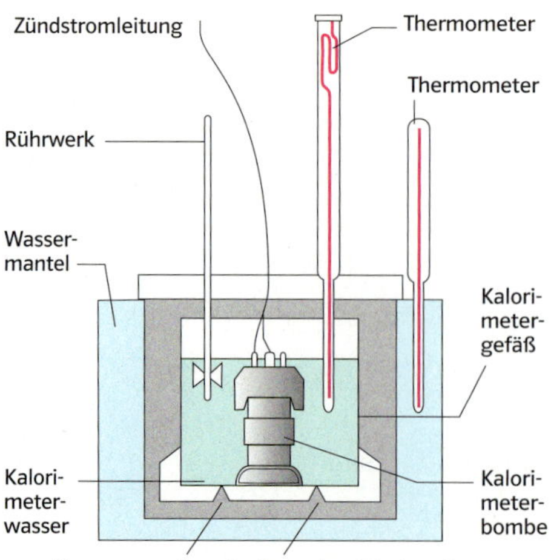

2 *Aufbau eines Kalorimeters*

Direkte Kalorimetrie

Für die Messung des Energieumsatzes wird bei diesem Verfahren die Wärmeabgabe eines in vollkommener Ruhe befindlichen Körpers bei einer vollständigen Wärmeisolierung bestimmt. In der chemischen Forschung wird dazu in einem Gefäß, das die gesamte Wärme eines Verbrennungsvorgangs aufnimmt (Abb. 2), die Reaktionsenergie von verschiedenen Nährstoffen bestimmt, z. B. von Kohlenhydraten, Fetten oder Eiweißen. Als Brennwert bezeichnet man die Verbrennungswärme bezogen auf ein Gramm der jeweiligen Substanz.

Indirekte Kalorimetrie

Das Verfahren der indirekten Kalorimetrie ist beim Menschen nicht nur einfacher durchzuführen, sondern ermöglicht es auch, bei verschiedenen körperlichen Aktivitäten die Höhe des Leistungsstoffwechsels (Leistungsumsatz) zu bestimmen. Da der Körper zur Energieumwandlung Sauerstoff benötigt, kann man bei einer getesteten Person über den Sauerstoffverbrauch den Energieverbrauch berechnen. Bei diesem Verfahren wird also der Sauerstoffverbrauch als Maß für den Energieumsatz herangezogen. Technisch wird die Differenz zwischen dem Sauerstoffgehalt des eingeatmeten und des ausgeatmeten Luftvolumens gemessen.

Kalorisches Äquivalent

Bei der Auswertung der indirekten Kalorimetrie nutzt man die chemische Gleichung zur Reaktion der Glucose mit Sauerstoff.
Bei dieser Reaktion werden pro mol Glucose 6 mol Sauerstoff benötigt. Da 1 mol Sauerstoff bei 0 °C und Normaldruck ein Volumen von 22,4 Litern einnimmt, kann man das

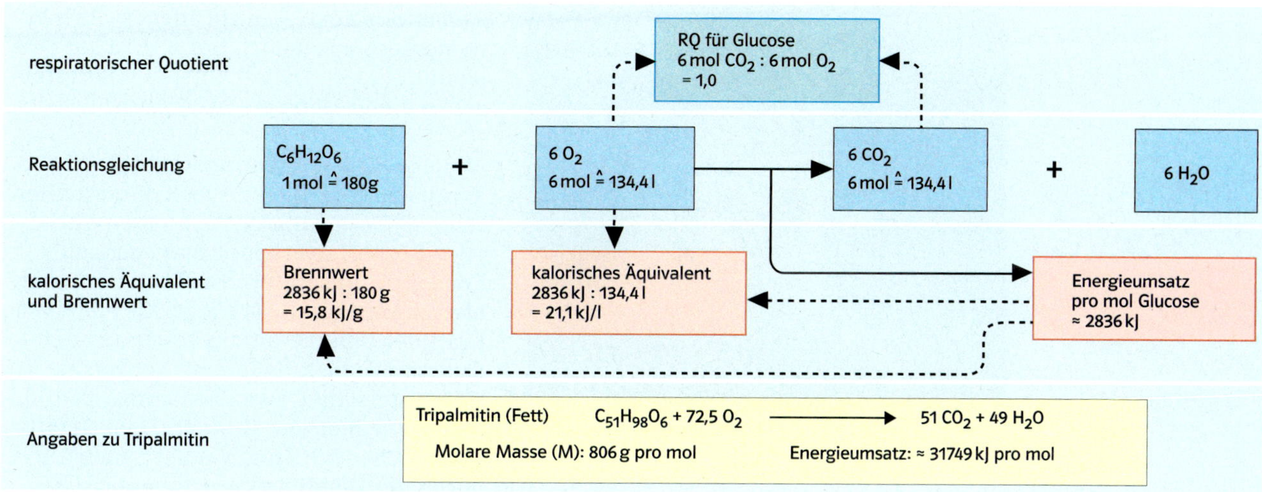

3 *Respiratorischer Quotient und kalorisches Äquivalent*

Volumen des verbrauchten Sauerstoffs in Litern pro mol Glucose berechnen. Für die Reaktion von einem mol Glucose verbraucht man daher 6 x 22,4 = 134,4 Liter Sauerstoff. Aus den Messungen der direkten Kalorimetrie kennt man den Brennwert von 1 mol Glucose = 2836 kJ. Da bei der indirekten Kalorimetrie nicht der Glucoseverbrauch, sondern das Volumen des benötigten Sauerstoffs gemessen wird, bezieht man den Energiewert auf 1 Liter Sauerstoff:
2836 kJ : 134,4 Liter = 21,1 kJ/Liter Sauerstoff. Dieser Wert von 21,1 kJ ist das *kalorische Äquivalent* beim Glucoseabbau.

Respiratorischer Quotient

Bei Mischkost werden Substanzen aus allen drei Nährstoffgruppen abgebaut. Ihr jeweiliges Verhältnis muss in der aufgenommenen Nahrung bei der Berechnung des Energieumsatzes berücksichtigt werden. Man kann es aus dem *respiratorischen Quotienten* (RQ-Wert) bestimmen. Er ist das Verhältnis aus abgegebener Kohlenstoffdioxid- und aufgenommener Sauerstoffmenge:

$$RQ = \frac{V(CO_2\ \text{abgegeben})}{V(O_2\ \text{aufgenommen})}$$

Aus den chemischen Gleichungen für die Oxidationsvorgänge kann man schließen, dass der RQ-Wert für Kohlenhydrate wie Glucose 1,0 beträgt, für Fette ca. 0,7 (siehe Randspalte).

Für Proteine sind die Verhältnisse komplexer, da beim Abbau auch Harnstoff entsteht. Der RQ-Wert ist für sie ca. 0,8. Grasfresser haben RQ-Werte um 1,0, Fleischfresser um 0,75. Beim normal ernährten Menschen liegt der Wert bei etwa 0,9, kann in Hungerphasen aber auf 0,7 zurückgehen, wenn hauptsächlich Reservestoffe veratmet werden.

Aus dem RQ-Wert schließt man auf die Zusammensetzung der veratmeten Stoffe, mithilfe ihres kalorischen Äquivalents auf die umgesetzte Energie pro Liter verbrauchtem Sauerstoff. Zu jedem RQ-Wert zwischen 0,7 und 1,0 gehört ein bestimmtes kalorisches Äquivalent. Daraus kann man auch den Energieumsatz bei Mischkost bestimmen.

Nährstoff	Brennwert (kJ/g)	kalor. Äquivalent (kJ/l O_2)
Kohlenhydrate	17,2	21,15
Fette	38,9	19,60
Proteine	17,2	18,75

A1 ● Berechnen Sie den Energieumsatz eines Sportlers anhand der angegebenen Daten (s. Randspalte Seite 88) bei normaler Ernährung und in einer Hungerphase.

A2 ● Berechnen Sie, wie viel Gramm Stärke den gleichen Brennwert haben wie 100 g Fett.

RQ	kal. Äquivalent (kJ pro Liter O_2)
0,71	19,62
0,80	20,10
0,84	20,30
0,90	20,61
1,00	21,13

Beziehung zwischen RQ und kalorischem Äquivalent bei Mischkost

Gurken	42
Tomaten	80
Spinat	110
Kabeljau	325
Kartoffeln	365
Fruchteis	530
Pommes Frites	940
Vollkornbrot	1000
Schlagsahne	1250
Leberwurst	1885
Marzipan	1915
Salami	2240
Schokolade	2350
Erdnüsse	2720

Energiegehalt verschiedener Nahrungsmittel (kJ/100 g)

Sauerstofftransport im Blut

a3v9g4

1 *Bergsteiger mit Atemgerät in extremer Höhe*

Bergsteiger brauchen normalerweise ein Atemgerät mit Druckluft, wenn sie sehr hohe Berge, wie den Mount Everest, erklimmen wollen, sonst ist die Sauerstoffversorgung des Körpers nicht ausreichend.

Die Atemluft ist ein Gemisch

An der prozentualen Zusammensetzung der Luft liegt es nicht, denn diese ist in Meereshöhe wie auf dem Mount Everest gleich: Stickstoff 78 %, Sauerstoff 21 %, Kohlenstoffdioxid 0,04 % und Edelgase. Mit der Höhe ändert sich aber die Dichte der Gase und damit der Luftdruck. Alle Gasbestandteile der Luft ergeben in 50 m Höhe einen Gesamtluftdruck von 1013 hPa. Jeder Gasbestandteil der Luft trägt entsprechend seinem prozentualen Anteil zum Gesamtluftdruck bei (*Partialdruck*). So beträgt der Partialdruck (Teildruck) des Sauerstoffs am Gesamtluftdruck 213 hPa in Meereshöhe, jedoch nur 63 hPa auf dem Mount Everest. Daher benötigen Bergsteiger in dieser Höhe ein Atemgerät.

Atmung — ein Konzentrationsausgleich

Vergleicht man die in Abb. 2 dargestellten *Sauerstoffpartialdruckwerte* im menschlichen Körper, so erkennt man, dass ein Konzentrationsunterschied von der Lunge bis zur Muskelzelle vorliegt. Die treibende Kraft der *Diffusion* ist die Bewegung der Sauerstoffmoleküle in dem Konzentrationsunterschied zwischen Lunge und Blut sowie Blut und Gewebe. Dem Gefälle entsprechend diffundiert der Sauerstoff durch die Membran der Lungenbläschen, die *Alveolen*, in das Blut, von dem er im Blutkreislauf zum Gewebe transportiert wird. Hier diffundiert er auf die gleiche Weise durch die Kapillar- und Zellmembran in die einzelnen Gewebezellen.

Eine Gesetzmäßigkeit der Diffusion ist: Je größer die Konzentrationsdifferenz ist, desto höher ist die Diffusionsgeschwindigkeit. Die Diffusionsvorgänge in der Lunge und im Gewebe werden daher besonders effektiv, wenn eine möglichst große Partialdruckdifferenz aufrechterhalten wird. Dieses ermöglicht sowohl die Atembewegung, die für sauerstoffreiche Luft in der Lunge sorgt, als auch die ständige Zirkulation des Blutes, durch die kontinuierlich sauerstoffarmes Blut zu den Alveolen und sauerstoffreiches Blut in das Gewebe transportiert wird. Im Gewebe wird der Sauerstoff durch die Stoffwechselprozesse ständig verbraucht.

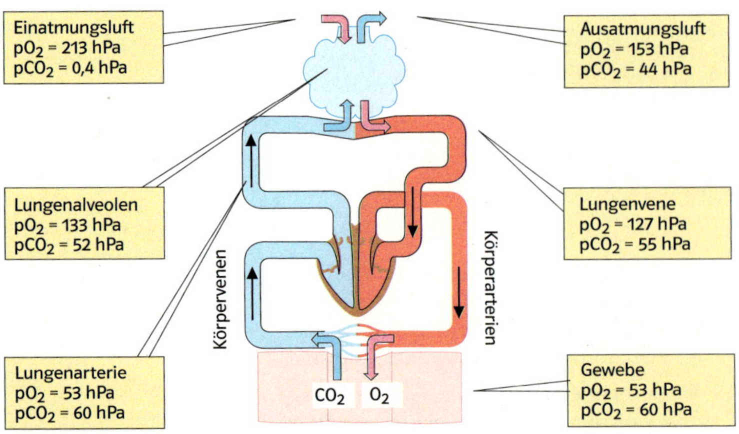

2 *Partialdruckwerte im menschlichen Körper*

A1 ◒ Erläutern Sie anhand der Abb. 2 die Triebkräfte für den Sauerstoff- und Kohlenstoffdioxid-Austausch in der Lunge und im Gewebe.

A2 ◒ Erklären Sie, warum die Zahl der Erythrocyten pro ml Blut bei Bewohnern von hohen Gebirgen erheblich höher ist als bei Bewohnern der Meeresküste.

A3 ◒ Erklären Sie, welchen Sinn das Höhentraining von Ausdauersportlern hat.

A4 ● Berechnen Sie die Sauerstoffpartialwerte in der Lunge und im Gewebe am Mount Everest und erläutern Sie, weshalb die Bergsteiger Atemgeräte benötigen.

Erythrocyten transportieren den Sauerstoff

Erythrocyten, Rote Blutzellen, binden Sauerstoff und transportieren ihn mit dem Blut zu allen Körperteilen. In einem Liter Blut werden ca. 300 ml Sauerstoff transportiert. Entfernt man die Erythrocyten aus dem Blut, lösen sich nur noch 3 ml Sauerstoff.

Hämoglobin bindet Sauerstoff

Erythrocyten bestehen zu 30 % aus Hämoglobin. Hämoglobin ist das Trägermolekül beim Sauerstofftransport. Es besteht aus Eiweiß (*Globin*) und Farbstoffkomponenten (*Häm*). Das Häm enthält ein Eisen(II)-ion, welches von vier Porphyrin-Ringsystemen eingeschlossen wird. Vier Sauerstoffmoleküle können nacheinander an die vier Eisen(II)-ionen des Hämoglobins lose gebunden werden. Dabei entsteht aus dem dunkelroten Hämoglobin das hellrote Oxihämoglobin.

Das Sauerstoffbindungsvermögen

Die Sauerstoffsättigung des Hämoglobins ist unmittelbar abhängig vom Sauerstoffpartialdruck der Umgebung (Abb. 2). Im Bereich der Lunge ist der Sauerstoffpartialdruck mit ca. 130 hPa hoch, hier wird das Hämoglobin fast vollständig mit Sauerstoff beladen. In den Geweben herrscht aber wegen des Sauerstoffverbrauchs ein niedriger Partialdruck. Je weiter das Blut durch die Kapillarnetze in das Gewebe transportiert wird, desto mehr gibt es an der großen Oberfläche Sauerstoff ab. Bei einem Partialdruck von ca. 50 hPa, wie er oft in den Muskeln herrscht, werden bereits ca. 40 % des Sauerstoffs an die Zellen abgegeben. Da das Bindungsvermögen in diesem Partialdruckbereich recht steil verläuft, wird schon bei einem geringen weiteren Abfall des Partialdrucks relativ viel Sauerstoff freigesetzt. So ist die Versorgung der Gewebe auch bei hohem Sauerstoffverbrauch gesichert.

Im Muskelgewebe wird der Sauerstoff nicht an Hämoglobin, sondern an *Myoglobin* gebunden. Es ist ähnlich aufgebaut wie das Hämoglobin, besteht aber nur aus einer statt vier Untereinheiten. Es kann den vom Hämoglobin freigesetzten Sauerstoff fester binden (Abb. 2). Es stellt eine Sauerstoffreserve für den Fall eines hohen Verbrauchs dar.

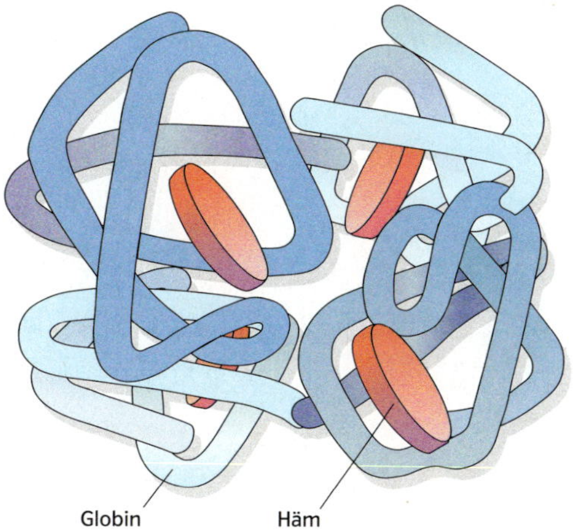

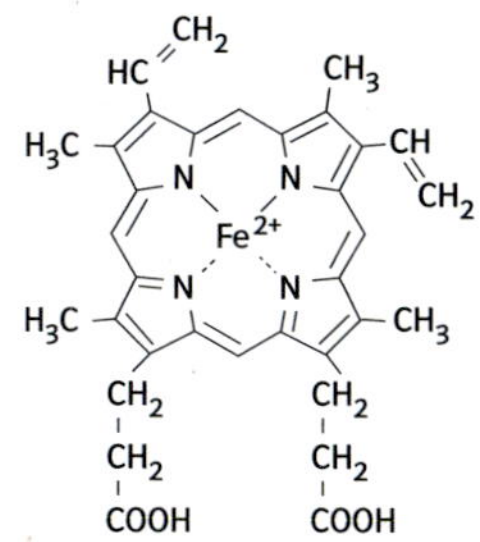

Porphyrin-Ringsystem des Häms

1 *Hämoglobinmolekül*

Muskeln, die große Ausdauerleistungen erbringen, wie z. B. der Herzmuskel, haben auch einen besonders hohen Myoglobingehalt.

A1 ◒ Kohlenstoffmonooxid entsteht bei unvollständigen Verbrennungsvorgängen wie beim Zigarettenrauchen und bindet ca. 200-mal fester an Hämoglobin als Sauerstoff. Begründen Sie, warum Raucher weniger leistungsfähig sind.

A2 ◒ Erythropoetin (EPO) ist ein Hormon, welches hauptsächlich in der Leber und den Nieren gebildet wird. Es regt die Bildung von Erythrocyten an. Erklären Sie, weshalb EPO beim Doping von Ausdauersportlern eine große Rolle spielt.

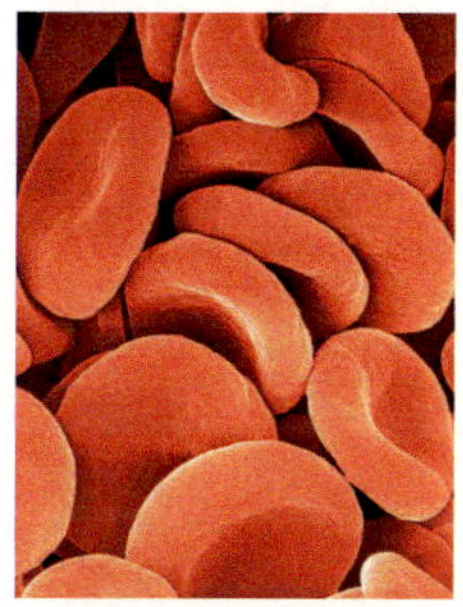

Rasterelektronenmikroskopische Aufnahme von Erythrocyten

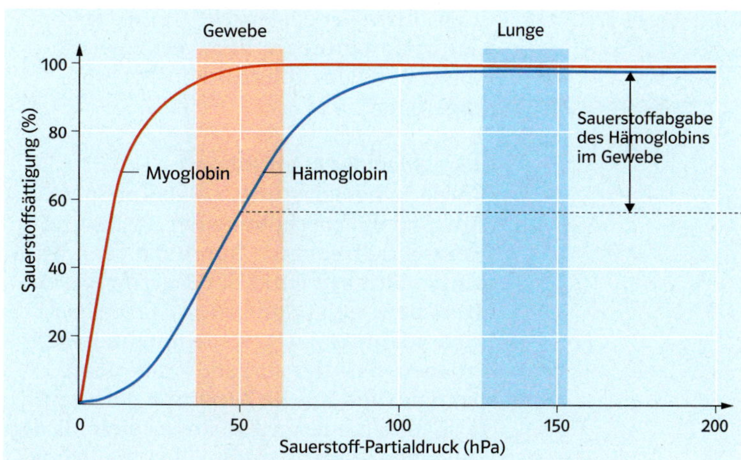

2 *Sauerstoffbindungsvermögen des Hämoglobins und des Myoglobins*

Regulation der Sauerstoffkonzentration im Blut

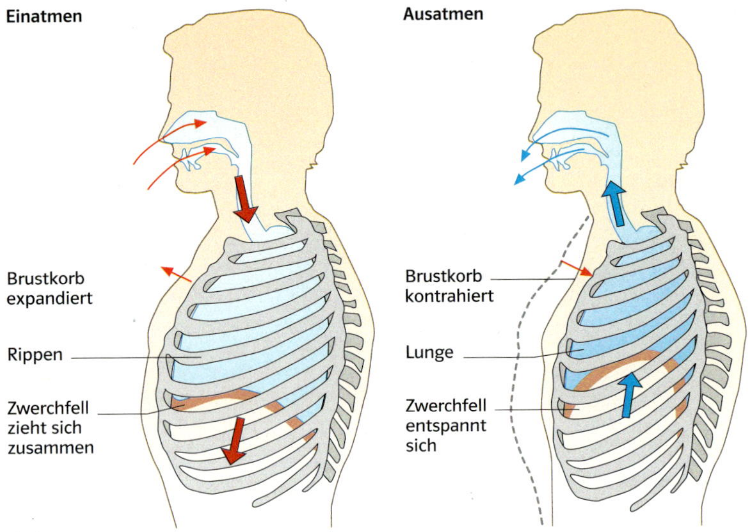

1 *Atmung*

Durch die Atemtätigkeit wird die Sauerstoff- und Kohlenstoffdioxidkonzentration im Blut konstant gehalten.

Das Gehirn steuert die Atemtätigkeit. Im verlängerten Mark liegt das Atemkontrollzentrum (Abb. 2). Dieses wirkt über die Nervenzellen auf das Zwerchfell ein. Die Muskeln des Zwerchfells kontrahieren daraufhin, das Zwerchfell flacht ab. Dadurch vergrößert sich das Volumen des Brustraumes, die Lunge erweitert sich: Wir atmen ein (Abb. 1). Wird das Zwerchfell nicht vom Atemzentrum über die Nervenzellen angeregt, entspannt es sich, das Volumen des Brustraumes nimmt ab: Wir atmen aus. Diese Atembewegung wird im Gehirn von der Brücke (*Pons*), einem Gehirnabschnitt vor dem verlängerten Mark, in einem konstanten Rhythmus angeregt.

Regulation der Atemtätigkeit
Körperliche Belastung, z. B. beim Sport, führt zu einer Erhöhung der Atem- und Herzschlagfrequenz. Durch die verstärkte Muskeltätigkeit sinkt der *Sauerstoffpartialdruck* bzw. steigt der *Kohlenstoffdioxidpartialdruck* im Blut. Untersuchungen haben ergeben, dass der sinkende Sauerstoffpartialdruck für die Zunahme der Atemtätigkeit eine geringere Rolle spielt als der steigende Kohlenstoffdioxidpartialdruck im Blut. *Chemorezeptoren* (Sinneszellen) im verlängerten Rückenmark in der Nähe des Atemkontrollzentrums messen den Kohlenstoffdioxidpartialdruck und in der Halsschlagader den Sauerstoffpartialdruck. Die gemessenen Werte werden über Nerven als Rückmeldung (Feedback) zum Atemzentrum geleitet, das den Gasaustausch durch die Änderung von Atemfrequenz und Atemtiefe anpasst.

Die Regulation des Sauerstoffpartialdrucks im Blut durch den Kohlenstoffdioxidpartialdruck als Messgröße birgt Gefahren. Übermäßiges Atmen *(Hyperventilation)* vor dem Tauchen vermindert den Kohlenstoffdioxidpartialdruck des Blutes stark. Dadurch kann willentlich die Luft länger angehalten werden, da erst nach einer längeren Tauchzeit das Atemzentrum durch den erhöhten Kohlenstoffdioxidpartialdruck aktiviert wird, obwohl der Sauerstoffpartialdruck im Blut bereits zu gering geworden ist. Als Folge kann es durch die Unterversorgung des Gehirns mit Sauerstoff zum „Schwimmbadblackout" kommen. Taucher werden dabei durch Sauerstoffmangel bewusstlos.

A1 ○ Führen Sie folgendes Experiment durch und deuten Sie es. Messen Sie 30 s lang Ihren Puls und Ihre Atemfrequenz in Ruhe. Machen Sie 30 Kniebeugen. Messen Sie Puls und Atemfrequenz erneut und vergleichen Sie. Messen Sie 2 min nach der Anstrengung erneut.

A2 ◒ Erstellen Sie ein Pfeildiagramm mit den an der Atemregulation beteiligten Teilen und erklären Sie daran das Ergebnis des Experimentes aus Aufgabe 1.

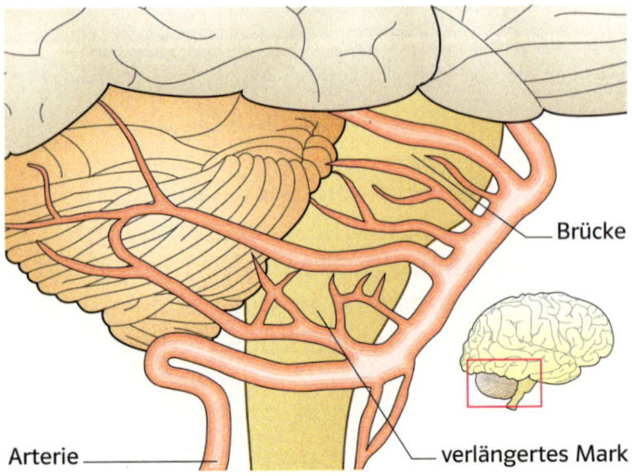

2 *Atemzentrum*

1 *Langstreckenlauf*

Richtig atmen

Das Sauerstoffdefizit nach einem anstrengenden Sporttraining wird durch eine erhöhte Atem- und Herzschlagfrequenz ausgeglichen. Auch auf der molekularen Ebene wird die Sauerstoffabgabe vom Hämoglobin in das Muskelgewebe verstärkt. Die Sauerstoffabgabe vom Hämoglobin ins Gewebe ist erstens abhängig von der Partialdruckdifferenz des Sauerstoffs. Zweitens wird die Bindungsfähigkeit des Sauerstoffs an das Hämoglobin durch die Kohlenstoffdioxidkonzentration und damit die Säurekonzentration des Blutes beeinflusst (*Bohr-Effekt*). Der unterschiedliche Säuregrad des Blutes kommt durch die Bildung der dissoziierten Kohlensäure im Blut zustande. Die Ansäuerung ist daher von der Kohlenstoffdioxidkonzentration abhängig. Der Sättigungsgrad des Hämoglobins mit Sauerstoff kann deswegen trotz gleichem Partialdruck unterschiedlich hoch sein.

Die normale Kohlenstoffdioxidkonzentration im Blut (Abb. 2, grüne Kurve) entspricht der eines ruhenden Menschen, die erhöhte Konzentration der eines Menschen nach körperlicher Arbeit. Durch Hyperventilation kommt die erniedrigte Kohlenstoffdioxidkonzentration zustande.

A1 Beschreiben Sie die Wirkung von Säure auf die Sauerstoffbindung des Hämoglobins (Bohr-Effekt).

A2 Bei einem erhöhten Kohlenstoffdioxidgehalt im Blut ändert sich der Sättigungsgrad des Hämoglobins mit Sauerstoff in der Lunge nur wenig, in den Muskeln wird aber deutlich mehr Sauerstoff freigesetzt. Erläutern Sie diese Zusammenhänge anhand von Abb. 2.

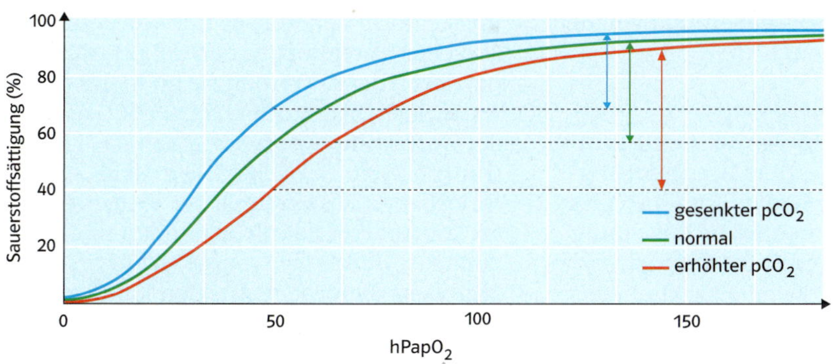

2 *Hämoglobin-Sauerstoff-Bindungskurve*

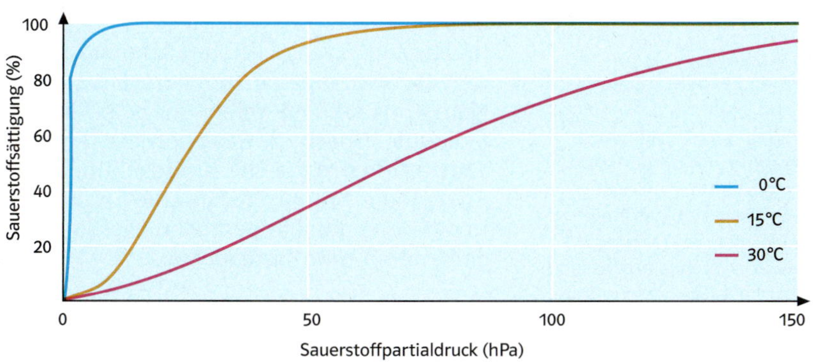

3 *Temperaturabhängigkeit der Sauerstoffbindung beim Tintenfisch*

Kälte verändert das Blut

Tintenfische sind wechselwarme, marine Weichtiere (*Mollusken*). Sie leben teils frei schwimmend im offenen Meer, teils in der Uferzone am Boden. Tintenfische atmen über Kiemen, die in einer Mantelhöhle liegen. Tintenfische besitzen ein Herz und ein größtenteils geschlossenes Blutkreislaufsystem.

Tintenfische haben keine Erythrocyten, sondern einen im Blut gelösten Farbstoff (*Hämocyanin*), der dem Sauerstofftransport dient. Das Hämocyanin unterscheidet sich vom Hämoglobin hauptsächlich dadurch, dass anstelle von Eisenionen Kupferionen vorliegen. Im Vergleich zum Hämoglobin hat das Hämocyanin eine wesentlich geringere Sauerstoffbindungskapazität.

A3 Tintenfische tropischer Regionen werden im kalten Wasser oftmals tot aufgefunden. Beschreiben Sie die Grafik in Abb. 3 und erklären Sie das Phänomen anhand der Daten.

4 *Octopus*

Sauerstoff und Nährstoffe

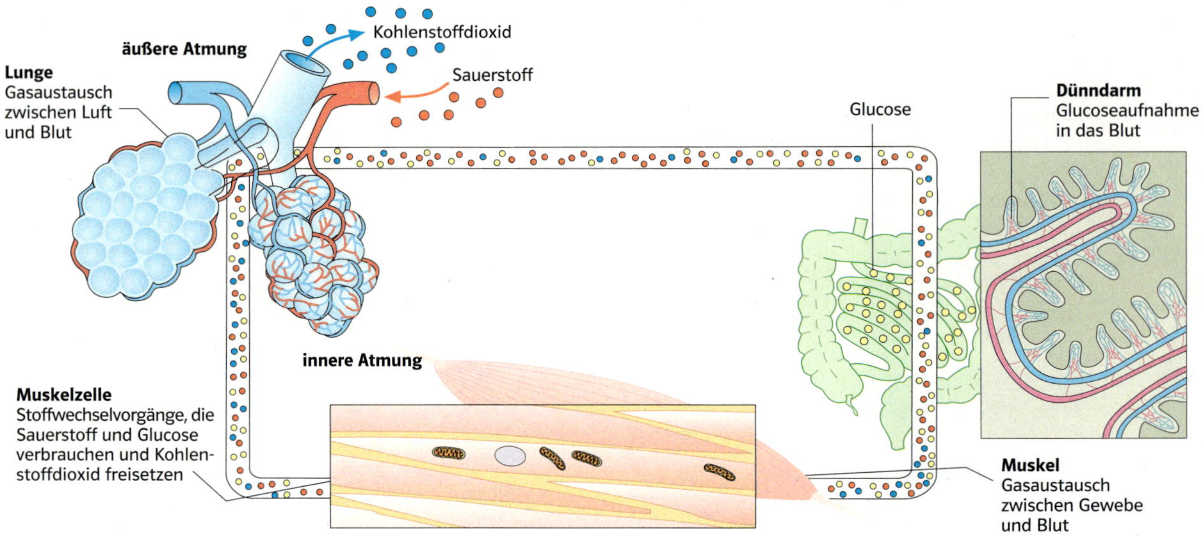

1 *Der Weg der Atemgase und der Nährstoffe*

Tiere und Menschen nehmen Sauerstoff und Nährstoffe auf. Der Sauerstoff gelangt hierbei über die Haut oder spezifische Atmungsorgane aus der Umgebung in den Körper. Hier wird er bei mehrzelligen Lebewesen verteilt, um zu allen Zellen zu gelangen. Im Gewebe wird der Sauerstoff an die zwischen den Zellen vorhandene Gewebsflüssigkeit abgegeben und von den Zellen aufgenommen.

Resorption
Aufnahme von Substanzen durch eine Zellschicht

Atmungsorgane

Der Gasaustausch erfolgt über eine dünnwandige Oberfläche. Eine Verbesserung des Gasaustauschs wird durch eine Oberflächenvergrößerung und die Bewegung der Transportflüssigkeit im Körperinneren erreicht. Tiere mit *Hautatmung* sind meistens Wasserbewohner, da der Sauerstoff über die feuchte Haut besser aufgenommen wird als über die trockene. Bei größeren Tieren findet man Oberflächenvergrößerungen für den besseren Gasaustausch nach innen oder nach außen. Dies betrifft bei im Wasser lebenden Tieren die *Kiemen* und bei auf dem Land lebenden Tieren die *Alveolen* in der Lunge.

Aufnahme der Nährstoffe

Nährstoffe gelangen über den Verdauungstrakt in den Körper und werden wie auch der Sauerstoff zu den Zellen transportiert. Hierzu werden sie zu kleinen wasserlöslichen Stoffen abgebaut. Von der Darmwand werden diese in das Blut transportiert (resorbiert). Die nicht wasserlöslichen Bestandteile der Fette werden an Transportmoleküle gebunden und zunächst durch die *Lymphe*, später erst im Blut weiterbefördert. Aus den Kapillaren gelangt durch den Blutdruck Lymphe mit den gelösten Stoffen in die Gewebsflüssigkeit und zu den Zellen.

Dissimilation

In den Zellen reagieren der Sauerstoff und die Nährstoffbausteine miteinander. Nährstoffe sind energiereiche organische Moleküle. Durch die Reaktion mit dem Sauerstoff wird die chemisch gebundene Energie der Nährstoffe für alle Vorgänge in der Zelle nutzbar gemacht. Diesen Vorgang nennt man *Dissimilation*.

A1 ○ Beschreiben Sie Abb. 1 und erklären Sie die Veränderungen der Blutbestandteile mithilfe des Textes.

Info-Box: Stoff- und Energieumwandlung

Lebewesen geben ständig Wärmeenergie an ihre Umgebung ab und benötigen Energie für Stoffwechselprozesse, z. B. für Wachstum und den Erhalt von Zellstrukturen. Die zum Leben notwendige Energie ist immer an energiereiche Stoffe gebunden. Pflanzen können diese Moleküle selbstständig mithilfe der Sonnenenergie aufbauen. Tiere nutzen nur über die Nahrung aufgenommene Nährstoffe. Die Energie geht bei den Stoffwechselprozessen niemals verloren, sondern sie geht in andere Energieformen über, wie Wärme oder das Leuchten der Glühwürmchen. Energie wird auch benötigt für die Muskelbewegung und den Aufbau körpereigener Substanzen.

Praktikum
Auch Pflanzen atmen

Pflanzen benötigen wie alle anderen Lebewesen auch Energie zur Aufrechterhaltung ihrer Lebensvorgänge: Sie betreiben ebenfalls Zellatmung.

Kresse atmet beim Keimen

Material:
1 Tag lang vorgekeimte Kressesamen oder 2 Tage lang vorgekeimte Weizenkörner, 4 Waschflaschen, kurze Schläuche, Wasserstrahlpumpe, Kalkwasser, Kalilauge

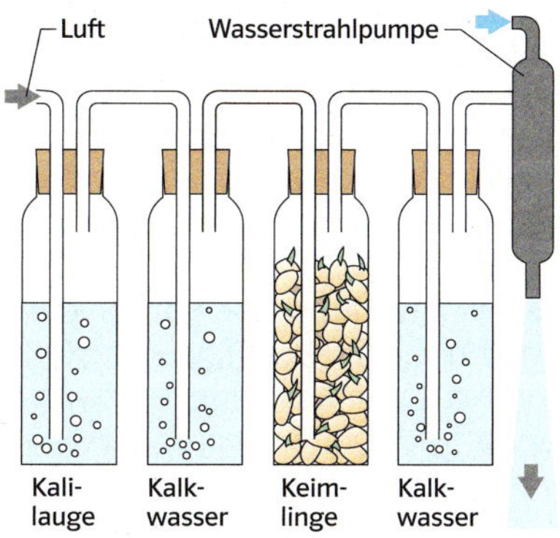

Durchführung:
a) Die Versuchsanordnung wird aufgebaut wie in der Abbildung gezeigt.
b) In die dritte Waschflasche wird feuchte Watte mit etwa 20 g leicht vorgekeimten Kressesamen locker eingebracht.
c) Die Waschflaschen werden miteinander verbunden und mit der Wasserstrahlpumpe wird langsam Luft durchgesaugt.

A1 Beschreiben Sie die Veränderungen während des Versuchs.
A2 Erläutern Sie die Funktion der verschiedenen Waschflaschen.
A3 Formulieren Sie die chemischen Reaktionsgleichungen für die Waschflaschen 1, 3 und 4.
A4 Formulieren Sie das Versuchsergebnis.

Keimlinge erzeugen Wärme

Material:
Je ein Päckchen ungekeimte und 3 Tage lang vorgekeimte Erbsensamen, 2 kleine Thermosflaschen, 2 Thermometer, Styroporstopfen, Wärmeschrank

Durchführung:
a) Die Thermosflaschen sowie die gekeimten und ungekeimten Samen werden im Wärmeschrank auf ca. 35 °C vortemperiert.
b) In die eine Thermosflasche werden die trockenen, in die andere die vorgekeimten Samen gefüllt. Jede Flasche wird mit einem Thermometer versehen und mit einem Styroporstopfen verschlossen.
c) Die Temperatur wird zunächst alle 15 min, später in größeren Zeitintervallen bis zu 2 Tagen abgelesen und protokolliert.

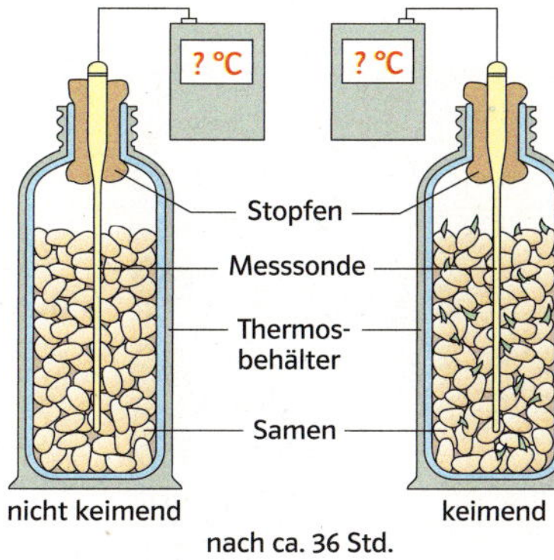

A5 Vergleichen und erklären Sie die Temperaturverläufe in den Versuchsansätzen.

Bestimmung des RQ-Wertes

Material:
1 Tag lang vorgekeimte Kressesamen oder 2 Tage lang vorgekeimte Weizenkörner, 20%ige Kalilauge, Schlifffett, Weithals-Erlenmeyerkolben (250 ml), kleiner Porzellantiegel, 2 doppelt durchbohrte Stopfen, 2 Manometer, 2 Sperrhähne, Faltenfilter, Wärmeschrank, Stativ

Durchführung:
a) Jeder Kolben wird mit feuchtem Filterpapier ausgelegt, darauf gibt man 20 g Keimlinge.
b) In einen der beiden Kolben wird ein Porzellantiegel mit ca. 10 ml Kalilauge gestellt. Er wird mit einem Faltenfilter versehen, damit eine große Absorptionsoberfläche entsteht.
c) Die Kolben werden im Wärmeschrank offen auf ca. 30 °C vortemperiert.
d) Die Stopfen werden aufgesetzt, Wasser in die Manometer pipettiert, die Sperrhähne verschlossen und die Kolben in den Wärmeschrank zurückgestellt.
e) Nach ca. 30 Minuten werden die beiden Gefäße aus dem Wärmeschrank genommen. Dann wird der Wasserstand an den Manometern abgelesen. Dabei muss man darauf achten, dass die Temperatur im Gefäß der Temperatur beim Manometerbefüllen entspricht.

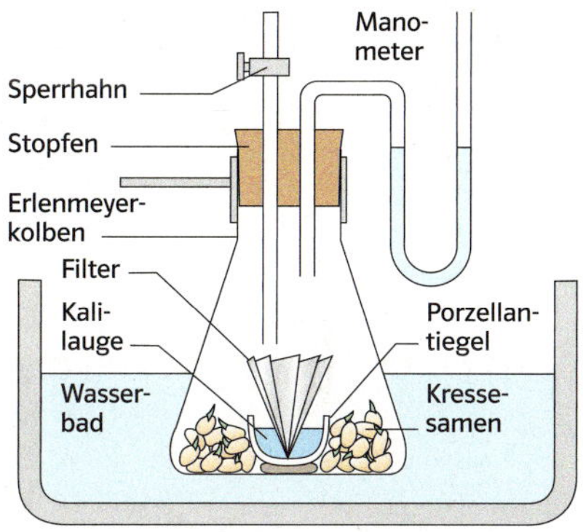

A6 Berechnen Sie aus den gemessenen Wasserständen und der Querschnittsfläche der Manometerröhrchen die Volumenänderung in jedem der beiden Kolben.
A7 Vergleichen Sie die Volumenveränderungen und begründen Sie diese.
A8 Einer der beiden Versuchsansätze liefert das Volumen des verbrauchten Sauerstoffs, der andere das des produzierten Kohlenstoffdioxids. Ordnen Sie begründet zu.
A9 Berechnen Sie aus den Volumenveränderungen die Volumina des verbrauchten Sauerstoffs und des produzierten Kohlenstoffdioxids.
A10 Berechnen Sie den RQ-Wert (s. Seite 89) der Samen beim Keimen.
A11 Deuten Sie die Ergebnisse hinsichtlich der in den Samen veratmeten Reservestoffe.
A12 Deuten Sie die im folgenden Versuch gemessenen Ergebnisse.

Kolben mit feuchtem Papier	1	2	3	4
KOH/ Tiegel/ Faltenfilter	ja	nein	ja	nein
Kresse	20 g	20 g	–	–
Volumenänderung (ml)	–1,2	–0,1	–0,01	0,00

Mitochondrien: Energiekraftwerke

Anteil des Mitochondrienvolumens in % am Zellvolumen bei verschiedenen Zellen einer Maus

Leber	16,0
Hypophyse	7,5
Herzmuskel (Kammer)	47,7
Herzmuskel (Vorhof)	34,9
Blutzellen (Weiße)	3,6

Betrachtet man Zellen verschiedener Gewebe mit dem Elektronenmikroskop, findet man unterschiedlich viele *Mitochondrien* (s. Randspalte). Zum Beispiel enthalten die Herzmuskelzellen einer Ratte sehr viele Mitochondrien, während in den Muskelzellen ihres Zwerchfells wesentlich weniger zu finden sind (Abb. 1, 2). Da der Energiebedarf dieser Gewebe sehr unterschiedlich ist, kann man vermuten, dass zwischen der Mitochondrienanzahl und dem Energiehaushalt ein Zusammenhang besteht.

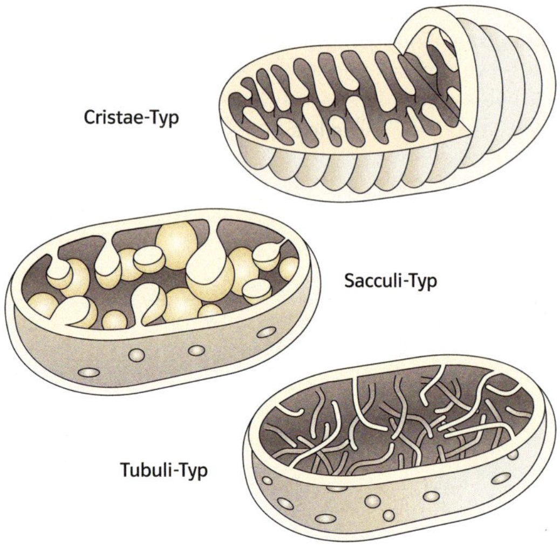

3 *Mitochondrientypen*

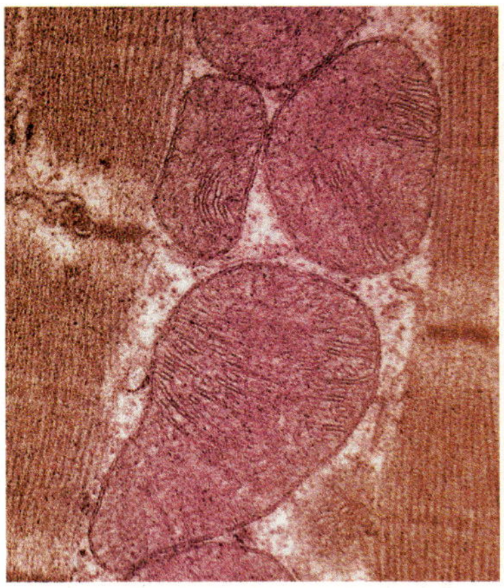

1 *Gewebe vom Herzmuskel einer Ratte*

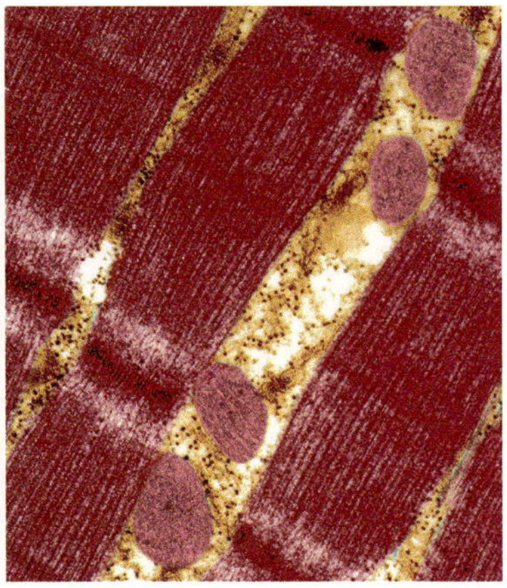

2 *Gewebe vom Zwerchfell einer Ratte*

Die Energie, welche durch die Vorgänge in den Mitochondrien zur Verfügung gestellt wird, stammt aus den Reaktionen des Abbaus der energiereichen Glucose. Diesen Vorgang bezeichnet man als *Dissimilation*. Bei der Dissimilation wird die in der Glucose chemisch gespeicherte Energie bei der Reaktion mit Sauerstoff nutzbar.

Die Untersuchung der Stoffwechselvorgänge in den Mitochondrien oder anderen Teilen der Zelle setzt Messmethoden voraus, mit denen die Wissenschaftler die Glucose oder deren Abbauweg im Stoffwechsel verfolgen können. Die Schwierigkeit besteht darin, geringste Mengen dieser Substanzen in der Zelle oder ihren Organellen wiederzufinden. Die am häufigsten angewandte Methode ist die Markierung der zu untersuchenden Substanzen mithilfe *radioaktiver Atome*. Auf diese Weise fand man zwei wesentliche Ergebnisse:

- Glucose wird nicht in einem Schritt abgebaut, sondern in mehreren Teilschritten, die in verschiedenen Kompartimenten ablaufen. Man teilt den Abbau in *Glykolyse, Citronensäurezyklus* und *Endoxidation* ein.
- Nicht alle Teilreaktionen laufen in den Mitochondrien ab.

A1 ○ Informieren Sie sich über die Funktion der in der Randspalte angegebenen Organe und erklären Sie in diesem Zusammenhang die unterschiedlichen Mitochondrienvolumina.

Info-Box: Forscher verfolgen die Glucose — radioaktive Tracer

Beim Element Kohlenstoff kommen Atome mit einer unterschiedlichen Neutronenzahl im Atomkern vor (*Kohlenstoffisotope*). ^{12}C und ^{14}C haben gleiche chemische Eigenschaften. Das Isotop mit der Atommasse 14 u (^{14}C) hat aber einen instabilen Atomkern, der beim Zerfall radioaktive Strahlung aussendet. Radioisotope dieser Art strahlen Elektronen ab.

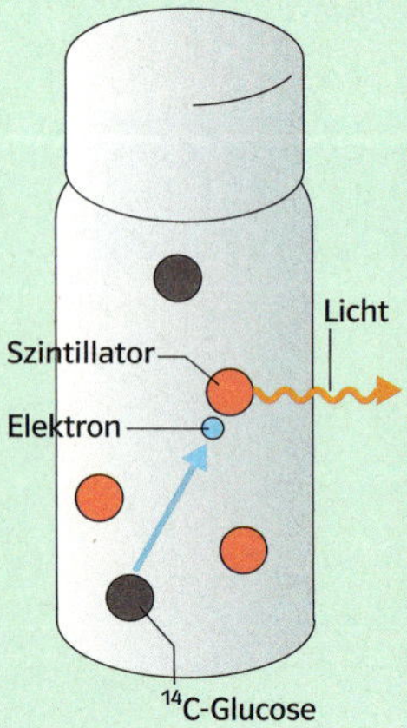

Gibt man zu isolierten Zellen oder Zellorganellen diese ^{14}C-markierte Glucose, so können auch geringste Mengen der Abbaustufen, die ja ebenfalls die ^{14}C-Atome enthalten, nachgewiesen und quantitativ bestimmt werden. Der Nachweis dieser Stoffe erfolgt in den meisten Fällen mithilfe der *Flüssig-Szintillationsmessung*.

Die mit dem radioaktiven Kohlenstoff oder Wasserstoff markierten Substanzen werden hierzu mit einem flüssigen Leuchtstoff *(Szintillator)* vermischt, der aufleuchtet, wenn er von einem Elektron aus einem radioaktiven Zerfall eines ^{14}C-Atoms getroffen wird. Das Leuchten wird von einer Fotozelle in einer völlig verdunkelten Messkammer registriert. Aus der Anzahl der Impulse kann man auf die Konzentration der Stoffe schließen.

Material
Befunde zum Ort der Zellatmung

Mitochondrien sind der Ort der Zellatmung. Sind aber diese Organellen allein an der Zellatmung beteiligt oder spielen andere Zellbestandteile auch eine Rolle?

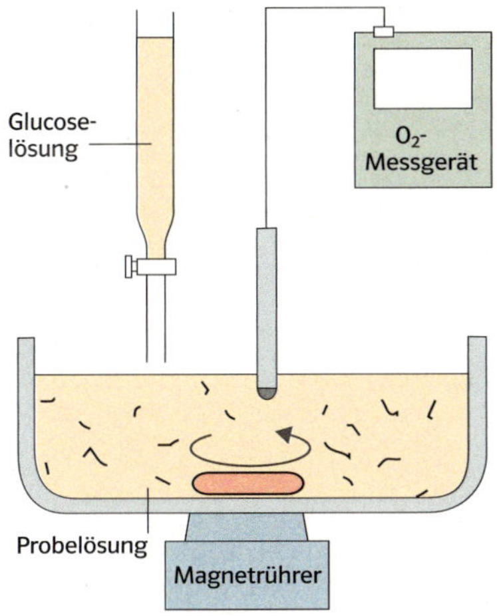

Experiment 1

Zerkleinert man Leberzellen so schonend, dass die Organellen intakt bleiben, erhält man eine homogene Suspension. Aus dieser können die verschiedenen Zellbestandteile isoliert werden. Sie dienen als Grundlage für verschiedene Probelösungen. Die Probelösungen werden in ein offenes Becherglas gegeben. Dazu wird Glucoselösung gegeben. Der Sauerstoffgehalt der Lösung wird gemessen.

Versuch a:
Die Probelösung enthält isolierte und gereinigte Mitochondrien

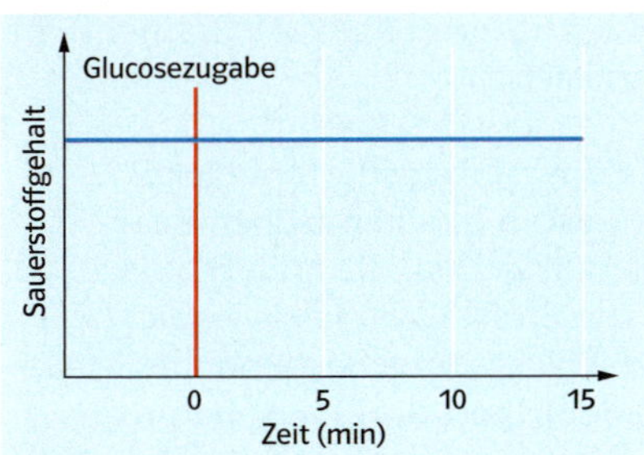

Versuch b:
Die Probelösung enthält Mitochondrien und Cytoplasma

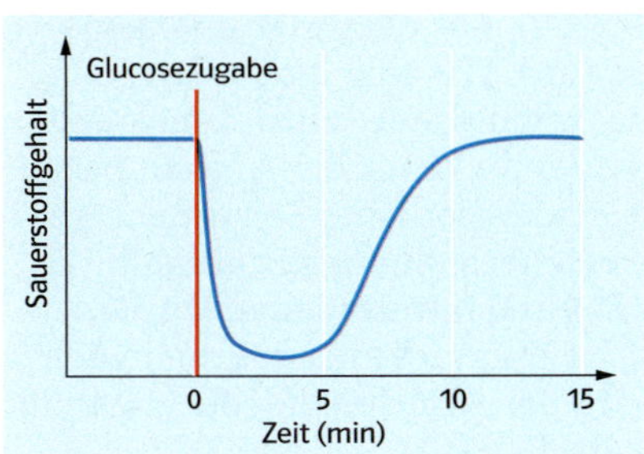

A1 ● Deuten Sie die Ergebnisse und formulieren Sie möglichst verschiedene Hypothesen zum Ablauf der Zellatmung.

Experiment 2

a) Eine wässrige Probelösung enthält mit ^{14}C markierte Glucose sowie isolierte, gereinigte Mitochondrien. Nach 10 min Inkubationszeit wird diese Lösung in ein Zentrifugenröhrchen pipettiert, das eine konzentrierte Salzlösung und darüber in einer gesonderten Phase Silikonöl enthält (Silikonöl mischt sich nicht mit wässrigen Lösungen und löst auch keine Glucose). Dieses Röhrchen mit den drei Phasen wird nun so lange zentrifugiert, bis sich die Mitochondrien in der unteren Salzlösung befinden. Anschließend wird die Radioaktivität der drei Phasen gemessen.

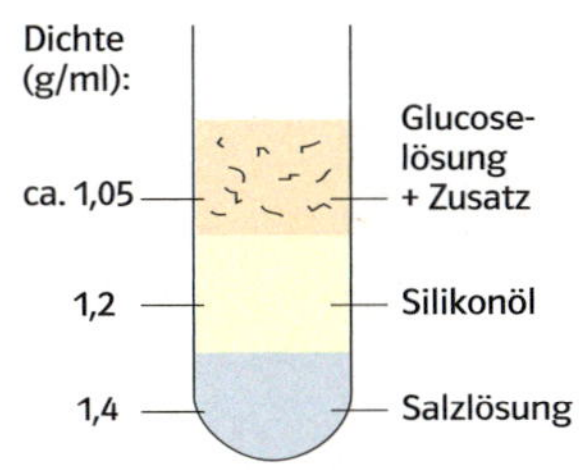

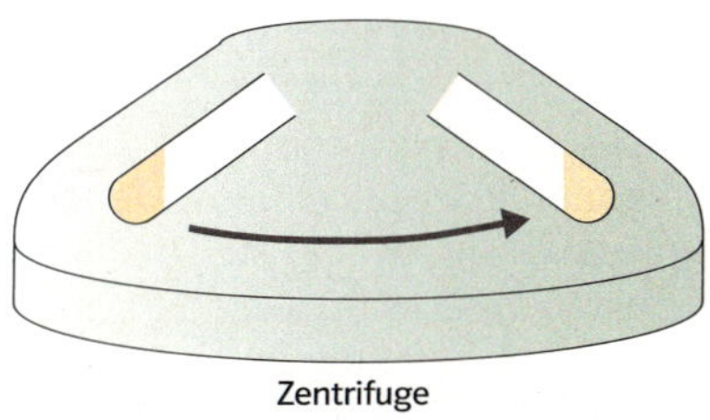

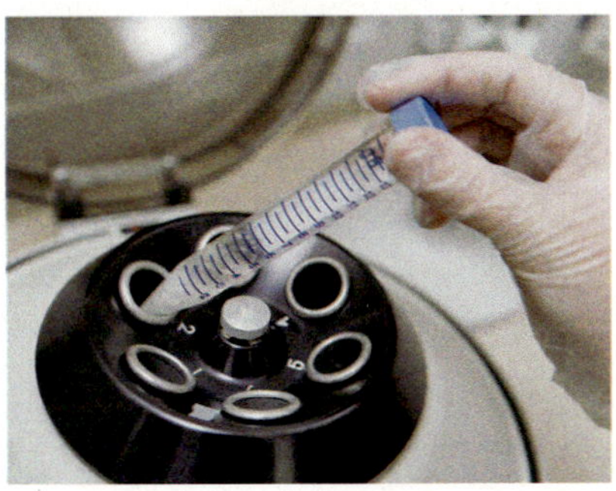

b) Statt der Mitochondrien werden nun ganze, intakte Zellen verwendet.

c) Der Versuchsaufbau entspricht dem von Experiment 2a. Die Probelösung enthält hier jedoch Cytoplasma, Mitochondrien sowie mit ^{14}C markierte Glucose. Zwei Minuten nach dem Ansetzen dieser Suspension (Inkubationszeit) wird sie auf das Silikonöl pipettiert und anschließend so zentrifugiert, dass sich nur die Mitochondrien in der unteren Salzlösung ansammeln.

a)

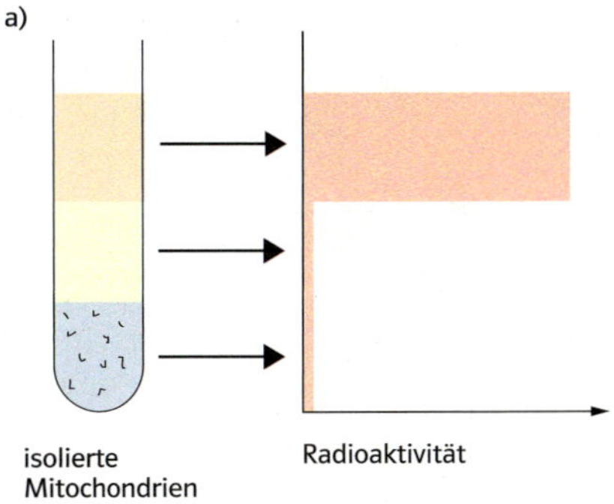

b)

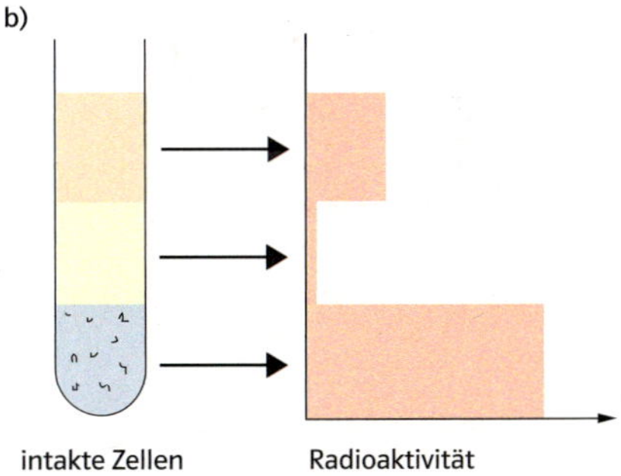

c)

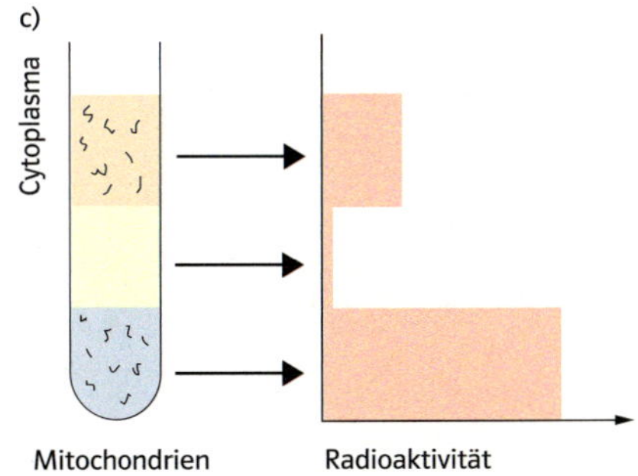

A2 ◒ Deuten Sie die Ergebnisse.

A3 ◒ Erläutern Sie anhand der Ergebnisse, wo der Glucoseabbau durch die Zellatmung erfolgt.

A4 ● Ermitteln Sie, wo die ersten sowie die späteren Abbauschritte erfolgen.

Leben braucht Energie

1 *Nahrung ist eine Energiequelle*

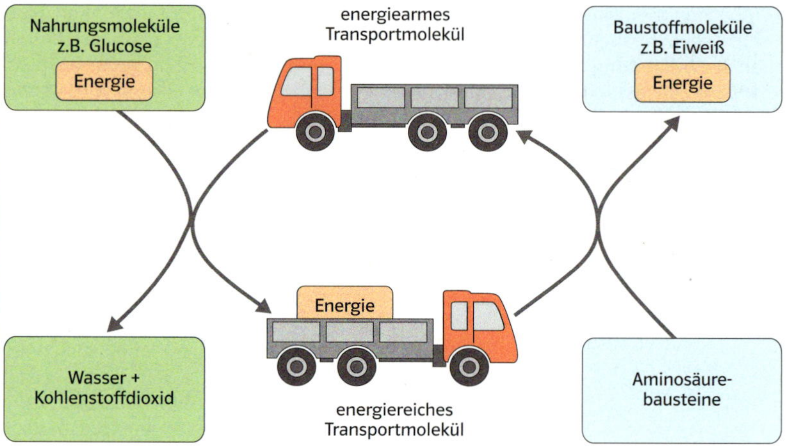

2 *Energiereiche Transportmoleküle*

Für alle Funktionen, die in einer lebenden Zelle oder einem Organismus ablaufen, ist Energie notwendig. Pflanzen nehmen Lichtenergie auf, Tiere und Menschen chemisch gebundene Energie aus der Nahrung (Abb. 1).

Exergonisch — endergonisch

Chemische Reaktionen finden statt, wenn Atome sich verbinden oder ihre Bindungspartner wechseln. Freiwillig ablaufende Reaktionen, bei denen Energie freigesetzt wird, nennt man *exergonisch*. Wird Energie in Form von Wärme abgegeben, nennt man diese Reaktionen auch *exotherm*. Die Reaktionsprodukte dieser Reaktionen sind energieärmer als die Ausgangsstoffe (Edukte). Lebewesen müssen während ihres gesamten Lebens dem spontanen Zerfall der körpereigenen energiereichen Substanzen entgegenarbeiten, indem sie diese ständig wieder neu aufbauen. Der Aufbau erfolgt über Reaktionen, denen Energie zugeführt werden muss. Diese nennt man *endergonische* Reaktionen. Für den Aufbau körpereigener energiereicher Substanzen werden daher bei Tieren und Menschen energiereiche Substanzen mit der Nahrung aufgenommen, die ein Organismus zur Wiederherstellung bzw. Aufrechterhaltung seiner Struktur benötigt. Die Nahrung besteht aus den energiereichen Substanzen anderer pflanzlicher oder tierischer Lebewesen oder Teilen davon. Auf diese Weise gleicht der Organismus seinen ständigen Verlust wieder aus. Die Energie für den Aufbau körpereigener energiereicher Substanzen bei Pflanzen stammt aus dem Sonnenlicht (Fotosynthese).

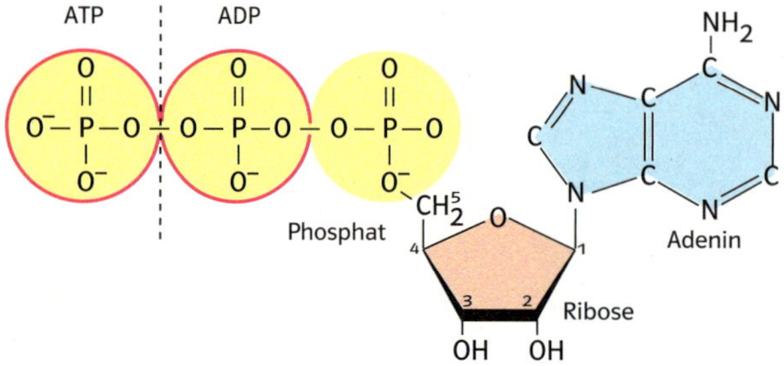

3 *ATP und ADP*

ATP — ein Energietransportermolekül

An den meisten biochemischen Reaktionen in den Zellen, die endergonisch sind, ist der Stoff *Adenosintriphosphat* (ATP) beteiligt. ATP ist ein energiereiches Transportermolekül mit drei Phosphatgruppen (Abb. 3). Bei der exergonischen Abspaltung einer Phosphatgruppe vom ATP entsteht das ADP *(Adenosindiphosphat)*. ATP koppelt exergonische und endergonische Reaktionen (Abb. 2). Aus dem ADP und dem Phosphat wird ATP über eine endergonische Reaktion wieder zurückgewonnen. Der Körper eines Menschen enthält bis zu 80 g ATP. Bei körperlicher Leistung wäre diese gespeicherte Energie innerhalb weniger Sekunden verbraucht. Durch die ständige Energieumwandlung in den Zellen wird der ATP-Gehalt jedoch ständig auf- und abgebaut.

Ordnung kostet Energie

Energie steckt auch in Konzentrationsunterschieden innerhalb von Zellen (Abb. 5), die von einer Seite der Membran zur anderen vorhanden sind. Sind die Teilchen stärker geordnet oder auf einer Seite der Membran konzentrierter, so ist dieser Zustand energiereicher als bei gleichmäßiger Verteilung der Teilchen. Der Aufbau einer höheren Konzentration auf einer Seite der Membran ist endergonisch. Dieser Konzentrationsunterschied ist in den Mitochondrien die Voraussetzung zum Aufbau von ATP aus ADP.

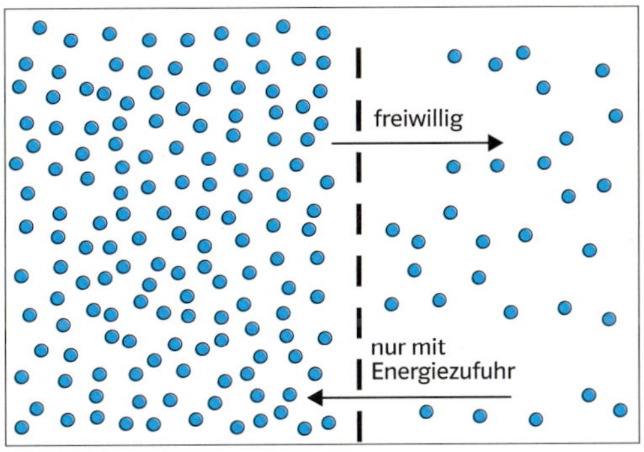

5 *Verteilung von Teilchen*

Energieträger Elektron

Verschiedene chemische Reaktionen können nur ablaufen, wenn Elektronen übertragen werden. In Atomen sind Elektronen mehr oder weniger fest gebunden. Je lockerer sie gebunden sind, desto energiereicher, je fester sie gebunden sind, desto energieärmer sind sie. Werden Elektronen von einem Atom auf ein anderes Atom übertragen, in dem sie dann fester gebunden sind, wird Energie frei. Gibt ein Atom Elektronen ab, spricht man von einer *Oxidation*, nimmt es Elektronen auf, von einer *Reduktion*. Da immer ein Atom Elektronen abgibt und ein anderes Atom Elektronen aufnimmt, spricht man von einer *Redoxreaktion*. Die Moleküle der Nährstoffe geben bei Reaktionen leicht Elektronen ab. Diese können auf den Sauerstoff unter Energiefreisetzung übertragen werden. Wassermoleküle hingegen haben ihre Elektronen relativ fest gebunden.

Elektronenüberträger

In lebenden Zellen laufen viele Redoxreaktionen nebeneinander ab. So wie das ATP-ADP-System für die Energieübertragung verantwortlich ist, besitzen Zellen auch chemische Systeme zum Übertragen von Elektronen. Die wichtigsten Elektronenüberträger sind u. a. *Nicotinamid-Adenin-Dinucleotid* (NAD) und *Flavin-Adenin-Dinucleotid* (FAD). Sie können Elektronen aufnehmen und an anderer Stelle später wieder abgeben. Dabei nehmen sie nicht nur die Elektronen auf, sondern auch ein Proton (Wasserstoff):

$NAD^+ + 2\,H^+ + 2e^- \rightarrow NADH + H^+$

Diese Stoffe spielen eine bedeutende Rolle bei der Energieumwandlung während des Glucoseabbaus und während der Fotosynthese.

A1 ◒ Stellen Sie einen Bezug zwischen den Informationen auf dieser Seite und Abb. 2 auf Seite 98 her.

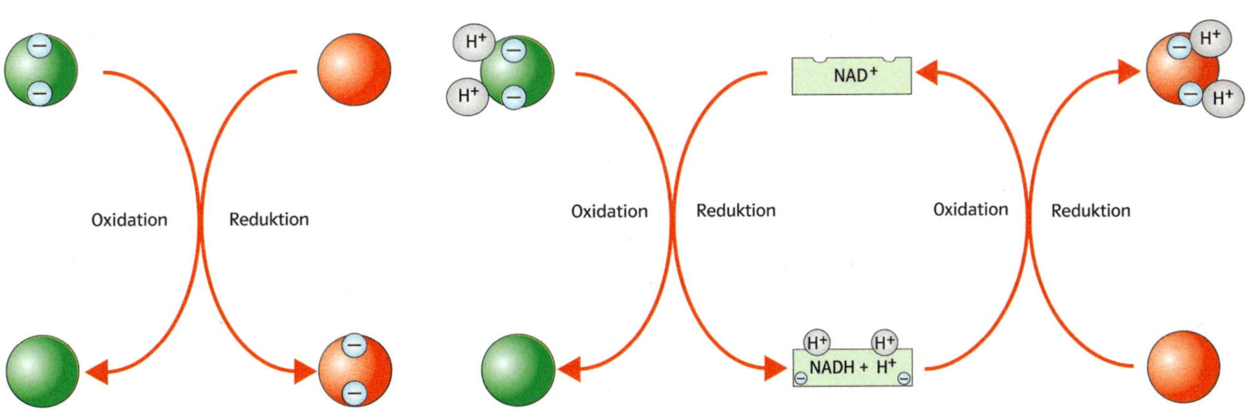

4 *a) Redoxreaktion* *b) NAD⁺ als Elektronenüberträger*

Glucose wird zerlegt: Glykolyse

7rj499

Glucose ist ein energiereicher Stoff. Die Zellen machen die darin chemisch gebundene Energie für den Organismus verfügbar, indem sie die Glucose in mehreren Schritten zu den energiearmen Stoffen Wasser und Kohlenstoffdioxid verarbeiten. Bei diesen exergonischen Reaktionen wird Energie in Form von ATP gespeichert. Die ersten Reaktionen laufen im Cytoplasma ab, die folgenden in den Mitochondrien (Abb. 1).

Glucose wird aktiviert und gespalten
Glucosemoleküle sind energiereich, aber reaktionsträge. Durch die Übertragung einer Phosphatgruppe von einem ATP-Molekül wird das Glucosemolekül aktiviert, also Energie zugeführt. Das entstandene Glucose-6-phosphat ist bereits reaktiver, wird aber erst in zwei kleinere Moleküle gespalten, wenn auch am anderen Ende eine Phosphatgruppe angehängt wird.
Es entsteht Fructose-1,6-bisphosphat und daraus zwei C_3-Körper. Die Phosphatreste werden wieder entfernt und daraus ATP zurückgewonnen. In diesem Prozess, der Glykolyse genannt wird, entstehen zwei zusätzliche ATP und 2 reduzierte Elektronenüberträger, NADH + H⁺.

Energieausbeute
Bei der vollständigen Reaktion der Glucose zu Kohlenstoffdioxid und Wasser werden 2836 kJ/mol freigesetzt. Der bisherige Glucoseabbau bis zur *Brenztraubensäure* (BTS) setzt jedoch nur 197 kJ/mol Glucose frei. Allerdings ist an der Reaktion bisher auch kein Sauerstoff beteiligt, die Glykolyse verläuft auch anaerob, also ohne Sauerstoff. Die weiteren Abbauschritte laufen nicht mehr im Cytoplasma ab, sondern in den Mitochondrien, in denen die Brenztraubensäure weiterreagiert.

A1 ◒ Stellen Sie eine Bilanz der Glykolyse in Form eines Reaktionsschemas auf. Geben Sie dabei verbrauchte und neu entstandene Stoffe an.

A2 ● Erklären Sie, welche Teilreaktionen der Glykolyse exergonisch und welche endergonisch sind. Stellen Sie dabei heraus, welcher Teilschritt für die ATP-Bildung verantwortlich ist.

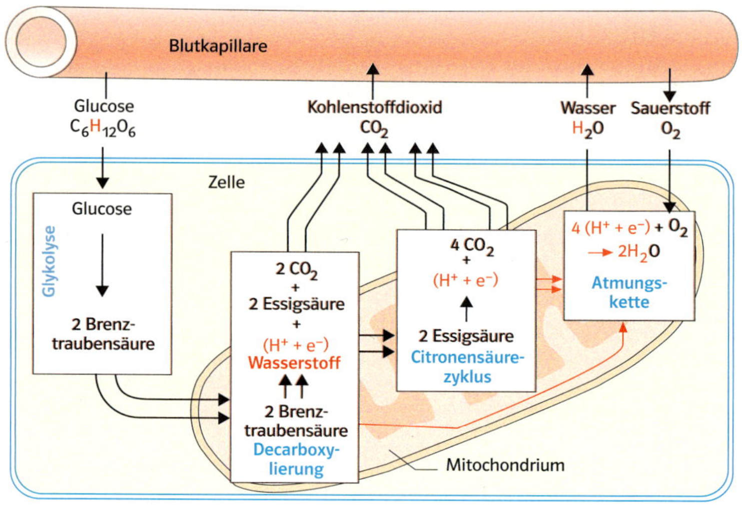

1 *Schema der Zellatmung*

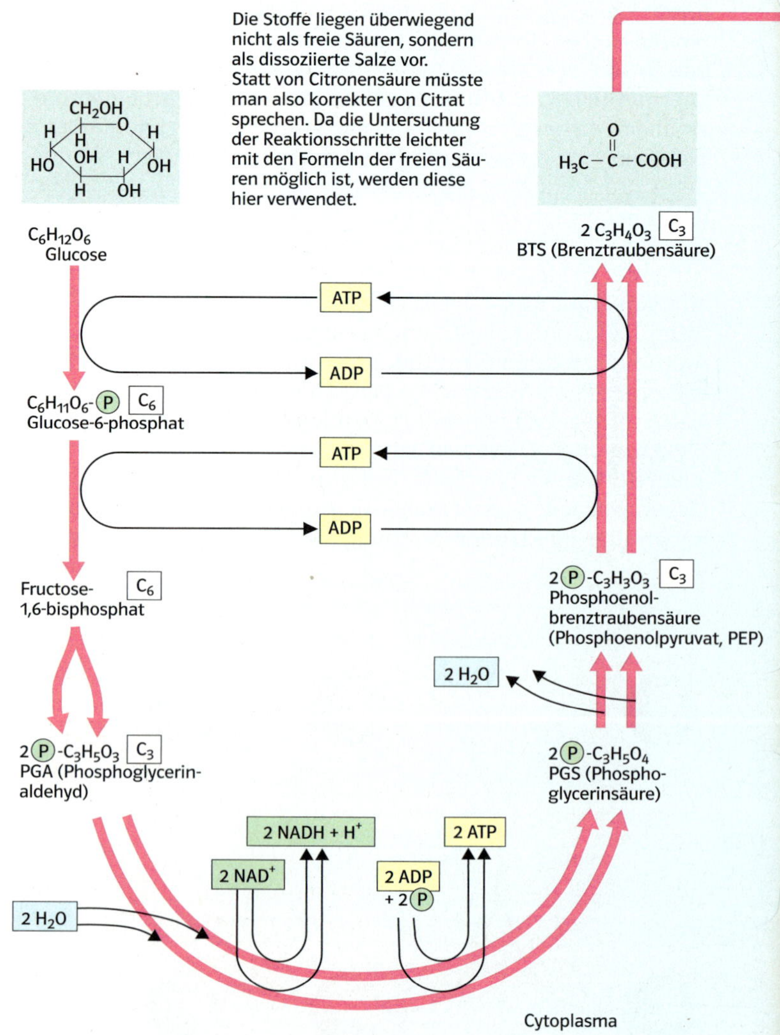

2 *Schema von Glykolyse und Citronensäurezyklus*

Der Citronensäurezyklus

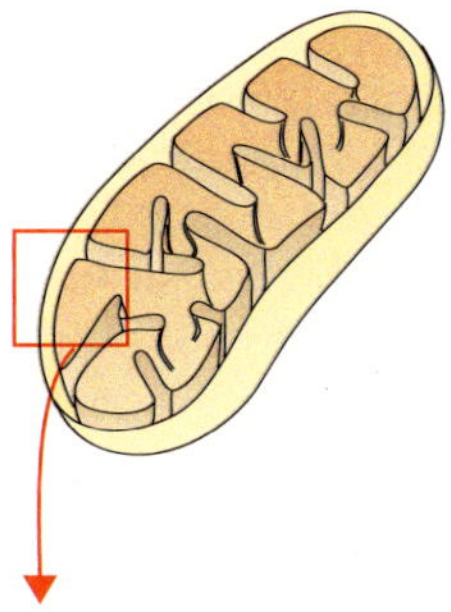

Erste Kohlenstoffdioxid-Abspaltung
Die BTS-Moleküle werden in die Matrix der Mitochondrien transportiert. An der inneren Mitochondrienmembran werden sie an einen riesigen Multienzymkomplex aus mehreren Enzymen angelagert. Bei der folgenden Reaktion wird Kohlenstoffdioxid abgespalten. Sie wird daher auch als *Decarboxylierung* bezeichnet. Diese exergonische Reaktion ist mit der endergonischen Reaktion gekoppelt, bei der die entstandenen C_2-Körper mit *Coenzym A* reagieren. Die dabei entstandene *aktivierte Essigsäure* ist sehr energiereich und reaktionsfreudig.

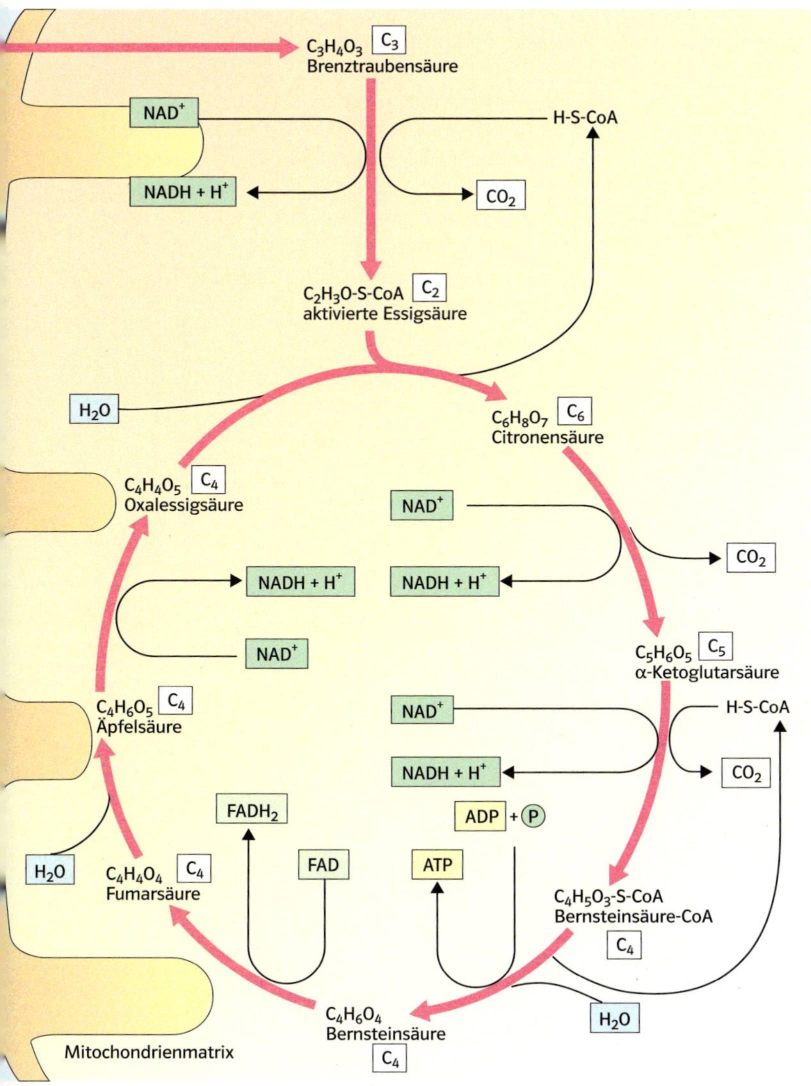

Abbau im zyklischen Prozess
Der folgende Reaktionsweg ist ein zyklischer Prozess. Dies bedeutet, dass der Stoff, der mit der aktivierten Essigsäure reagiert, wieder am Ende des Prozesses entsteht. Die aktivierte Essigsäure (C_2) lagert sich an Oxalessigsäure (C_4) an. Es entsteht ein C_6-Körper, die Citronensäure (Abb. 2). Diese Säure hat dem Zyklus ihren Namen gegeben: *Citronensäurezyklus*. Die beiden in den Zyklus eingeschleusten Brenztraubensäuremoleküle werden in zwei Stufen zu Kohlenstoffdioxid abgebaut. Am Ende der chemischen Reaktionen entsteht wieder die Oxalessigsäure.

Bilanz des Glucoseabbaus
Die sechs Kohlenstoffatome und die Sauerstoffatome des Glucosemoleküls sind nun vollständig zu Kohlenstoffdioxid abgebaut worden. Die Elektronenüberträger FAD und NAD^+ liegen reduziert vor und haben den Wasserstoff gebunden. Als Gewinn aus beiden Molekülen Brenztraubensäure sind 2 ATP, 6 NADH + H^+ und 2 $FADH_2$ entstanden. Da pro mol ATP ca. 30,5 kJ verwertbare Energie gebunden sind, kommen aus allen hier vorliegenden Reaktionen der beiden Brenztraubensäuremoleküle ca. 61 kJ zu den 197 kJ aus der Glykolyse hinzu. Der restliche Energiegehalt der Glucose von 2836 kJ/mol muss daher in dem an den Elektronenüberträgern gebundenen Wasserstoff liegen. Die weiteren Reaktionen erfolgen in der Atmungskette, die in der inneren Mitochondrienmembran liegt (s. Seite 102).

Drehscheibe Citronensäurezyklus
Die Bedeutung des zyklischen Prozesses liegt in der Vielfalt der beteiligten Moleküle. Diese können zur Synthese verschiedener Baustoffe wie Aminosäuren oder Fettsäuren verwendet werden. Gleichzeitig können auch aus dem Abbau der Fette und Proteine die entstandenen Bausteine im Citronensäurezyklus abgebaut werden. Deshalb wird er auch als „Drehscheibe des Stoffwechsels" bezeichnet.

A1 ◒ Formulieren Sie die Bilanzgleichung für den Glucoseabbau durch Glykolyse, Decarboxylierung und Citronensäurezyklus.

ATP-Synthese

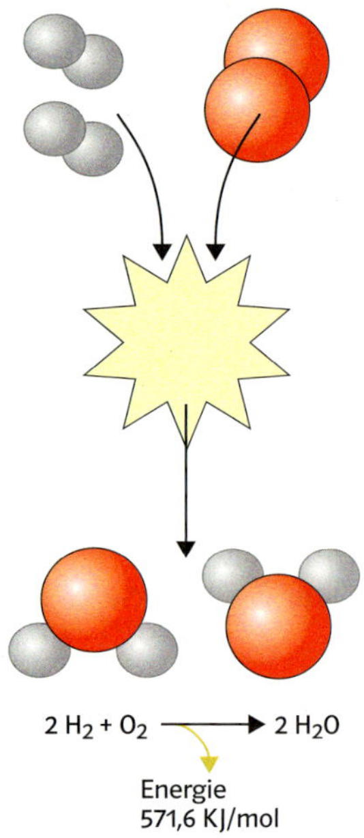

In Glykolyse und Citronensäurezyklus wird das Kohlenstoffgerüst der Glucose vollständig abgebaut. Die Energieausbeute ist jedoch sehr gering. Die restliche Energie muss in den Überträgermolekülen NADH + H^+ und $FADH_2$ liegen.

Energie in kleinen Portionen
Die direkte Reaktion von Wasserstoff und Sauerstoff verläuft explosionsartig und stark exergonisch. In den Mitochondrien läuft dies in mehreren Schritten ab. Die Elektronen des Wasserstoffs werden dabei nicht direkt auf den Sauerstoff übertragen, sondern über mehrere Reaktionspartner. Diese Reaktionsabfolge wird als *Endoxidation* oder *Atmungskette* bezeichnet (Abb. 1). Beim Elektronentransport vom NADH + H^+ zum Sauerstoff ist ein Reaktionspartner mehr zwischengeschaltet als beim $FADH_2$ (Abb. 1).

Die Bedeutung der Membran
Diese Reaktionen, bei denen die Energie zur Bildung von ATP genutzt wird, laufen an der inneren gefalteten Membran der Mitochondrien ab. Die Membran hat eine doppelte Bedeutung:

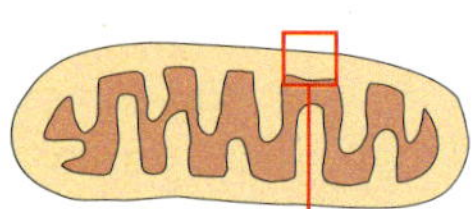

– Die Reaktionspartner der Atmungskette sind als vier große Proteinkomplexe in die Membran eingelagert. Drei Proteinkomplexe durchdringen die Membran. Die Elektronen des Wasserstoffes werden vom NADH + H^+ über verschiedene Moleküle – Elektronentransporter, wie FMN, Ubichinon oder die Cytochrome – zum Sauerstoff übertragen.
– Ein Konzentrationsgefälle *(Protonengradient)* zwischen der inneren und der äußeren Mitochondrienmembran wird erzeugt. In der Atmungskette werden Protonen durch aktiven Transport gegen das Konzentrationsgefälle aus der Mitochondrienmatrix in den Zwischenraum der inneren und äußeren Membran gepumpt. Dies geschieht mithilfe der Proteinkomplexe (Abb. 1), die als Protonenpumpen wirken. Die hierzu notwendige Energie stammt aus dem Elektronentransport. Die Proteinkomplexe I und III pumpen vier Protonen, der Proteinkomplex IV zwei Protonen pro Durchgang. Auf diese Weise nimmt die Protonenkonzentration im Zwischenraum gegenüber der Matrix zu (Unterschied: 2 pH-Einheiten).

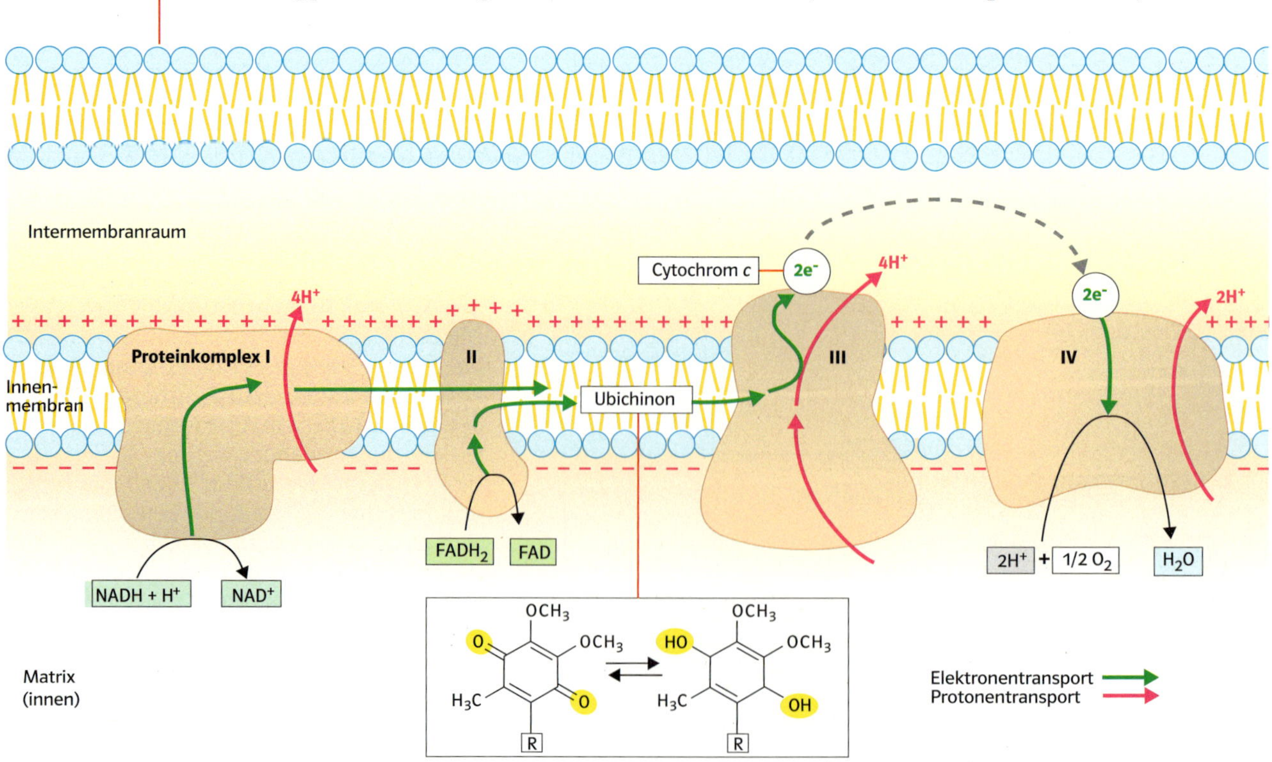

1 *Vereinfachtes Schema der Atmungskette*

– Hierdurch entsteht an der Membran ein Ladungsunterschied. Der Intermembranraum wird positiv gegenüber dem Matrixraum. Der nächste Schritt dient dazu, die Energie, die in dem Ladungsunterschied und dem Konzentrationsgefälle liegt, für den Stoffwechsel nutzbar zu machen. Das geschieht in der protonengetriebenen ATP-Synthase.

Protonengradient und ATP-Synthese

Die positiv geladenen Protonen, die im Intermembranraum angehäuft sind, diffundieren aufgrund des Protonengradienten und des Membranpotentials in den Raum mit der negativen Membranladung und der niedrigen Protonenkonzentration (Matrix). In der Membran, die ihnen den Weg versperrt, liegen Protonenkanäle, die zu den ATP-Synthasen gehören. Protonen, die den Weg durch diese Kanäle nehmen, leisten Arbeit. Sie bewirken eine Rotation im Kopfteil der ATP-Synthase. Dadurch öffnen und schließen sich abwechselnd drei Bindungsstellen für ADP und Phosphat:

- Eine Bindungsstelle im ATP-Synthase-Köpfchen nimmt ADP und Phosphat auf.
- Die Bindungsstelle verformt sich und bringt ADP und Phosphat so nahe zusammen, dass sie sich miteinander verbinden.
- Die Bindungsstelle öffnet sich wieder und entlässt das gebildete ATP.

Für ein Molekül ATP werden drei Protonen benötigt. Legt man zugrunde, dass in einem Durchgang der Atmungskette vom NADH + H^+ aus zehn Protonen in den Intermembranraum gelangen, so reicht das zur Bildung von drei Molekülen ATP.

Die Erforschung des Protonengradienten

Die Zusammenhänge zwischen dem Protonengradienten und der ATP-Synthese wurden experimentell nachgewiesen:

- Mitochondrien wurden aus Zellen isoliert und in eine Lösung mit niedriger Protonenkonzentration (pH 8) gegeben (Abb. 3). Nach kurzer Zeit überführte man sie in eine Lösung mit hoher Protonenkonzentration (pH 4). Die äußere Mitochondrienmembran ist protonendurchlässig, dadurch erhöhte sich die Konzentration im Zwischenraum. Die ATP-Synthese lief bei dem künstlich erzeugten Protonengradienten auch ohne Elektronentransport.
- Die Bedeutung der ATP-Synthase wurde in weiteren Experimenten untersucht. Hierzu wurden künstlich kleine Kugeln aus der Biomembran hergestellt und isolierte Protonenpumpen eingebaut. Man konnte einen Protonengradienten nachweisen, jedoch keine ATP-Synthese. Wurden zusätzlich Moleküle der ATP-Synthase in die Membran eingebaut, bildete sich ATP.

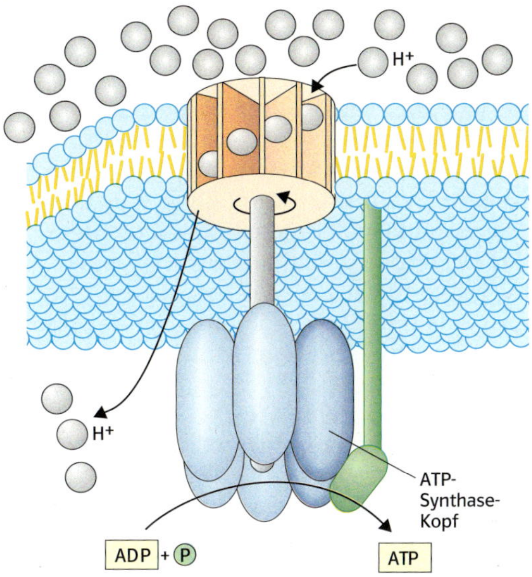

2 *Schema der ATP-Synthase-Funktion*

A1 ◒ Fassen Sie die Erkenntnisse aus der Erforschung des Protonengradienten zusammen.

A2 ● Erläutern Sie die experimentell gewonnenen Erkenntnisse und übertragen Sie diese auf das Modell in Abb. 2

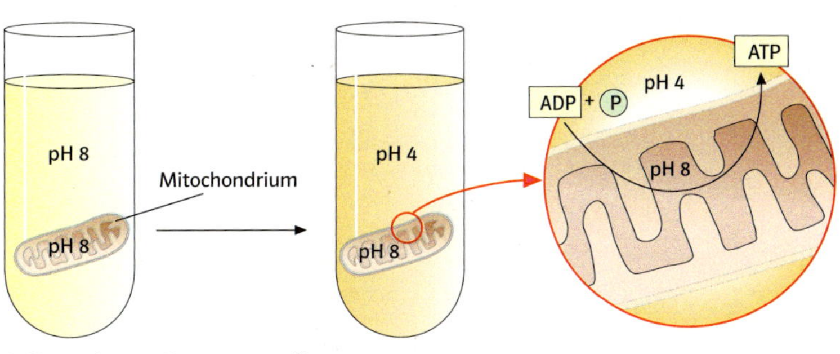

3 *Versuch zum Protonengradienten*

Gärung — es geht auch ohne Sauerstoff

j5q6i2

Sieht sich ein Säugetier einer plötzlichen Gefahr gegenüber, so flieht es unter Einsatz aller verfügbarer Körperreserven. Die intensive Muskelarbeit führt jedoch schnell zu einem Sauerstoffmangel. Eine weitere Flucht wäre unmöglich, wenn der Organismus nicht andere Möglichkeiten der ATP-Produktion hätte. Alle Wirbeltiere sind in der Lage, ATP zu bilden, ohne dass Sauerstoff zur Verfügung steht. Diese Form der Dissimilation nennt man *Gärung*.

Wenig NAD^+ — wenig ATP

Der Sauerstoffmangel führt in der Endoxidation primär zu einem Elektronenstau in der Mitochondrienmembran. Die Elektronenüberträger liegen in reduzierter Form vor und werden nicht mehr oxidiert, da Sauerstoff als Elektronenakzeptor fehlt. Dies gilt besonders für $NADH + H^+$. Ohne NAD^+ kann aber weder die Glykolyse noch der Citronensäurezyklus ablaufen.

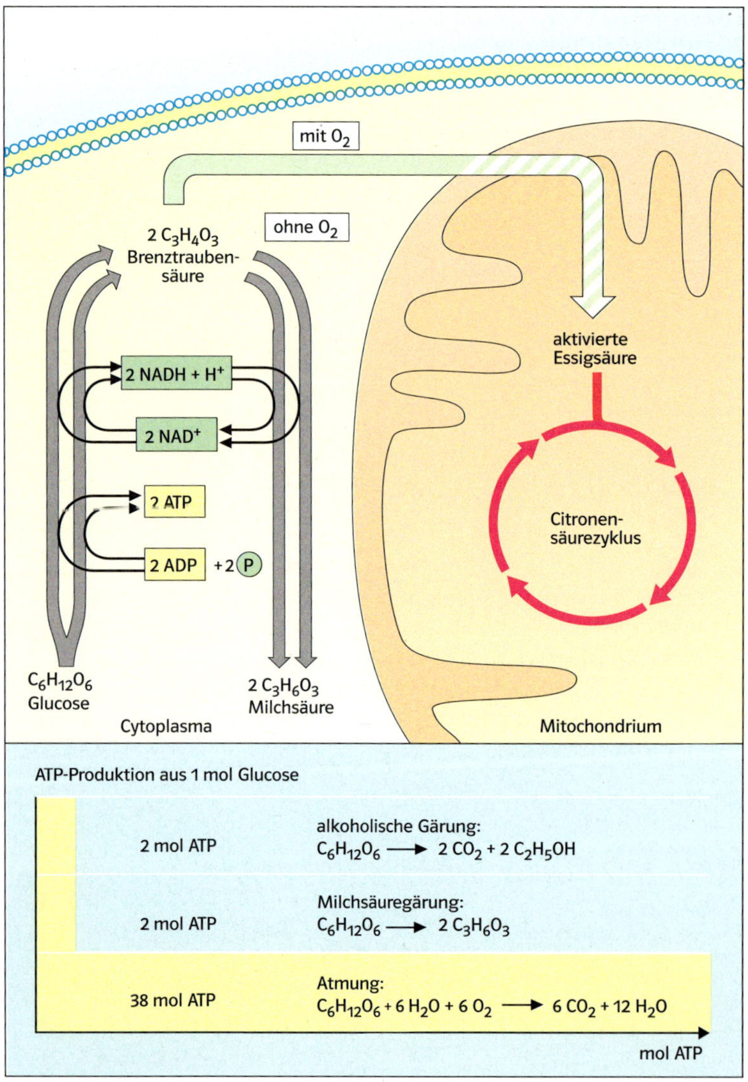

1 *Schematische Darstellung der Gärung*

Milchsäuregärung

Eine große Zahl von Organismen besitzt im Cytoplasma ein Enzym, das die Übertragung von zwei Wasserstoffatomen des $NADH + H^+$ auf Brenztraubensäure ermöglicht. Dabei entsteht Milchsäure und NAD^+ ist so weit regeneriert, dass die Glykolyse ablaufen kann. Der ATP-Gewinn ist allerdings sehr gering; er beträgt nur ca. $^1/_{20}$ des ATP-Gewinns der Atmung. Die *Milchsäuregärung* findet sich als Möglichkeit der Energiebereitstellung bei allen Wirbeltieren und vor allem bei Milchsäurebakterien. Mit deren Hilfe werden Joghurt und Käse (aus Milch), Sauerkraut und Sauerteigbrot produziert.

Alkoholische Gärung

Die bekannteste Form der Gärung ist die *alkoholische Gärung* bei Hefen der Gattung *Saccharomyces*. Durch Zugabe dieser Hefen zu zuckerhaltigem Traubensaft kann Wein hergestellt werden, mit vorgekeimter Gerste und mit Hopfen entsteht aus dem zuckerhaltigen Malz Bier. Das Enzym *Decarboxylase* spaltet von Brenztraubensäure Kohlenstoffdioxid ab. Das dabei entstehende Ethanal lagert den Wasserstoff des $NADH + H^+$ an und wird reduziert. Es entsteht Ethanol und das zur Aufrechterhaltung der ATP-Produktion notwendige NAD^+ wird regeneriert. Ethanol ist auch für die Hefepilze ein giftiger Stoff; bei ca. 15 % Ethanolgehalt im Medium sterben sie an ihrem eigenen Stoffwechselprodukt. Hefen können bei Anwesenheit von Sauerstoff auch atmen, d. h. sie sind *fakultative Anaerobier*. *Obligate Anaerobier* (wie z. B. der Tetanusbazillus oder Schwefelbakterien) können nur unter sauerstofffreien Bedingungen leben.

A1 ● Entwickeln Sie wie in Abb. 1 mithilfe der Textinformation ein Reaktionsschema zur alkoholischen Gärung unter Berücksichtigung aller Zwischenprodukte.

Praktikum
Versuche zur Gärung

Die Gärungsprozesse werden nicht nur zur Alkoholgewinnung und Milchverarbeitung genutzt, sondern auch beim Backvorgang zur Auflockerung des Teigs.

Untersuchung von Sauerteig

Material:
300 g Roggenmehl oder käufliche Backmischung Roggenbrot, dest. Wasser, pH-Teststreifen, Glaswolle

Geräte:
Backschüssel, Becherglas (1 Liter), kleiner Teller zum Abdecken, kleiner Löffel, 3 kleine Reagenzgläser, 1 großes Reagenzglas, Becherglas (500 ml hoch), Drahtnetz, Dreifuß, Brenner

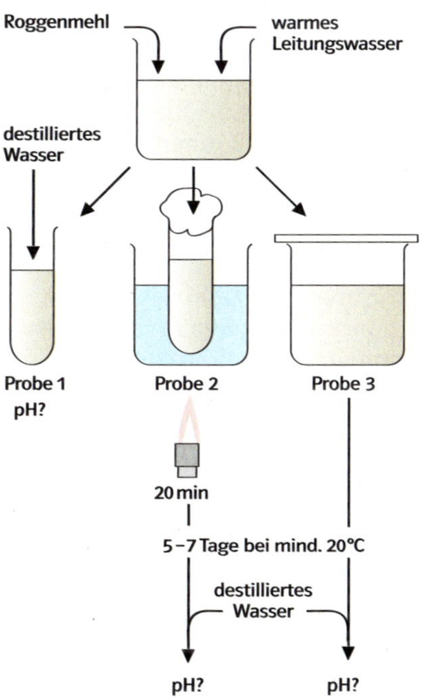

Durchführung:
300 g Roggenmehl (möglichst frisch und nicht zu fein gemahlen) werden in der Backschüssel mit so viel Leitungswasser (ca. 300 ml) bei ca. 30 °C gründlich vermischt, dass der Teig gerade noch fließfähig ist.
Zwei kleine Proben von ca. 10 g werden abgenommen. Probe 1 wird mit ca. 10 ml Wasser aufgeschwemmt. Man lässt den Teig sich absetzen und misst den pH-Wert.

Probe 2 wird im großen, mit Glaswolle verschlossenen Reagenzglas ca. 20 min im kochenden Wasserbad erhitzt.

Der restliche Teig wird in ein hohes Becherglas gefüllt, mit einem Teller abgedeckt und etwa eine Woche lang an einem dunklen warmen Ort (nicht unter 20 °C) zusammen mit Probe 2 stehen gelassen.

A1 Nach Ablauf der Zeit wird in beiden Proben wie bei Probe 1 der pH-Wert ermittelt. Deuten Sie das Ergebnis.

Backen eines Sauerteigbrotes

Material:
Versuchsansatz aus Versuch 1, 300 g Roggenmehl, 12 g Speisesalz

Geräte:
Backschüssel, Rührlöffel, Kastenbackform, sauberes Handtuch, Backofen oder Trockenschrank

Durchführung:
Dem Teig aus Versuch 1 werden das Roggenmehl, Salz und Wasser zugegeben. Unter Rühren wird so viel Wasser dazugegeben, dass der Teig klebrig, aber nicht fließfähig ist. Er wird in der mit einem Tuch abgedeckten Backschüssel ca. einen Tag an einem warmen Ort aufbewahrt.

Danach wird der Teig in die Backform gefüllt und nochmals mit einem Tuch abgedeckt ca. eine Stunde gehen gelassen. Dann wird der Teig bei ca. 180 °C ca. eine Stunde lang gebacken.

Alkoholische Gärung

Material:
Backhefe, Glucose, Calciumhydroxidlösung, Spülmittel

Geräte:
2 Wasserbäder (40 °C), 2 große Reagenzgläser, 3 Gaswaschflaschen, Sprudelsteine, Gummischläuche, Aquarienpumpen, Destillierapparatur oder doppelt durchbohrter Gummistopfen mit breitem Steigrohr (ca. 60 cm hoch), Thermometer

Durchführung:
Für einen Hefeansatz werden 40 g Glucose in 200 ml Wasser gelöst. Dazu kommen 20 g Bäckerhefe oder ein Beutel Trockenhefe. Der Ansatz wird im Wasserbad vorgewärmt, gut geschüttelt und gleichmäßig auf 2 Reagenzgläser verteilt. Die beiden Versuchsansätze werden gemäß der Abbildung aufgebaut. Nur einer wird mittels Aquarienpumpe belüftet.

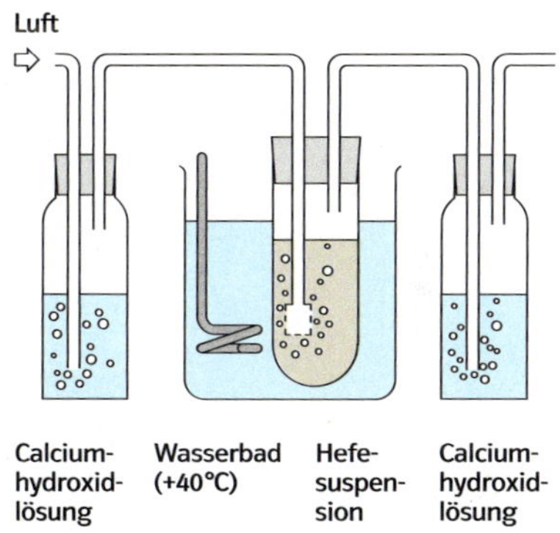

A2 Beobachten Sie die Lösungen in den Waschflaschen und deuten Sie Ihre Beobachtungen.

A3 Lassen Sie die Ansätze (ohne weitere Heizung) einen weiteren Tag stehen. Destillieren Sie dann (getrennt) den Inhalt der beiden Reagenzgläser. Vergleichen Sie dabei die Siedetemperaturen. Begründen Sie den Unterschied.

A4 Versuchen Sie, die ersten 10 Tropfen des Destillats zu entzünden. Begründen Sie Unterschiede zwischen den beiden Ansätzen.

Alternative (einfachere) Durchführung:
- Geben Sie in jedes Reagenzglas je einen Tropfen Spülmittel, um zu starkes Schäumen zu verhindern.
- Verschließen Sie jedes Reagenzglas nach Befüllen wie oben mit einem doppelt durchbohrten Stopfen.
- Setzen Sie in die eine Öffnung des Stopfens ein Thermometer, in die andere ein ca. 50 cm langes Steigrohr (ca. 1 cm Ø).

A5 Erhitzen Sie und vergleichen Sie die Siedetemperaturen.

A6 Wenn Dampf aus dem Steigrohr strömt, versuchen Sie (mehrmals), ihn zu entzünden. Welchen Stoff weisen Sie damit nach?

A7 Vergleichen Sie beide Ansätze in Bezug auf Siedetemperatur und Brennbarkeit. Begründen Sie.

Citronensäurezyklus — Drehscheibe des Stoffwechsels

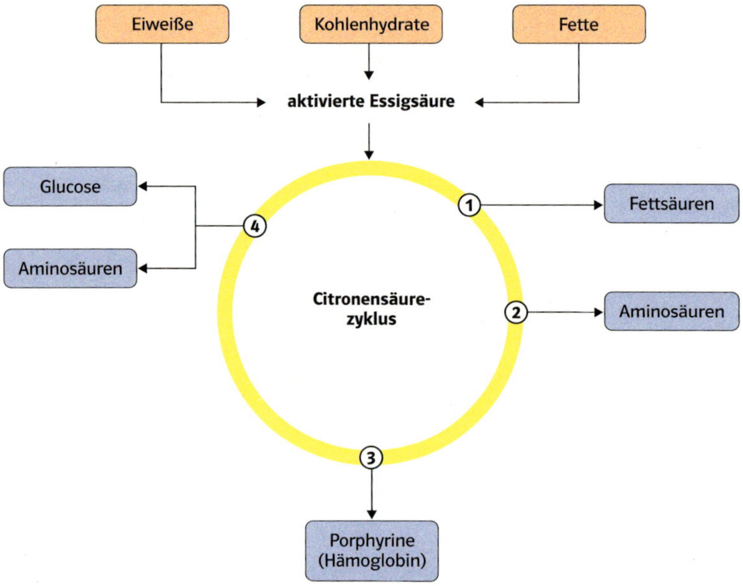

1 *Schematische Darstellung der Nährstoffwege*

Der Citronensäurezyklus hat neben der Energieumwandlung im Körper noch eine zweite Bedeutung als Drehscheibe des Stoffwechsels. Es können nicht nur Fette, Eiweiße oder Kohlenhydrate aus der Nahrung abgebaut, sondern Bausteine aus diesem Zyklus für den Aufbau körpereigener Substanzen genutzt werden. Die Bausteine sind Vorstufen zur Synthese wichtiger Stoffe wie Glucose oder Aminosäuren.

Stoffaufbau im Citronensäurezyklus

Aus α-Ketoglutarsäure (2) oder der Oxalessigsäure (4) können Aminosäuren gebildet werden. Die Citronensäure (1) dient als Ausgangsstoff für den Fettsäureaufbau. Bernsteinsäure (3) ist der Ausgangspunkt für die Bausteine des Hämoglobins, Myoglobins und Cytochroms (Abb. 1). Die Bedeutung des Citronensäurezyklus beim Auf- und Abbau liegt in der Regulationsmöglichkeit bei verschiedenen Nahrungsgrundlagen oder unterschiedlicher körperlicher Leistung.

Der Energiehaushalt muss stimmen

Wird im Körper bei hoher körperlicher Leistung sehr viel Energie benötigt, wird zuerst der Glucosestoffwechsel aktiviert. Reicht die über die Verdauung in den Körper aufgenommene Glucose jedoch nicht aus (Abb. 2), werden die körpereigenen Fette abgebaut. Je nach Größe der Fettvorräte werden anschließend die körpereigenen Eiweiße, z. B. Muskeln oder Antikörper, für die Energieversorgung genutzt. Bei fehlender Glucose können zwar die Zellen in den meisten Körperteilen weiterarbeiten, nicht jedoch das Gehirn. Denn die Bausteine, die durch den Fett- und Eiweißabbau entstehen, können nicht über die Blutschranke zum Gehirn gelangen und daher dort nicht genutzt werden. Nur Glucose kann die Blutschranke passieren.

Der Aufbau von körpereigener Glucose aus Fetten oder Proteinen in Mangelsituationen über den Citronensäurezyklus ist daher lebensnotwendig. Solche Mangelsituationen kommen durch lang andauernde Hungersituationen z. B. in Dürre- oder Kältezeiten oder auch durch einseitige Diäten zustande.

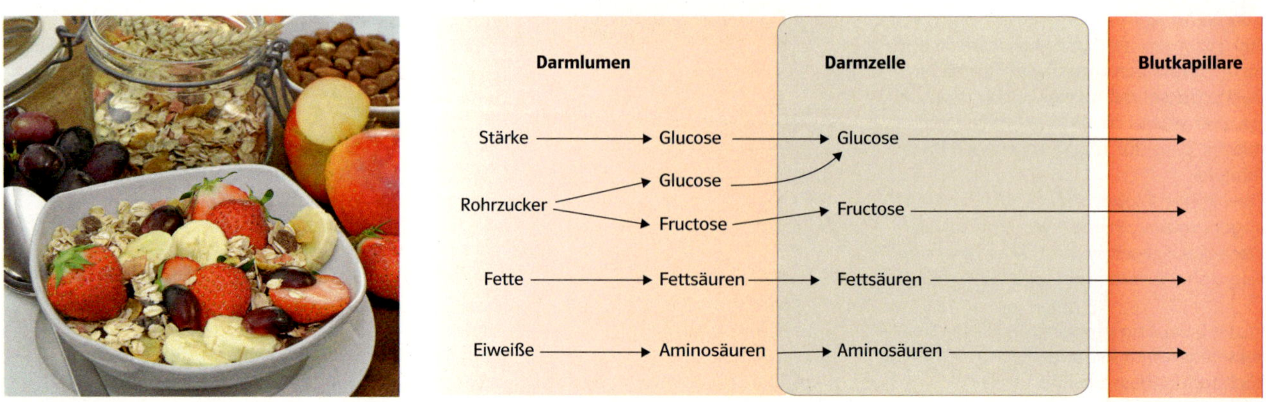

2 *Verdauung und Aufnahme der Nährstoffe ins Blut*

Material
Drehscheibe Citronensäurezyklus

Fette dienen im Körper der Tiere und des Menschen als Energiereserven. In längeren Belastungssituationen werden diese Energiereserven zum Überleben genutzt.

Kompakte Energiereserven

Rubinkehl-Kolibris sind sehr kleine Vögel, die sich hauptsächlich vom Nektar verschiedener Blüten ernähren. Ihr Sommerquartier sind Wälder oder Obstplantagen im Osten der USA. Sie überwintern in Mittelamerika. Dazu legen sie ca. 900 km über den Golf von Mexiko zurück (Abb. 2). Während dieser Zeit haben sie keine Möglichkeit Nahrung aufzunehmen.

1 *Rubinkehl-Kolibri*

Vor dem Abflug wiegen sie ca. 6,5 g, nach der Überquerung noch ca. 4,5 g. Die notwendige Energie wird nicht über Glucose, sondern über Fett bereitgestellt. Beim Abbau eines Fettmoleküls werden 460 ATP-Moleküle aufgebaut. Ein Fettmolekül hat die Molmasse von 893 u. Beim Abbau von Glucose werden 38 ATP-Moleküle gebildet. Glucose hat die Molmasse von 180 u.

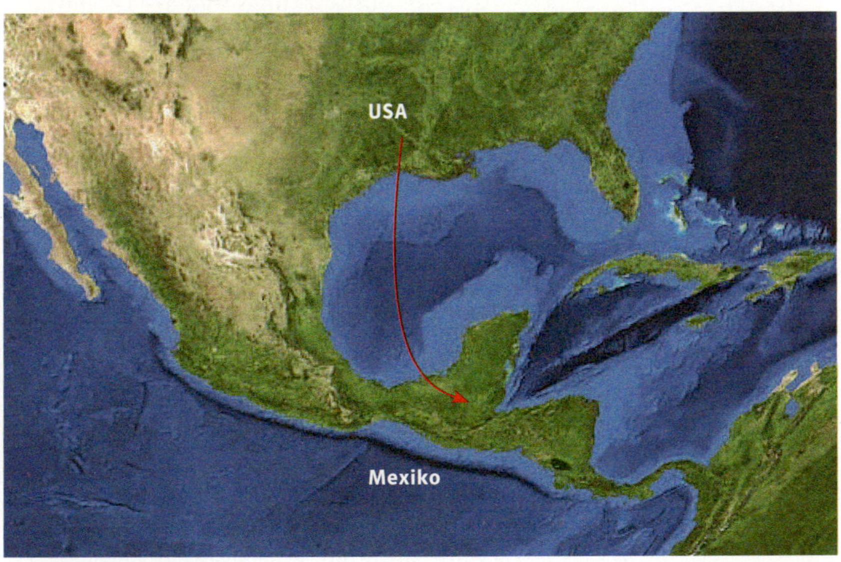

2 *Flugroute der Kolibris*

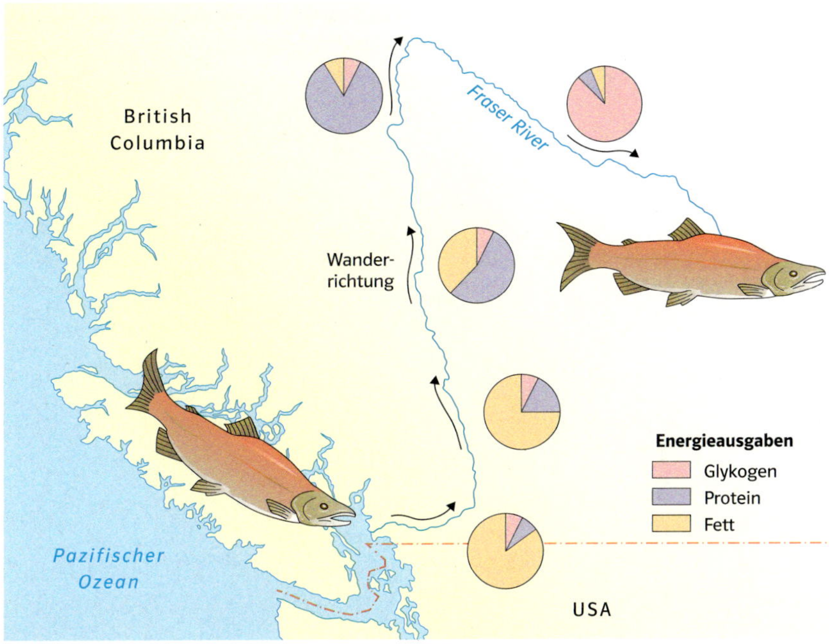

3 *Lachswanderung und Energieausgaben*

A1 ◒ Berechnen Sie die ATP-Produktion für 1 g Fett.

A2 ◒ Berechnen Sie die ATP-Produktion für 1 g Glucose.

A3 ◒ Erläutern Sie anhand des Materials den biologischen Vorteil der Fettspeicherung für die Kolibris.

Lachswanderung

Lachse leben mehrere Jahre im Meer. In dieser Zeit legen sie einen Energiespeicher besonders in Form von Fetten an. Diesen benötigen sie für die Wanderung zu ihren Laichplätzen in den Flüssen. Hierbei wandern einige Lachse ca. 1000 km gegen eine starke Strömung zu den Quellgebieten der Flüsse. Obwohl der Energiebedarf der Lachse sehr hoch ist, nehmen sie auf dieser Wanderung keine Nahrung zu sich. Unterschiedliche Energiereserven in ihrem Körper werden bei der Wanderung genutzt. Als Proteine dienen die des Verdauungssystems und der Muskeln. Zum Laichen benötigt der Lachs für die Bildung der Geschlechtszellen (Gameten) sehr viel Glucose, die in Form des Glykogens (tierische Stärke) gespeichert ist.

A4 ◒ Beschreiben Sie Abb. 3 und erläutern Sie die verschiedenen Messwerte.

A5 ◒ Erläutern Sie mithilfe des Citronensäurezyklus, weshalb immer eine kleine Menge Glykogen erhalten bleibt.

A6 ● Erklären Sie, wie es zu dem hohen Glykogenanteil vor dem Laichen kommt, obwohl keine Nahrung mehr aufgenommen wird.

A7 ◒ Nehmen Sie Stellung zu der Aussage: „Der Lachs hat sich auf seiner Wanderung selbst verdaut".

Bilanz der Dissimilation

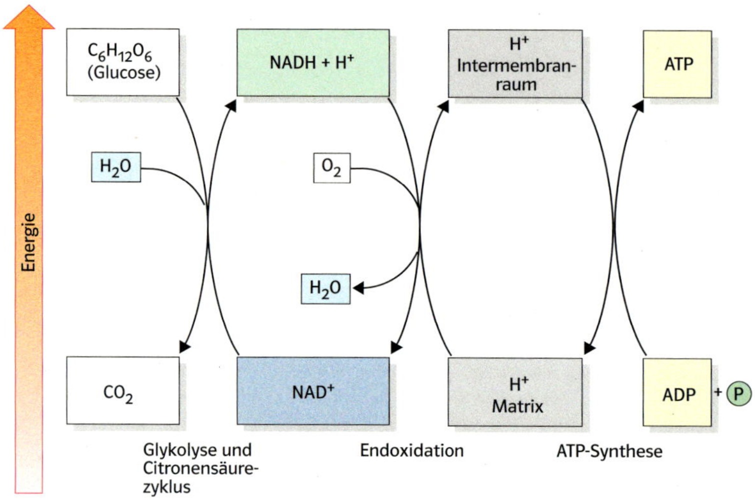

1 *Energiefluss in der Dissimilation*

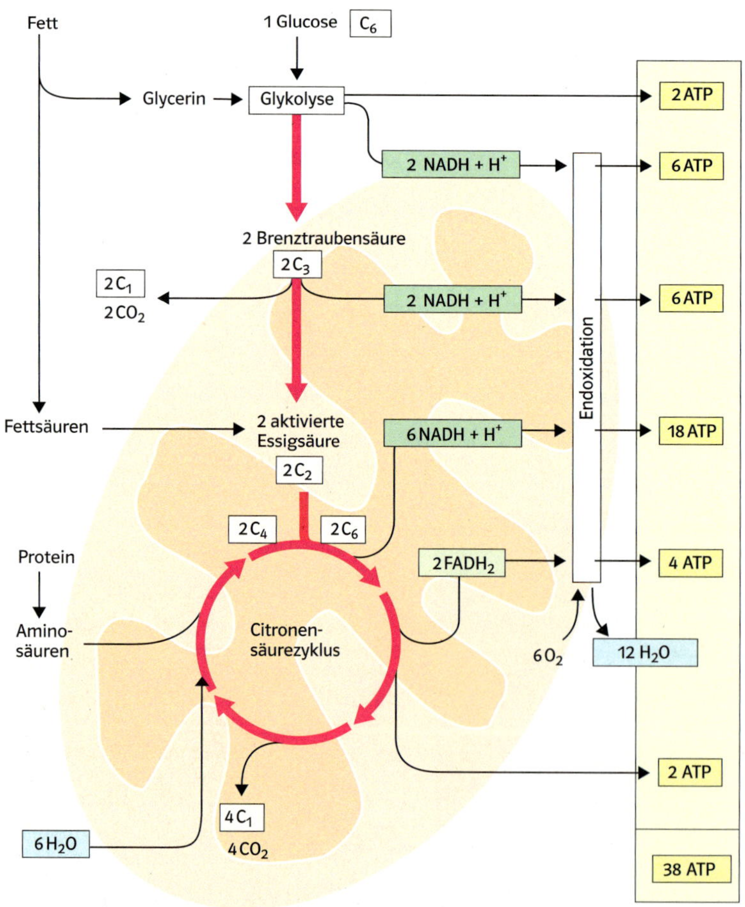

Bisheriges vorläufiges Reaktionsschema:
$C_6H_{12}O_6 + 6\,O_2 \longrightarrow 6\,CO_2 + 6\,H_2O$

Neues, erweitertes Reaktionsschema:
$C_6H_{12}O_6 + 6\,H_2O + 6\,O_2 \longrightarrow 6\,CO_2 + 12\,H_2O$

2 *Schema zur Dissimilation*

Im Verlauf der Dissimilation werden pro Glucosemolekül 38 Moleküle ATP gebildet. 34 Moleküle entstehen durch die Oxidation von Wasserstoff des Elektronenüberträgers NADH + H+ in der *Atmungskette*. Während die *Glykolyse* 4 Wasserstoffatome pro Glucosemolekül liefert, werden in der *oxidativen Decarboxylierung* und vor allem im Citronensäurezyklus insgesamt 20 Wasserstoffatome an Elektronenüberträger gebunden. Davon stammen 12 aus dem Wasser, der Rest aus der Glucose. Insgesamt werden also in der Zellatmung 24 Wasserstoffatome an Elektronenüberträger gebunden. Deren Oxidation liefert 12 Moleküle Wasser. Insgesamt ergibt sich also das erweiterte Reaktionsschema:
$C_6H_{12}O_6 + 6\,H_2O + 6\,O_2 \rightarrow 6\,CO_2 + 12\,H_2O$

Die Vorgänge bei der Atmungskette an der Mitochondrienmembran bauen einen Protonengradienten auf. Wenn diese Protonen (H^+-Ionen) durch den Kanal der ATP-Synthase fließen, wird Energie frei, die zur ATP-Synthese genutzt wird. Pro NADH + H+ reicht die Energie zum Aufbau von 3 ATP-Molekülen, pro $FADH_2$ für 2 ATP-Moleküle. Insgesamt entstehen in der Atmungskette also 34 Moleküle ATP pro Glucosemolekül. Pro mol ATP sind ca. 30,5 kJ verwertbare Energie gebunden. Die aus einem mol Glucose gewonnenen 38 mol ATP speichern also eine Gesamtenergie von 1159 kJ. Die Oxidation der Glucose im Kalorimeter liefert pro mol 2872 kJ. Der Wirkungsgrad der Dissimilation beträgt damit ca. 40 %. Der Rest der Energie wird in Form von Wärme abgegeben.

Zentrale Drehscheibe des Stoffwechsels
Nicht nur Kohlenhydrate, sondern auch Fette und Proteine werden zur Energieumwandlung genutzt. Fette werden in Fettsäuren und Glycerin gespalten. Die Fettsäuren werden in Bruchstücke mit 2 C-Atomen (Acetyl-CoA) gespalten und in den Citronensäurezyklus eingeschleust. Proteine werden im Darm in die einzelnen Aminosäuren gespalten. Sie dienen in erster Linie als Baustoffe für körpereigene Proteine, können aber auch abgebaut werden. Der Citronensäurezyklus ist an allen Nährstoffabbauprozessen beteiligt und stellt Stoffe für Synthesewege bereit.

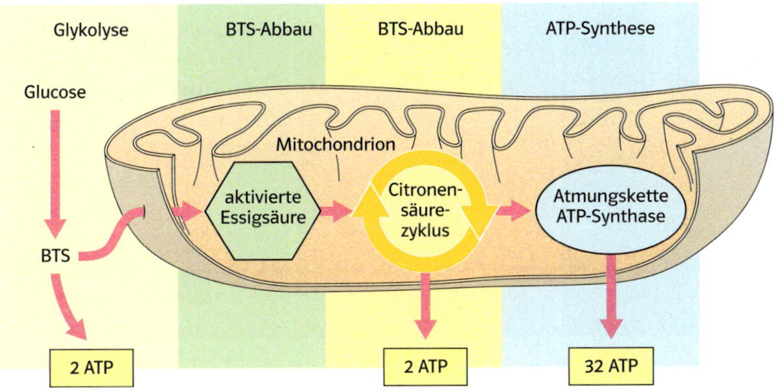

1 *Energieumwandlung: Modell 1*

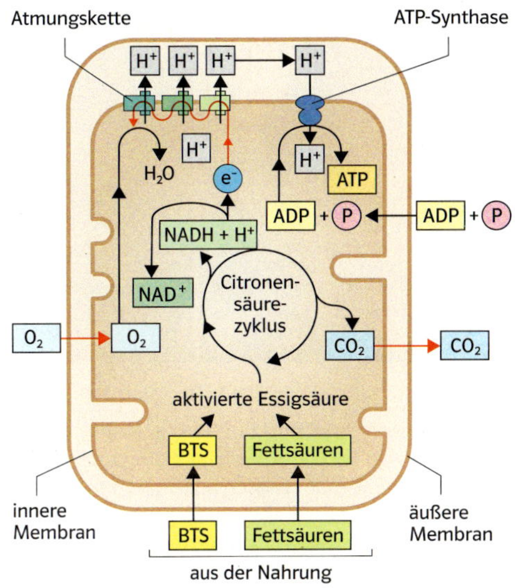

2 *Energieumwandlung: Modell 2*

Modelle im Vergleich

In den Abbildungen 1 und 2 sind schematisch die komplexen Zusammenhänge der Energieumwandlung aus Glucose dargestellt. Schemata sind eine Form von Modellvorstellungen. Modelle haben in der Wissenschaft eine große Bedeutung, um komplexe Zusammenhänge bearbeiten, veranschaulichen, erklären oder beurteilen zu können.

A1 ○ Beschreiben Sie die beiden Schemata in Abb. 1 und Abb. 2.

A2 ● Erläutern Sie, welche der beiden Modellvorstellungen die Zusammenhänge der Energieumwandlung besser verdeutlichen kann. Stellen Sie hierbei die jeweiligen Grenzen der beiden Modelle dar.

ATP-Synthese

In den Mitochondrien wird der größte Teil des ATPs synthetisiert. Hierbei spielt vor allem der Aufbau der Mitochondrien eine entscheidende Rolle. In Abb. 3 ist ein Modell der ATP-Synthese dargestellt.

A3 ◒ Erläutern Sie anhand der Abb. 3 den dargestellten Vorgang unter den folgenden Aspekten: „In der Ordnung steckt Energie" und „Energieträger Elektron".

A4 ◒ Beschreiben Sie, woher die energiereichen Elektronen im Mitochondrium stammen.

Sauerstoffmangel

Die Sauerstoffversorgung spielt bei allen tierischen Organismen eine große Rolle. Eine Sauerstoffunterversorgung führt wegen der Verringerung des Energiestoffwechsels zu einer verminderten Leistung von Organen und Geweben, die zum Tode führen kann. Die Gärung ermöglicht es, über einen begrenzten Zeitraum den Energiehaushalt aufrechtzuerhalten.

Erythrocyten, die Roten Blutzellen, binden den Sauerstoff mithilfe des Hämoglobins. 35 % der Erythrocytenmasse macht das Hämoglobin aus. Erythrocyten verlieren bei ihrer Entstehung alle Organellen wie den Zellkern oder die Mitochondrien.

Ihre Lebensdauer beträgt ca. 120 Tage. Den größten Teil ihres Energiehaushalts benötigen sie, um ständig den Ionenhaushalt zwischen Blut und Innenraum auszugleichen. In ihrem Innenraum findet man verstärkt Milchsäure. Diese wird ins Blut abgegeben und in der Leber wieder zu Glucose umgebaut.

A5 ◒ Erklären Sie mithilfe der Stoffwechselvorgänge, wie die Erythrocyten ihren ATP-Haushalt aufrechterhalten.

A6 ● Erstellen Sie eine Skizze, in der Sie die Zusammenhänge der Vorgänge in der Leber und in den Erythrocyten darstellen.

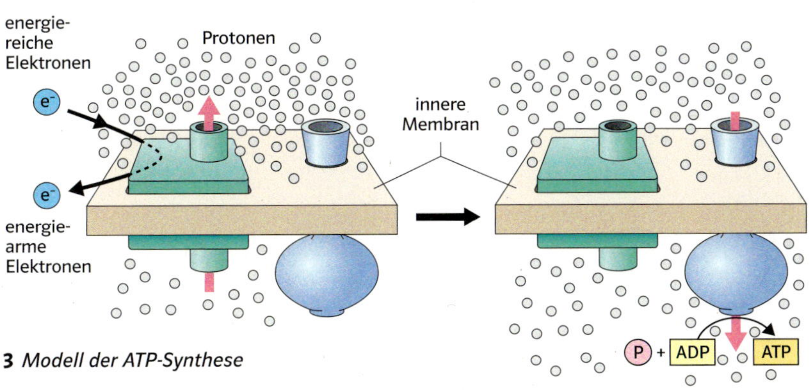

3 *Modell der ATP-Synthese*

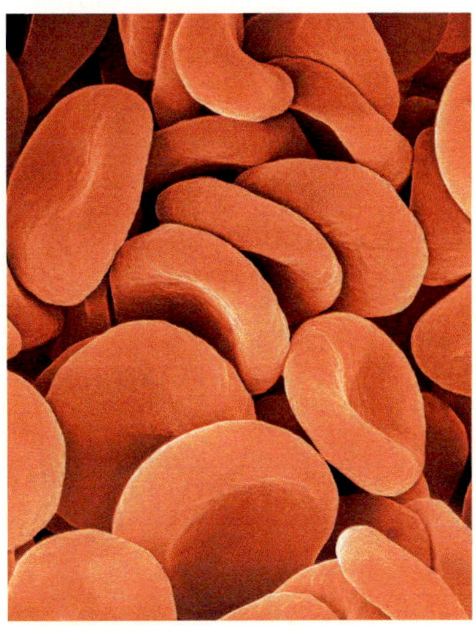
4 *Rote Blutzellen*

Material
Winterschläfer nutzen Mitochondrien

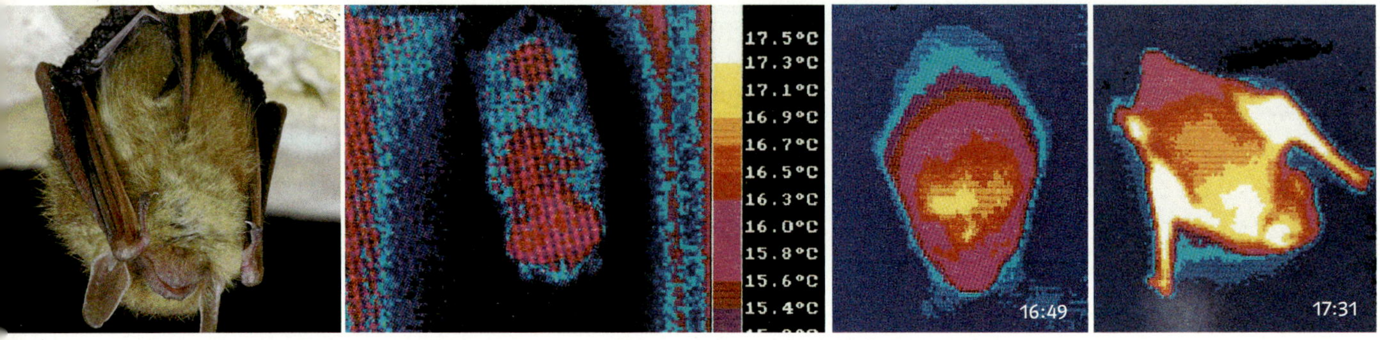

Fledermäuse sind flugfähige Säugetiere, die sich durch Ultraschallortung orientieren. Sie ernähren sich unabhängig vom Licht von Fluginsekten. Mit sinkender Außentemperatur im Herbst nimmt das Nahrungsangebot ab. Gleichzeitig steigt der Energieaufwand durch erhöhte Wärmeabgabe.

Winterschlaf

Fledermäuse fallen bei gesunkener Umgebungstemperatur in den Winterschlaf. Die Herzfrequenz nimmt ab, die Stoffwechselrate wird reduziert und die Körpertemperatur sinkt auf den Wert der Umgebungstemperatur. Bei 0 °C beginnen die Fledermäuse Wärme zu produzieren.

A1 ○ Beschreiben Sie anhand der Thermografien die Erwärmung der Fledermäuse beim Aufwachen. Erklären Sie, welche Rolle dieser Vorgang bei der Temperaturregulation spielen kann.

A2 ◒ Ordnen Sie den dargestellten Sauerstoffverbrauch (Abb. unten links) den Thermografien zu und begründen Sie Ihre Entscheidungen.

Braunes Fettgewebe

Fledermäuse und andere Winterschläfer haben ein sogenanntes braunes Fettgewebe. Es befindet sich im Inneren des Körpers und nicht wie normales weißes Fettgewebe unter der Haut oder auf inneren Organen. Es ist wesentlich stärker durchblutet und wird im Gegensatz zum weißen Fettgewebe nicht über Hormone, sondern über das Nervensystem angeregt.

A3 ◒ Beschreiben Sie anhand der nebenstehenden Abbildungen den Unterschied zwischen den Zellen des weißen und des braunen Fettgewebes. Welche Vermutungen lassen sich unter dem Aspekt des Energiestoffwechsels aufstellen? Begründen Sie diese.

A4 ◒ Vergleichen Sie anhand der Abbildung unten rechts die Vorgänge an der inneren Mitochondrienmembran in den Mitochondrien des braunen Fettgewebes mit denen im weißen Fettgewebe.

A5 ◒ Fledermäuse haben eine ungünstige relative Oberfläche (s. Seite 87). Muskelzittern erzeugt Wärme, die von den an der Oberfläche liegenden Muskeln schnell abgegeben wird. Erläutern Sie den biologischen Vorteil des braunen Fettgewebes.

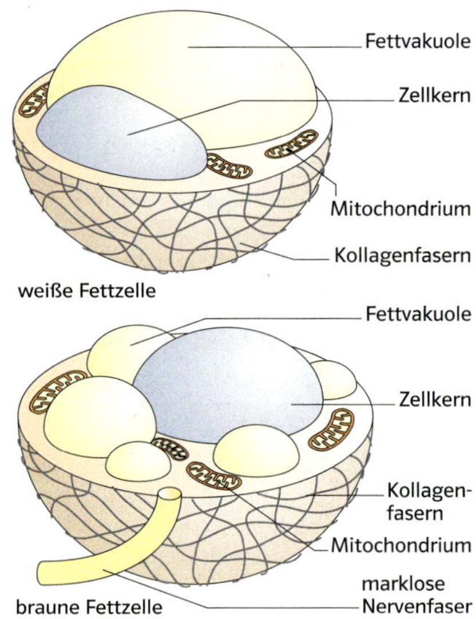

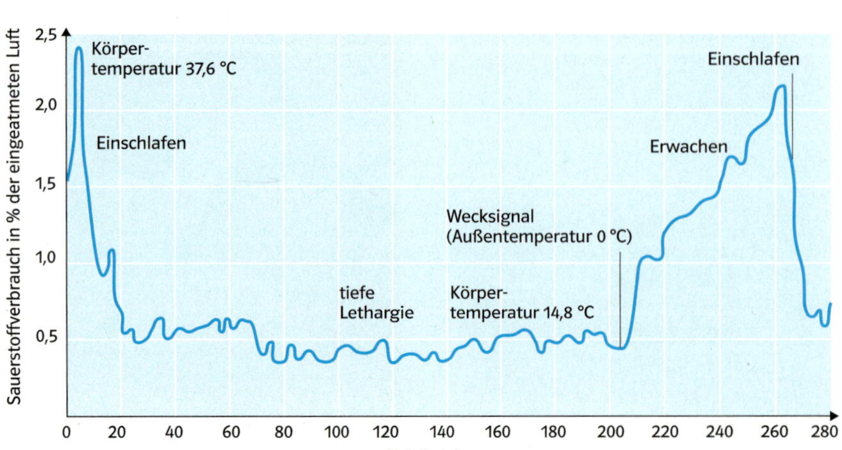

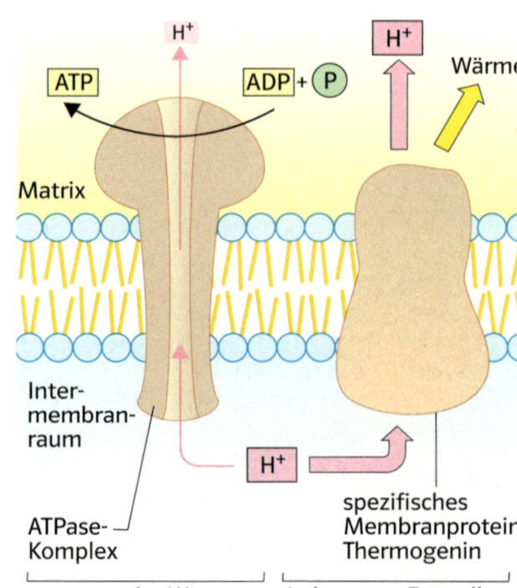

Der Stoffwechsel tauchender Säugetiere

Wale und Robben sind im Meer lebende Säugetiere, die weit unter der Meeresoberfläche ihre Beute jagen. Sie sind an lange Tauchzeiten und große Meerestiefen auf mehrfache Weise angepasst.

Wale sind sehr gute Taucher

Pottwale tauchen auf ihren Beutezügen bis zu 1100 m tief. Die Dauer eines Tauchgangs kann bis zu einer Stunde betragen. Beim Abtauchen der Wale wird die Luft aus der Lunge in die kaum durchbluteten durch Knorpelringe versteiften Bronchien und die Luftröhre gepresst.

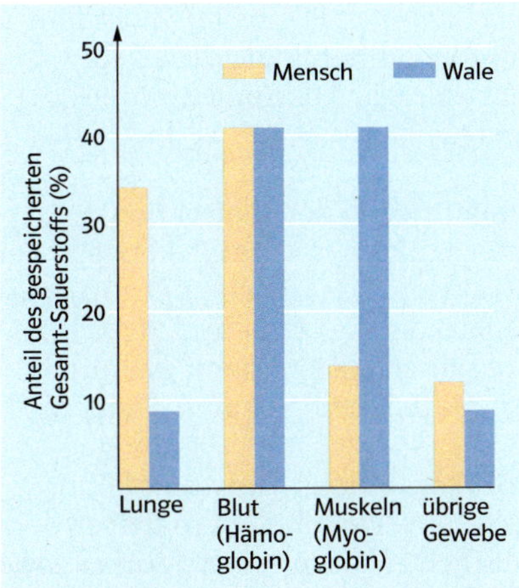

A1 Vergleichen Sie die Sauerstoffspeicher des Menschen und des Wales beim Tauchen. Erklären Sie in diesem Zusammenhang die Bedeutung und die Funktion des Myoglobins bei langen Tauchgängen. Gehen Sie von der 10-fachen Myoglobinmenge bei den Walen aus.

A2 Menschen können nach längeren Tauchgängen nur langsam mit mehreren Pausen auftauchen, um die Taucherkrankheit zu umgehen: Bei dem hohen Druck in der Tiefe löst sich eine große Menge der Luft in der Blutflüssigkeit. Bei zu schnellem Druckabfall können Luftbläschen ausperlen und durch Verstopfung und Zerreißen der Kapillaren zu Bewusstlosigkeit oder zum Tode führen. Leiten Sie aus der Abbildung oben und den Informationen Gründe ab, warum die Taucherkrankheit bei Walen nicht auftritt.

Stoffwechsel der Weddell-Robbe

Die Weddell-Robbe im antarktischen Eismeer jagt ihre Beute in bis zu 600 m Tiefe. In ihren Muskeln haben die Robben einen Myoglobingehalt von 50 bis 100 g pro kg Körpermasse. Ein Mensch hat ca. 6 g Myoglobin. Während des Tauchens werden die Arterien zum Darm und zum Genitalsystem stark verengt, die zum Herz und zum Gehirn bleiben weit geöffnet. Nach dem Auftauchen wird das Sauerstoffdefizit wieder ausgeglichen und die Milchsäure in der Leber wieder zu Glucose umgewandelt.

A3 Beschreiben Sie die Veränderungen der Konzentrationen von Sauerstoff, Kohlenstoffdioxid und Milchsäure im Blut der Weddell-Robbe während eines Tauchganges (s. Abb. unten). Erklären Sie diese im Zusammenhang mit den Stoffwechselvorgängen in den Zellen.

A4 Erklären Sie die starken Unterschiede der Atmung vor und nach dem Tauchen. Berücksichtigen Sie hierbei die Veränderung der Pulsfrequenz während des Tauchvorganges.

A5 Erläutern Sie, dass die Muskeln trotz dieser Senkung der Pulsfrequenz nicht unter Versorgungsproblemen leiden.

A6 Zum Beginn des Tauchganges atmet die Robbe vollständig aus. Erläutern Sie die Vorteile, die dieses Verhalten bietet.

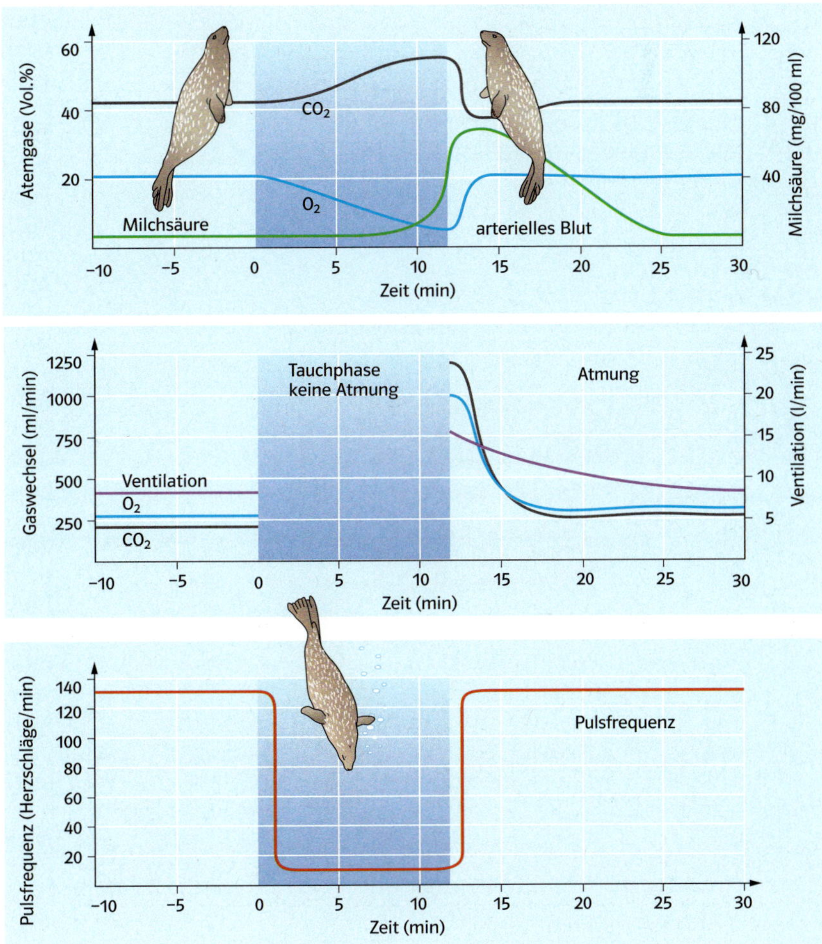

Die Muskelkontraktion

vr834i

ATP ist die universelle „Energiewährung“ der Zelle und wird für die verschiedensten Lebensprozesse benötigt, auch für Bewegungen unserer Muskeln. Dabei wird chemische Energie in mechanische Arbeit umgewandelt.

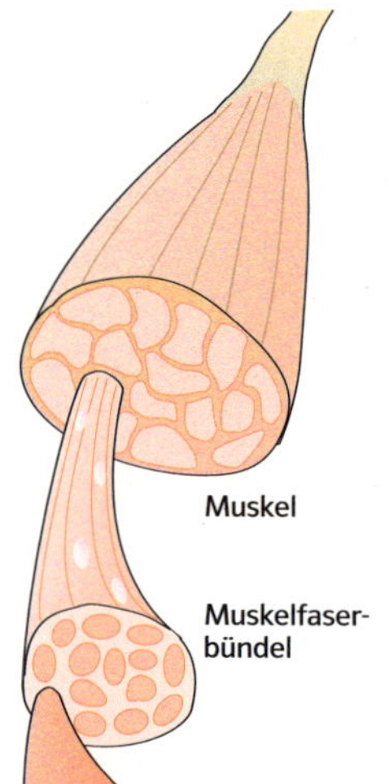

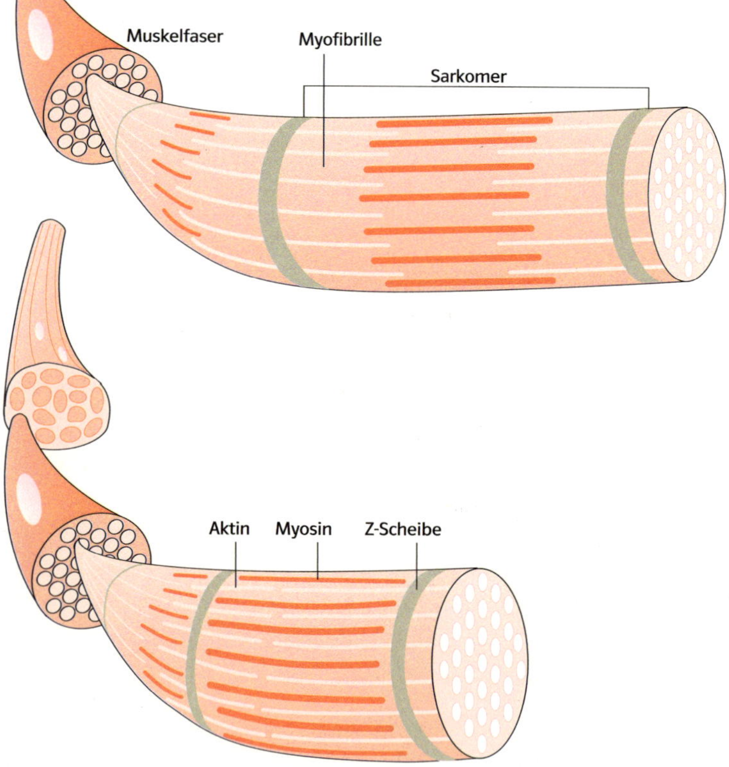

Bau des Muskels

Muskeln sind deutlich sichtbar in einzelne *Muskelbündel* gegliedert. Sie wiederum sind aus vielen von Bindegewebe umhüllten *Muskelfaserbündeln* aufgebaut, die auch Nerven und Blutgefäße enthalten. Jedes dieser Bündel enthält auch eine größere Zahl von ca. 50 µm dicken parallel geordneten *Muskelfasern*. Es sind ungewöhnlich große Zellgebilde aus vielen miteinander verschmolzenen Einzelzellen. Jede Muskelfaser enthält mehrere Zellkerne und viele Mitochondrien. Die Fasern der Skelettmuskeln erscheinen im Mikroskop quergestreift, da im Inneren jeder Muskelfaser viele 1 bis 2 µm dicke *Myofibrillen* exakt parallel gelagert sind. Jede besteht aus einer Vielzahl von hintereinander liegenden *Sarkomeren* von gleichartigem Aufbau: Jedes Sarkomer wird von 2 quer gelagerten Z-Scheiben begrenzt. Darin fest verankert ist eine große Zahl paralleler *Aktinfilamente* (s. Seite 24). Zwischen diesen sind regelmäßig die dickeren *Myosinfilamente* (ca. 0,01 µm Durchmesser) eingelagert.

Gleitfilamenttheorie der Kontraktion

Muskeln verkürzen und verdicken sich bei der Kontraktion. Das Gleiche gilt für jedes einzelne Sarkomer. Aktin- und Myosinfilamente schieben sich ineinander und ziehen so die Z-Scheiben aufeinander zu.

Die Myosinköpfe eines Myosinmoleküls binden je ein ATP. Sie bilden in dieser Form mit ihren Hälsen einen Winkel von 90°. Bei hoher intrazellulärer Ca^{2+}-Konzentration verbinden sich die Myosinköpfe mit dem *Aktin*. Aktin aktiviert dabei die *ATPase* des Myosinkopfes, sodass das an ihn gebundene ATP gespalten wird (ATP → ADP + P_i). Es entsteht also ein Komplex A-M-ADP-P_i. Löst sich P_i (anorganisches Phosphat) aus diesem Komplex, „kippen“ die Myosinköpfe aus ihrer 90°-Stellung in eine 50°-Stellung, was dazu führt, dass die Aktin- und Myosinfilamente aneinander vorbeigleiten. Die Abgabe von ADP bringt schließlich die Myosinköpfe in ihre Endstellung (45°), was das Gleiten beendet. Der übrig gebliebene A-M-Komplex ist stabil und kann nur durch erneute Bindung von ATP an die Myosinköpfe wieder gelöst werden. Dieser Vorgang kann immer von Neuem erfolgen, solange der Muskel durch Nervenimpulse aktiviert ist.

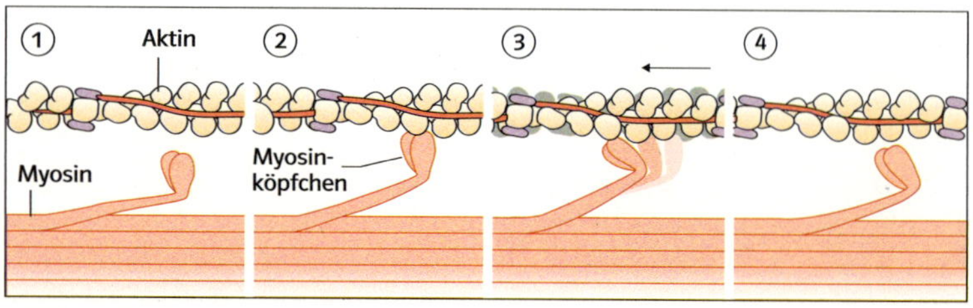

1 *Ablauf der Muskelkontraktion*

A1 ◒ Bei zu starker, ungewohnter Dauerbelastung eines Muskels verkrampft er: Er wird steif und hart. Erläutern Sie mögliche Ursachen.

Material
Die Rolle des ATP bei der Muskelkontraktion

Eine Vielzahl von Einzelbefunden ermöglichte es, eine Theorie zu den molekularen Mechanismen bei der Muskelkontraktion aufzustellen:

1) In Muskelzellen findet man eine besondere Form des Endoplasmatischen Retikulums (ER), die als Ca^{2+}-Speicher dient. In der Membran dieses ER befinden sich spezielle Ionenpumpen, die Ca^{2+} in das ER transportieren.

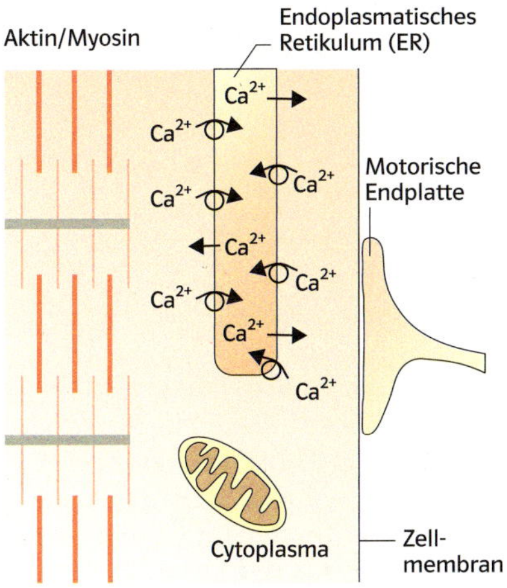

2) Gelangen Nervenimpulse an die *Motorische Endplatte* (die Nervenendigung an der Membran), erhöht sich schlagartig die Permeabilität der Membran des Muskelzellen-ERs für Calciumionen. Darauf erhöht sich die Ca^{2+}-Konzentration im Cytoplasma der Muskelzelle um ca. das 1000Fache.

3) Das Myosinmolekül weist flexible Teile auf, die Änderungen seiner räumlichen Struktur ermöglichen. Nur in einer dieser räumlichen Strukturen hat der Myosinkopf Kontakt mit Aktin.

4) Vladimir Engelhardt und seine Mitarbeiter stellten schon 1939 fest, dass der Myosinkopf ATP-Bindungsstellen aufweist. ADP und Phosphat dagegen werden vom Myosinkopf nicht gebunden.

5) Der Myosinkopf kann bei Anwesenheit von Aktin ATP schnell zu ADP und Phosphat spalten. Der Myosinkopf wirkt also wie eine ATPase.

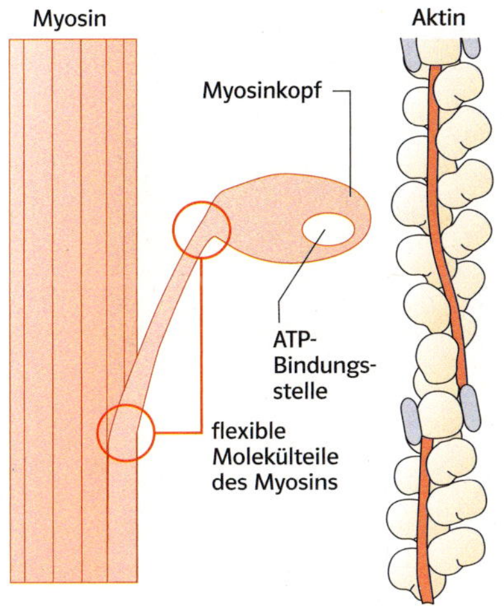

6) Eine Änderung der räumlichen Struktur von Myosin erfolgt unter verschiedenen Bedingungen:
   a) Hohe Ca^{2+}-Konzentrationen verändern die Struktur von Myosin und Aktin so, dass das Myosin in Kontakt mit Aktin tritt.
   b) Die Anlagerung von ATP an die ATP-Bindungsstelle des Myosinkopfes führt zu einer 90°-Einstellung des Myosinkopfes zum Myosinstiel. Diese räumliche Struktur des Myosins bleibt nur bestehen, solange ATP gebunden ist.
   c) Bei niedriger Ca^{2+}-Konzentration binden zwei weitere Proteine so an Aktin, dass sie den Zugang für den Myosinkopf blockieren. Bei höheren Ca^{2+}-Konzentrationen verändern diese beiden Proteine ihre Lage geringfügig, sodass Myosin an Aktin binden kann und die Kontraktion erfolgt.

A1 ◒ Ermitteln Sie mithilfe der obigen Versuchsergebnisse die richtige Reihenfolge der Schemata in der nebenstehenden Abbildung.

A2 ◒ Stirbt ein Wirbeltier, so tritt nach einigen Stunden Totenstarre ein: Alle Muskeln werden starr und hart. Gehetztes Wild zeigt nach dem Tode eine extrem kurze Zeit bis zum Einsetzen der Totenstarre. Erklären Sie diese Phänomene; überlegen Sie, in welcher Phase der nebenstehenden Abbildung sich ein Muskel in Totenstarre befindet. Erläutern Sie.

A3 ◒ Die Zugabe von ATP auf einen frisch isolierten Muskel führt nicht, wie man zuerst vermuten könnte, zu einer Kontraktion. Überlegen Sie Möglichkeiten, eine Kontraktion auszulösen.

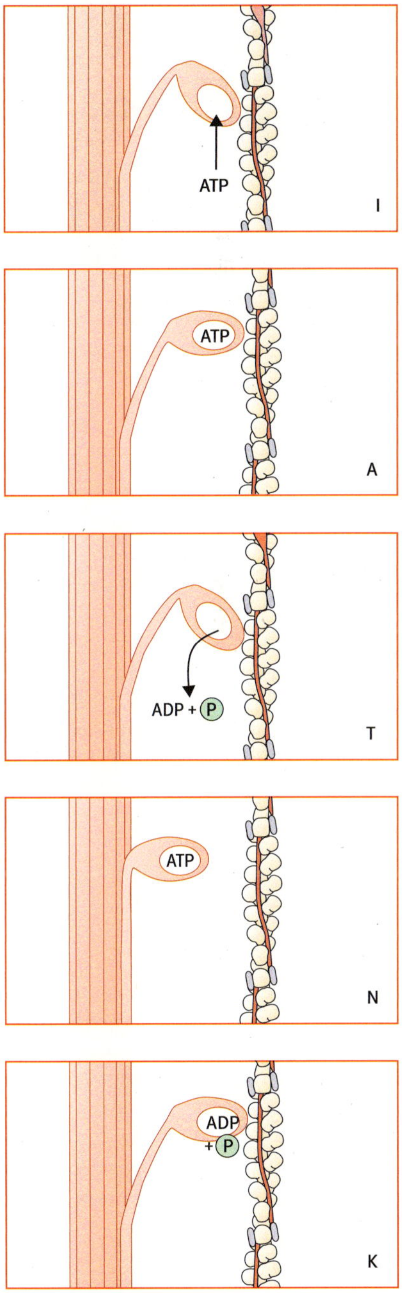

Stoffwechselvorgänge beim Sport

1 *Sportlerinnen beim 800-Meter-Lauf*

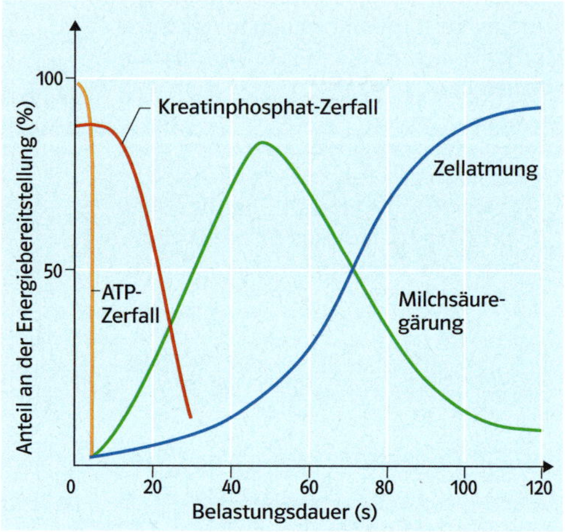

2 *Energiereserven der Muskeln*

Die individuelle sportliche Leistungsfähigkeit eines Menschen beruht hauptsächlich auf dem Umsatz von Energie in den Muskeln und der Koordination der Bewegungsabläufe. Durch gezieltes Training wird der Bewegungsablauf automatisiert und dadurch präziser. Die Leistung wird deutlich gesteigert. Ein ungeübter Schwimmer z. B. setzt nur 2 % der aufgewandten Stoffwechselenergie in Bewegungsenergie um, ein trainierter das Vierfache. Der Energieumsatz ist an physiologische Prozesse wie die Dissimilation im Körper gekoppelt.

Energieversorgung

Muskeln beziehen ihre Energie ausschließlich aus dem ATP. Allerdings sind die ATP-Vorräte in den Muskeln so gering, dass sie bei schwerer Arbeit, wie z. B. einem 800-Meter-Lauf, nur 2 Sekunden reichen, um den Bedarf zu decken (Abb. 4, gelbe Strecke). ATP muss erneut bereitgestellt werden. Messungen haben ergeben, dass drei Stoffwechselprozesse nacheinander für eine ausreichende ATP-Versorgung im Muskel sorgen.

In den ersten 15 bis 20 Sekunden wird das verbrauchte ATP sofort mithilfe von Kreatinphosphat regeneriert (Abb. 4, rote Strecke). Kreatinphosphat ist eine energiereiche Substanz, die in den Muskelzellen vorliegt. Sie reagiert mit dem ADP zu ATP und *Kreatin*. Die biologische Bedeutung des Kreatinphosphats liegt als Kurzzeitspeicher in der sofortigen Verfügbarkeit. *Glucose* wird als eigentlicher Energieträger in Form des *Glykogens* in den Muskeln und in der Leber gespeichert. Glykogen ist ähnlich wie die Stärke aus vielen Glucosemolekülen zusammengesetzt. Calciumionen, die bei der Muskelkontraktion im Muskel frei werden, aktivieren die Enzyme zum Glykogenabbau. Dadurch wird in den Muskeln viel Glucose für den anaeroben und den aeroben Stoffwechsel zur Verfügung gestellt.

Sauerstoffversorgung

Aus der Dissimilation lässt sich der hohe Energiebedarf zunächst nicht decken, weil die Kapazität der Mitochondrien und ihre Sauerstoffversorgung so kurzfristig nicht ausreicht. Daher stammt die Energie zum großen Teil aus der *Milchsäuregärung*. Bei der Milchsäuregärung wird im Vergleich zur Dissimilation nur wenig ATP gebildet. Trotzdem liefert der anaerobe Abbau der Glucose in den ersten Minuten eines Laufes den entscheidenden Beitrag zur ATP-Versorgung der Muskeln. Milchsäure häuft sich im Muskel an.

Innerhalb von 60 bis 90 Sekunden erhöht sich der Puls eines trainierten Läufers auf bis zu 180 Schläge pro Minute und die Sauerstoffaufnahme steigt um das 8- bis 10Fache. Dadurch kann ATP zum Ende des Laufs wieder über die Dissimilation bereitgestellt werden.

Bei Sprints oder Zwischenspurts ist diese Form der Energiebereitstellung ausreichend, bei längeren Belastungen wie Langlauf oder Skifahren genügt sie jedoch nicht. Am Ende eines Laufes müssen Sportler noch längere Zeit intensiv atmen. So wird die Sauerstoffschuld abgetragen, die zu Beginn des Laufes während der Milchsäuregärung entstanden ist. Die Milchsäure wird über die Blutbahn zur Leber transportiert. Hier wird die Milchsäure zu Glucose umgebaut. Kreatinphosphat wird regeneriert.

Verschiedene Muskeltypen

Bei der Skelettmuskulatur werden zwei Faserarten unterschieden: langsame und schnelle Muskelfasern. Die langsamen, dunkelroten Muskelfasern haben einen hohen Myoglobingehalt und sind reich an Mitochondrien. Diese Fasern sind vorteilhaft bei Dauerleistungen und relativ langsamen Bewegungen. Sie werden durch ein dichtes *Blutkapillarnetz* besser mit Sauerstoff versorgt. Die Energie wird aerob bereitgestellt. Die schnellen, hellroten Fasern haben einen geringen Myoglobingehalt und sind reich an Enzymen der Glykolyse, sodass anaerob schnell Energie bereitgestellt werden kann. Diese anaerobe Energiebereitstellung ist bei den Bewegungsmuskeln sinnvoll. Das Mengenverhältnis der beiden Faserarten zueinander kann durch Training kaum verändert werden, es ist genetisch festgelegt.

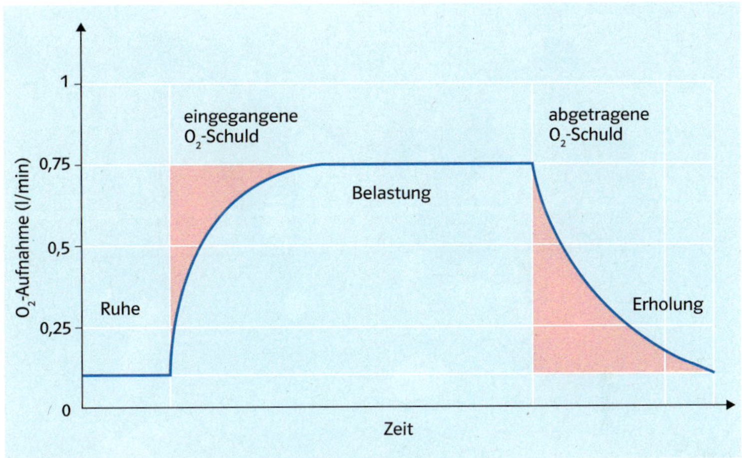

3 *Sauerstoffaufnahme während eines 800-Meter-Laufs*

A1 ◒ Untersuchungen zeigen, dass ein Sportlerherz bis zu 200 ml, das Herz eines Untrainierten 100 bis 120 ml Blut pro Herzschlag in die Aorta pumpt. Die Anzahl der Kapillaren in den Muskeln nimmt bei Sportlern ebenfalls zu. Erklären Sie die Bedeutung des Trainings für die Stoffwechselvorgänge.

A2 ● Überfordern sich Läufer in der anaeroben Phase, wird sehr viel Milchsäure gebildet, die das Blut stark ansäuert. Durch den Bohr-Effekt kommt es zu einer veränderten Bindefähigkeit des Sauerstoffs an das Hämoglobin (s. Seite 93). Erklären Sie anhand der Bindungskurven, zu welchen Veränderungen es kommt und wie sich diese auf den Läufer auswirken können.

4 *Laufbahn mit Zuordnung der Energiebereitstellung (800-m-Lauf, 400-m-Bahn)*

Training ja — Doping nein

1 *Fußball — ein Ausdauersport*

Als Training bezeichnet man eine gezielte körperliche Tätigkeit, die ständig wiederholt wird. In der Anfangsphase ist der Kraftzuwachs am größten. Ausdauer, Beweglichkeit oder Koordination werden danach gezielt verbessert. Beim Sport wird zwischen *Krafttraining* und *Ausdauertraining* unterschieden.

Krafttraining

Kraftsport wird oft mit Bodybuilding gleichgesetzt. Zum Kraftsport gehören z. B. auch Kugelstoßen, Diskuswurf oder intensive Belastungsphasen des Radsports. Es geht beim Krafttraining nicht nur um den gezielten Muskelaufbau, sondern auch um die Maximalkraft. Das Training erfolgt meist durch Übungen mit Hanteln oder anderen Gewichten mit verschiedenen Belastungsintensitäten. Der Muskel entwickelt einen größeren Querschnitt und eine höhere Muskelspannung.

Ausdauertraining

Das Ausdauertraining ist ein aerobes Training. Durch die Verbesserung der Sauerstoffzufuhr im Muskel wird mehr Energie aerob und weniger über die Milchsäuregärung bereitgestellt. Ausdauertraining erhöht auch das Schlagvolumen des Herzens, daher haben gut trainierte Personen in der Ruhephase eine niedrigere Herzfrequenz. Auch der Blutfluss im Muskel wird durch die höhere Kapillardichte verbessert.

Doping

Doping ist im Sport definiert als die Verwendung von Substanzen und Methoden, die im Sport anhand der Dopingliste verboten sind. Diese Liste ist im Leistungssport bezogen auf den Bereich der Fairness und Chancengleichheit. Doping hat jedoch auch gesundheitliche Risiken, weil es die Leistungssteigerung unkritisch in den Vordergrund stellt. Doping ist nicht nur im Bereich des Leistungssports, sondern auch im Fitnessbereich zu finden. Muskelaufbauende Präparate beim Kraftsport, wie *Anabolika*, oder Leistung mobilisierende Mittel im Ausdauersport, wie adrenalinähnliche Substanzen, sind auch im Freizeitsport verbreitet. Neben den Wirkstoffen gibt es auch Dopingmethoden, wie das Blutdoping. Dies kann durch Höhentraining erfolgen. Hierbei wird in der Niere verstärkt Erythropoetin gebildet, das im Knochenmark die Bildung Roter Blutzellen fördert (s. Seite 90). Dieses beim Höhentraining gewonnene Blut kann als Eigenblut bei Wettkämpfen dem Körper wieder zugeführt werden.

Manche junge Menschen haben keine Ambitionen zum Sport, wollen jedoch ihren Körper verändern, um in Freundesgruppen besser integriert zu sein. Der Wunsch nach der ständigen Perfektionierung und Leistungsoptimierung des Körpers ist weit verbreitet. Designerdrogen kommen ins Spiel, wenn es um gesteigerte Leistung oder Lebensgefühle geht. Studien zeigen, dass Alltagsdoping und Drogenproblematik drei gemeinsame Hintergründe haben:

1. Schwierigkeiten mit Enttäuschungen und Niederlagen umzugehen,
2. die Unmöglichkeit dem hochgesteckten Ideal gerecht zu werden,
3. unangenehme Situationen zu vermeiden.

Gesundheitliche Probleme können dem Doping folgen. Im Freizeitbereich ist der Erfolg von Anabolika schnell. Eine Schädigung der inneren Organe, Gelenkerkrankungen und Impotenz können die schleichenden Folgen sein.

A1 ○ Fassen Sie Gründe für ein sinnvolles Training zusammen und erörtern Sie, wie es dabei zum Doping kommen kann.

Material
Training verändert den Körper

Regelmäßiges Training verändert den Körper. Diese Veränderung ist nicht nur im Aussehen, wie dem Muskelaufbau oder dem Körperfettanteil, zu erkennen, sondern auch durch Veränderungen im Gewebe und im zellulären Bereich.

Rote und weiße Muskulatur

Jeder Muskel setzt sich aus verschiedenen Muskelfasern zusammen, den roten, langsamen und den weißen, schnellen. Diese sind funktionell sehr unterschiedlich. Die Zusammensetzung der Muskulatur ist beim Menschen individuell verschieden.

1 *Schwimmtraining*

Daher ergeben sich auch individuelle Trainingspläne. Die rote Farbe der Muskulatur ist auf einen hohen Myoglobingehalt und eine hohe Dichte von Mitochondrien zurückzuführen. Die Energieumwandlung ist hauptsächlich aerob. Die Fasern arbeiten langsam und ermüden nicht schnell. In der weißen, mäßig durchbluteten Muskulatur kann die Energieumwandlung auch anaerob erfolgen. Sie besitzt weniger Mitochondrien, aber viele Enzyme der Glykolyse. Das Leistungsvermögen ist anaerob größer als aerob. Die weiße Muskulatur leistet schnelle Arbeit, ist aber schnell ermüdet. Sie besitzt einen hohen Glykogenspeicher.

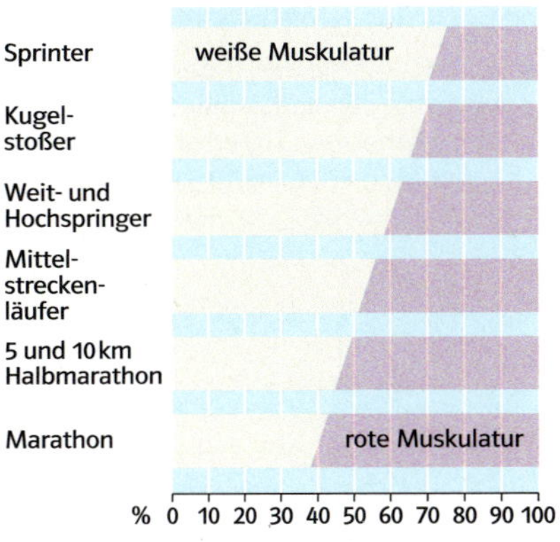

2 *Rote und weiße Muskulatur*

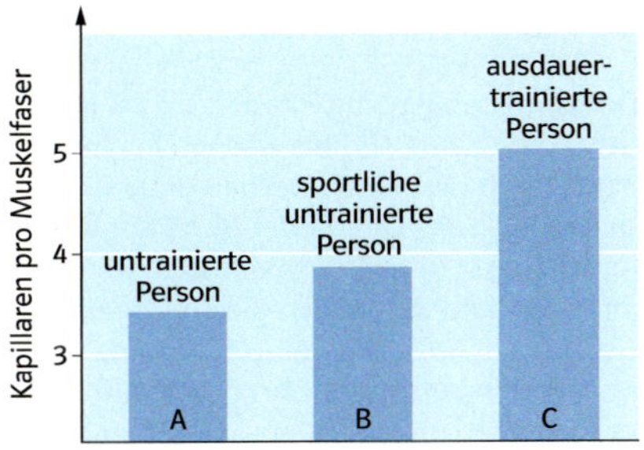

3 *Training und Blutkapillaren*

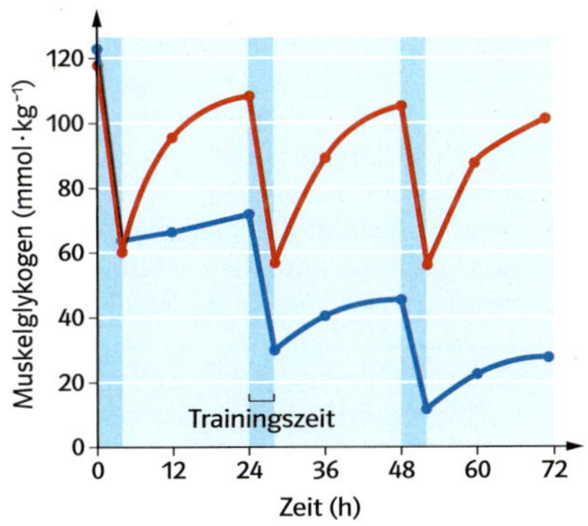

4 *Glykogengehalt der Muskeln*

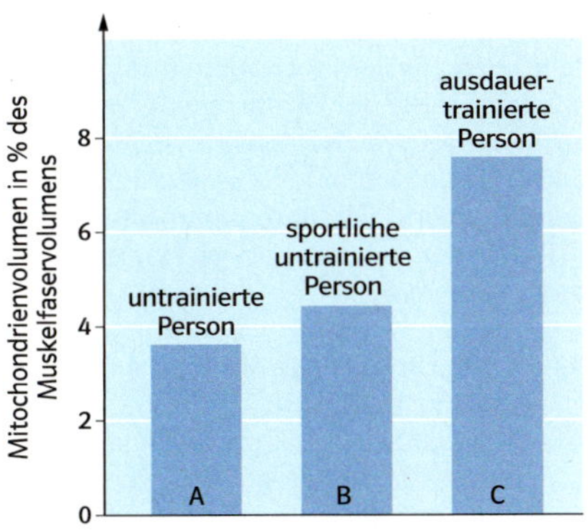

5 *Training und Mitochondrienvolumen*

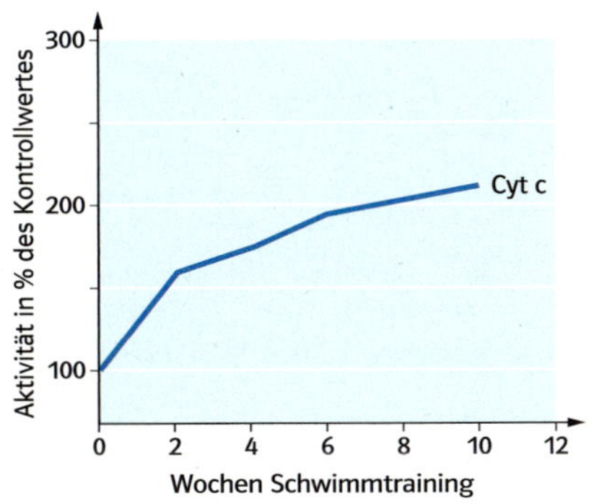

6 *Cytochrom in der Muskulatur*

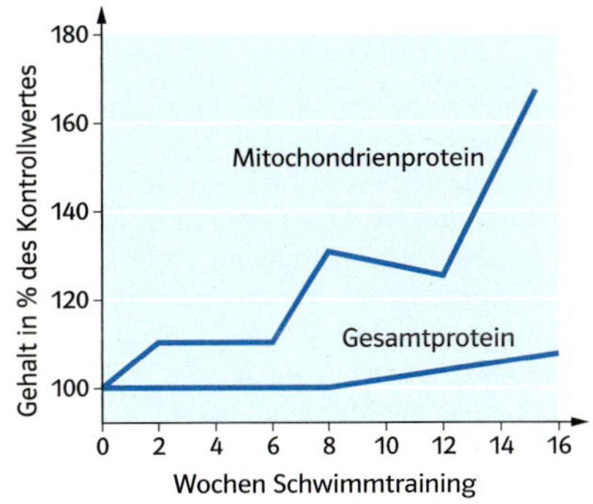

7 *Mitochondrien in der Muskulatur*

Training wissenschaftlich gesehen

Ein ausdauerndes Training mit gezielten Wiederholungen der Übungen, zum Beispiel im Bereich des Schwimmsports, führt zur gewünschten Leistungssteigerung. Diese ist auf Veränderungen im Körper zurückzuführen. Sportler wurden über einen längeren Zeitraum wissenschaftlich begleitet und sowohl medizinisch als auch biologisch in verschiedenen Trainingsabschnitten untersucht.

A1 ◒ Beschreiben Sie die Daten zur roten und weißen Muskulatur in Abb. 2. Erklären Sie anhand der Abbildung und des Textes den Zusammenhang mit der jeweiligen Sportart.

A2 ● Filmanalysen von Fußballspielen zeigten, dass Fußballspieler während eines Spiels ca. 1,2 km auf dem Spielfeld zurücklegen, ca. 24 % im Bereich der maximalen Geschwindigkeit. Der Glykogenspeicher verändert sich in dieser Zeit von 15 g/kg Muskulatur auf 2 g/kg. Erläutern Sie diesen Zusammenhang anhand des Textes.

A3 ◒ Beschreiben und erläutern Sie Abb. 4. Die rote Kurve bezieht sich auf einen Versuchsansatz, bei dem während einer intensiven Trainingsphase 70 % der Nahrung aus Kohlenhydraten bestand, bei der blauen Kurve waren es 40 % Kohlenhydrate.

A4 ◒ Beschreiben Sie die Abb. 5 bis 7 und erklären Sie die Daten in den jeweiligen Abbildungen.

A5 ◒ Erläutern Sie, welche Bedeutung die Veränderungen in der Muskulatur durch das Ausdauertraining für den Energiehaushalt des Körpers haben.

Übungen
Energiestoffwechsel

1 Mitochondrien

Die Bedeutung der ATP-Synthase wurde in mehreren Experimenten untersucht. Hierzu wurden künstlich kleine Kugeln aus der Biomembran hergestellt und isolierte Protonenpumpen eingebaut (Abb. 1). Man konnte einen Protonengradienten nachweisen, jedoch keine ATP-Synthese. Wurden zusätzlich Moleküle der ATP-Synthase in die Membran eingebaut, bildete sich ATP.

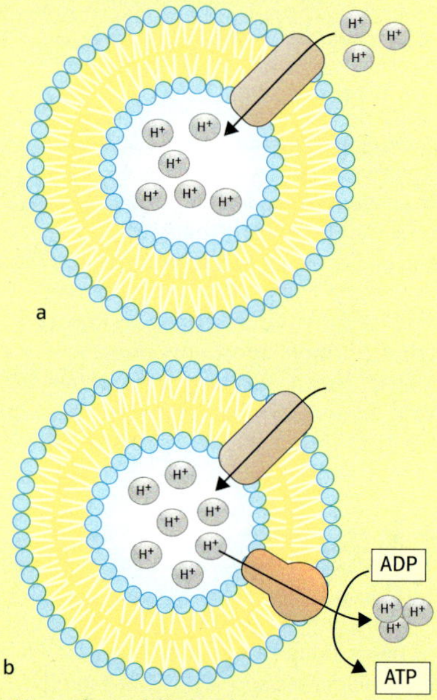

1 *Versuch zur ATP-Synthase*

A1 ○ Beschreiben Sie Aufbau und Durchführung des Versuchs.
A2 ◒ Erläutern Sie das Ergebnis unter dem Aspekt des Protonengradienten.

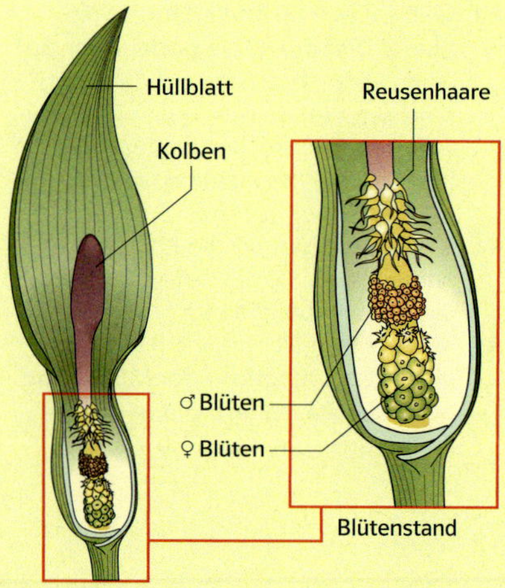

2 *Blüte des Aronstabs*

2 Fliegenfallen

Der Aronstab ist eine Pflanze, die im Inneren von Laubwäldern wächst. In diesen lichtarmen Bereichen werden die Bestäuber selten durch die Blütenfarbe angelockt. Zuerst reifen die weiblichen Blüten am Blütenstand. Danach öffnet sich das Hochblatt. Die im Kolben vorhandene Wärme und ein kotartiger Geruch der Blüte locken Fliegen und Käfer aus der Umgebung an. Die Temperatur des Kolbens kann bis zu 15°C über der Außentemperatur liegen. Landen die Insekten auf dem Hochblatt, rutschen sie an der glatten Oberfläche in den Trichter. An einigen dieser Insekten haftet noch der Pollen anderer Aronstabblüten. So werden die weiblichen Blüten bestäubt. An den weiblichen Blüten befindet sich Nektar. Die Sperrborsten verhindern jedoch, dass die Insekten die Blüte verlassen können. In der kommenden Nacht öffnen sich die Pollensäcke der männlichen Blüten und gleichzeitig welken die Sperrborsten. Die Insekten können nun an den Pollen der männlichen Blüten vorbeikrabbeln und weitere Aronstabblüten anfliegen. Untersuchungen am Kolben ergaben, dass viel Stärke in ihm gespeichert ist. Deren Konzentration sinkt, wenn sich die Temperatur im Kolben erhöht. Im Kolben ist die Anzahl der Mitochondrien sehr hoch. Diese Mitochondrien zeigen — ähnlich wie die der Winterschläfer — eine erhöhte Stoffwechselaktivität an. Besondere Proteine in der inneren Membran der Mitochondrien führen dazu, dass kein ATP gebildet, sondern sehr viel Wärme produziert wird.

A3 ○ Beschreiben Sie die beiden Diagramme in Abb. 3.
A4 ◒ Erklären Sie in Zusammenhang mit dem Text die Ergebnisse aus den Diagrammen und erörtern Sie die biologische Bedeutung der Vorgänge für den Aronstab.

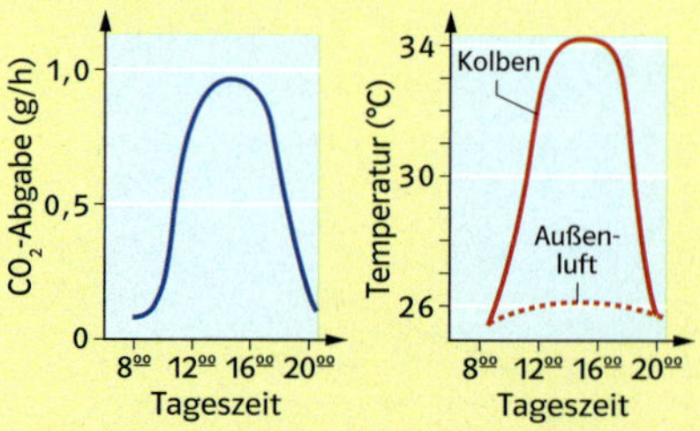

3 *Temperaturverlauf und CO_2-Produktion*

3 Insekten sind poikilotherm

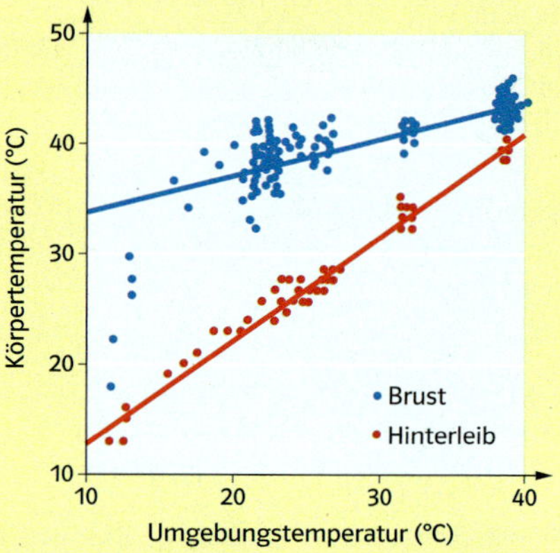

4 *Insekten im Winter*

Nach kühlen Nächten kann man in der Morgensonne Insekten beobachten, die noch sehr träge sind. Mit zunehmender Temperatur schlagen Insekten vor dem Abflug längere Zeit kräftig mit ihren Flügeln, bevor sie losfliegen.

5 *Zitronenfalter im Winter*

A5 ◒ Beschreiben Sie die Grafik in Abb. 4 und erläutern Sie den Zusammenhang mit dem im Text genannten Phänomen.
A6 ◒ Erklären Sie den Unterschied zwischen poikilothermen und homoiothermen Tieren anhand des genannten Phänomens auch unter dem Aspekt der Enzymatik.

4 Hämoglobin

Das Hämoglobin des Fetus *(fetales Hämoglobin)* im Mutterleib hat eine etwas andere Struktur als das der Erwachsenen. Der mütterliche Kreislauf übernimmt die Versorgung des Fetus über die Plazenta.

A7 ◒ Deuten Sie den Kurvenverlauf in Abb. 6 und erläutern Sie die biologische Bedeutung, dass fetales Hämoglobin eine andere Struktur hat als das der Erwachsenen.

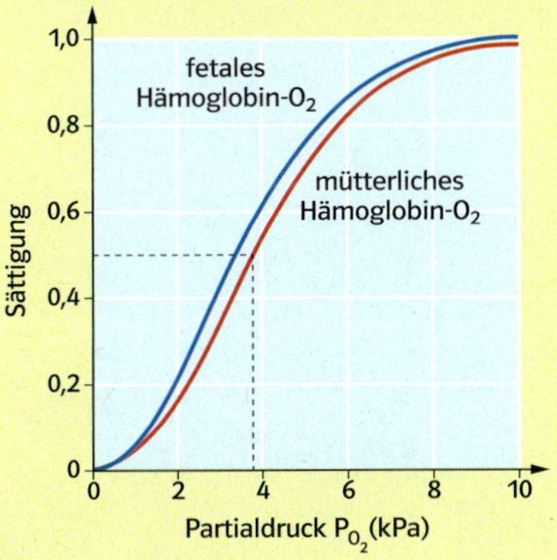

6 *Sauerstoffbindungskurven*

5 Gärung

Viele Organismen, die in sauerstofffreier oder sauerstoffarmer Umgebung leben, können trotzdem ATP gewinnen, indem sie energiereiche Stoffe vergären.

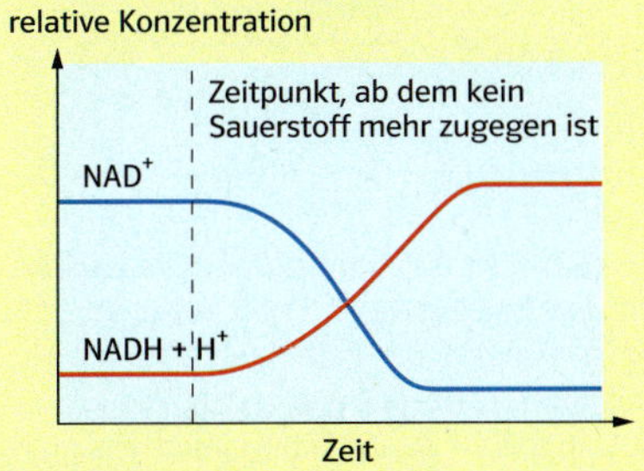

7 *Messergebnisse zur Gärung*

A8 ◒ Beschreiben Sie Abb. 7 und deuten Sie sie.

6 Versuch zur Enzymwirkung

Wässrige Lösungen von Proteinen sind recht zähflüssig, wie man am Eiklar des Hühnereis erkennen kann. Die Zähflüssigkeit einer Probe kann man messen, indem man die Zeit stoppt, in der eine Probe in einem dünnen, senkrechten Rohr eine bestimmte Strecke zurücklegt. Mit dieser Versuchsanordnung kann die Wirkung von Enzymen untersucht werden.

Versuch	1	2	3	4	5	6
Einwirkzeit des jeweiligen Enzyms auf die Probe (s)	0	1	3	5	7	9
Ausfließzeit der Blindprobe ohne Enzym (s)	95	95	95	95	95	95
Ausfließzeit mit Pepsin (s)	95	83	74	70	67	65
Ausfließzeit mit Amylase (s)	95	95	95	95	95	95

8 *Messergebnisse zur Enzymwirkung*

A9 ◒ Zeichnen Sie den im Text beschriebenen Versuchsaufbau, mit dem die Untersuchungen durchgeführt wurden.

A10 ◒ Erklären Sie anhand der gemessenen Daten aus Abb. 8, welche Aussagen zur Wirkungsweise der Enzyme gemacht werden können.

7 Energiereserven im Ausdauersport

9 *Glykogen wird im Muskel gespeichert*

Bei Langzeitbelastungen werden Energiereserven in verschiedenen Energiedepots des Körpers genutzt. Energiereserven im Körper sind Fette und die „tierische Stärke", das Glykogen. Fettgewebe ist an vielen Stellen des Körpers verteilt, Glykogen hauptsächlich in der Muskulatur und der Leber. Beim Abbau der Fettdepots entstehen Fettsäuren, die auch für den Energiestoffwechsel zur Verfügung stehen. Die Glucosekonzentration im Blut darf trotz des langfristigen Bedarfs nicht unter einen Schwellenwert sinken, da ansonsten das Gehirn nicht ausreichend mit Glucose versorgt wird. Um einen Funktionsausfall des Gehirns zu verhindern, muss Glucose im Körper neu gebildet werden.

A11 ◒ Beschreiben Sie die Daten in Abb. 10 und erläutern Sie die Zusammenhänge zur Energieversorgung des Körpers bei langfristigen Belastungen.

A12 ● Erklären Sie, welche Rolle der Citronensäurezyklus bei der Bereitstellung der jeweiligen Energiequellen spielt.

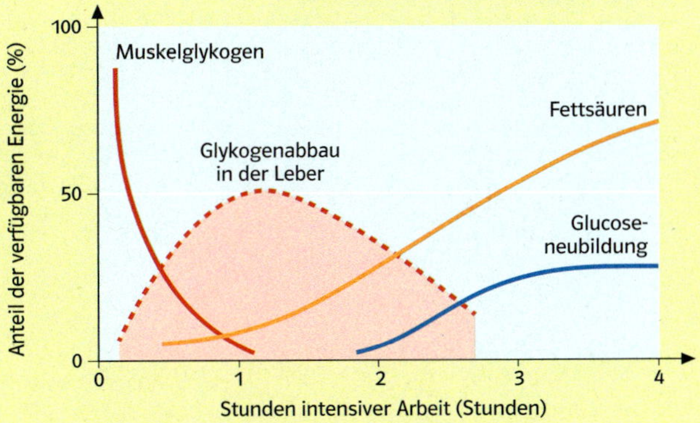

10 *Energieversorgung bei langfristigen Belastungen*

Basiskonzepte
System

Ein Gegenstand der Biologie sind lebendige Systeme. Zu den biologischen Systemen gehören zum Beispiel Zellbestandteile wie Organellen, die Zelle selbst und Organe. Lebendige Systeme sind von einer definierten „Umgebung“ abgegrenzt und bestehen aus unterschiedlichen Elementen, die miteinander in Wechselwirkung stehen. So besteht die Zelle u.a. aus Zellorganellen, der Organismus aus Organen. Biologische Systeme besitzen spezifische Eigenschaften. Solche Eigenschaften sind bei Zelle und Organismus z.B. Stoff- und Energieumwandlung, Steuerung und Regelung, Informationsverarbeitung, Bewegung sowie die Weitergabe und Ausprägung genetischer Information. Zelle und Organismus stehen wiederum in Wechselwirkung zu ihrer Umwelt.

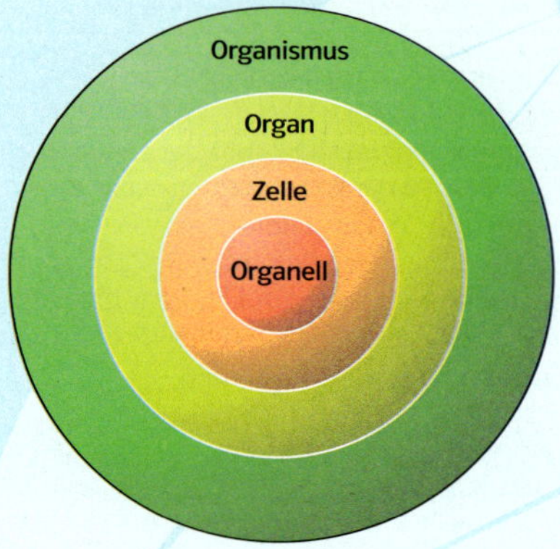

1 *Systemebenen*

Systemebenen

Lebende Systeme gehören verschiedenen Systemebenen an. Diese sind z.B. die Systemebene der Ökosysteme, der Organismen, der Zellen oder die molekulare Ebene. Jede Ebene baut auf der darunterliegenden auf. Organellen sind beispielsweise die Untereinheiten der Zellen, diese wiederum Untereinheiten eines Organs. Ein besseres Verständnis der Organismen ist nur dann möglich, wenn man die Vorgänge auf allen Systemebenen kennt.

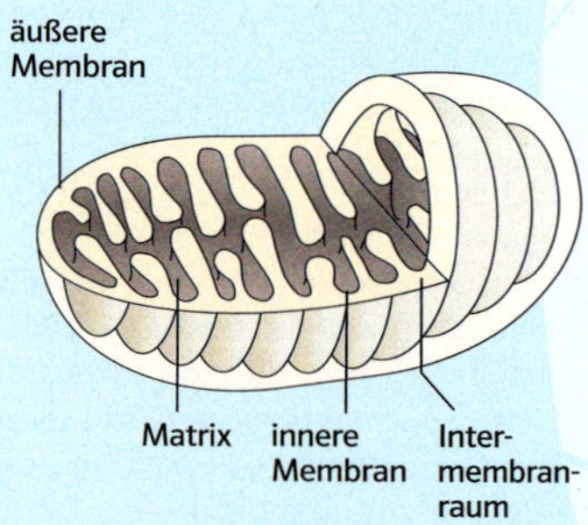

Organellen als System

Organellen haben meist eine Membran, die sie von dem umgebenden Cytoplasma trennt. Über diese Membran werden Stoffe ausgetauscht. Bei Mitochondrien z.B. sind diese Stoffe die C_3-Bausteine der Glucose (C_6). Diese werden aus der Umgebung, dem Cytoplasma, in die Mitochondrien aufgenommen. Aus den Mitochondrien wird Kohlenstoffdioxid und Wasser an die Umgebung abgegeben. Die Mitochondrien setzen sich aus unterschiedlichen Komponenten zusammen. Diese unterschiedlichen Komponenten des Systems Mitochondrium stehen in einer ständigen Wechselwirkung.

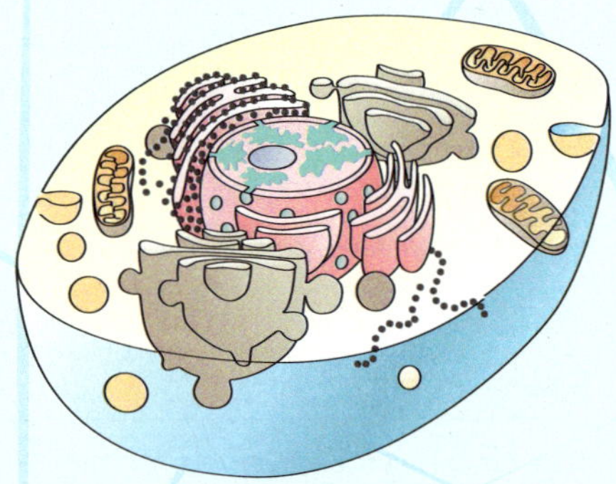

2 *Die Zelle — ein System*

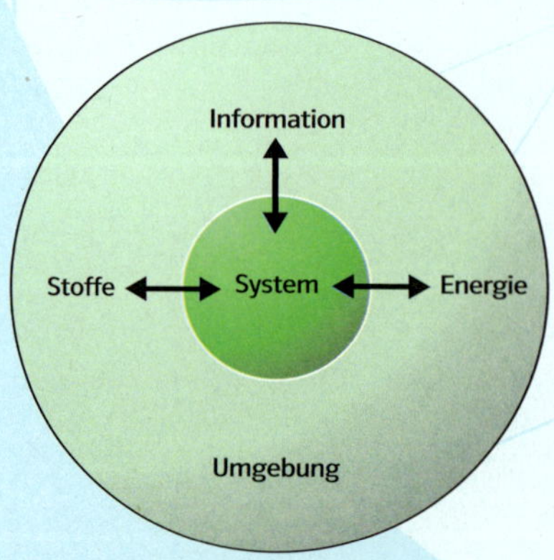

3 *Austausch mit einem System*

Die Zelle — ein System

Alle Zellen haben eine Zellmembran. Diese trennt das Innere der Zelle von der Umgebung. Einzeller leben in feuchten Umgebungen, die ihnen eine Aufnahme von Nährstoffen und eine Abgabe von Abfallstoffen ermöglichen. Auch Reize, wie der Zucker- oder Säuregehalt der Umgebung oder Lichtverhältnisse, werden als Information von Einzellern aufgenommen. Bei Körperzellen ist ein Überleben der einzelnen Zellen unter natürlichen Bedingungen nicht möglich. Diese Zellen sind spezialisiert und mit ähnlich spezialisierten Zellen zu einem Gewebe verbunden. Hier sind sie von benachbarten Zellen und Gewebeflüssigkeit umgeben.

Lebewesen in extremen Lebensräumen

Lebewesen in extremen Lebensräumen, wie z. B. Pinguine in der Antarktis, geben ständig Wärmeenergie an die Umgebung ab. Diese Energie muss über die Nahrung dem System wieder zugeführt werden. Das Überleben ist gesicherter, wenn durch eine gute Isolierung und die relative Körpergröße weniger Energie an die Umgebung abgegeben wird.

4 *Pinguine in der Antarktis*

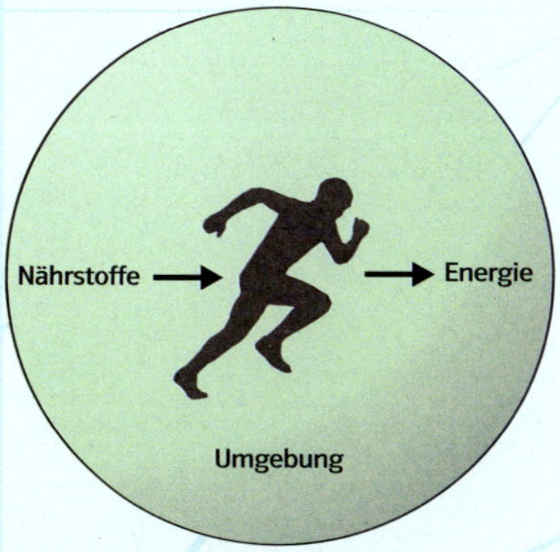

5 *Sportler als System*

Organismus und Umgebung

Jeder Organismus kann als ein System betrachtet werden. Ein Mensch beispielsweise ist ein System, das Energie in Form von Nährstoffen aufnimmt. Die Energie wird innerhalb des Körpers in den Zellen umgebaut. Sie wird für die Bewegung der verschiedenen Muskeln z. B. während der sportlichen Aktivität benötigt. Ein Teil der Energie wird auch in Wärme umgewandelt, diese wird an die Umgebung abgegeben.

Organe – Teile des Organismus

Organe sind Bestandteile eines Organismus, jedoch auch selbst ein System, dessen Umgebung die verschiedenen Bereiche des Organismus sind. Die Lunge hat sowohl die Außenluft über die Atemwege als Umgebung als auch den Brustkorb als Innenraum des Organismus. Der Stoffaustausch ist hier ein entscheidender Aspekt.

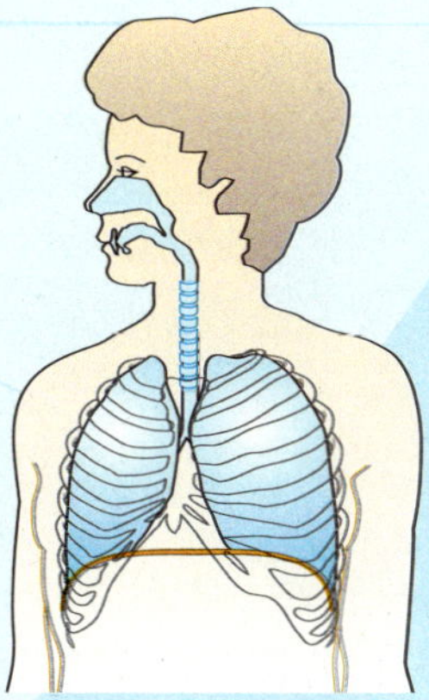

6 *Die Lunge – ein Organ*

A1 Erläutern Sie, weshalb die Pinguine in Abb. 4 als System betrachtet werden können. Welche Aspekte des Systemgedankens spielen hierbei eine Rolle?

A2 Beschreiben Sie die Regulation in dem System Organismus am Beispiel eines Sportlers bei unterschiedlicher körperlicher Anstrengung.

A3 Erläutern Sie die gemeinsamen Aspekte für einen Sportler und einen Pinguin und erklären Sie, welche Vorteile eine Vernetzung unter dem Aspekt des Systems bringt.

A4 Erläutern Sie, ob der Zellkern ebenfalls ein System darstellt (s. Seite 20).

A5 Bakterien sind Prokaryoten. Beschreiben Sie die Unterschiede zwischen Pro- und Eukaryoten. Erläutern Sie, ob Bakterien auch als ein System gesehen werden können, und begründen Sie Ihre Entscheidung.

A6 Betrachten Sie das Darmsystem unter dem Aspekt der Umgebung eines Systems und stellen Sie dar, welche spezifischen Eigenschaften hier im Vordergrund stehen (s. Seite 62).

Basiskonzepte
Struktur und Funktion

Die Funktionen von Zelle und Organismus haben stets strukturelle Grundlagen. Strukturen haben für die verschiedenen Aufgaben in den Zellen und Organismen eine große Bedeutung. Funktionen des Stoffwechsels und der Energieumwandlung wären ohne diese jeweiligen Strukturen nicht möglich.

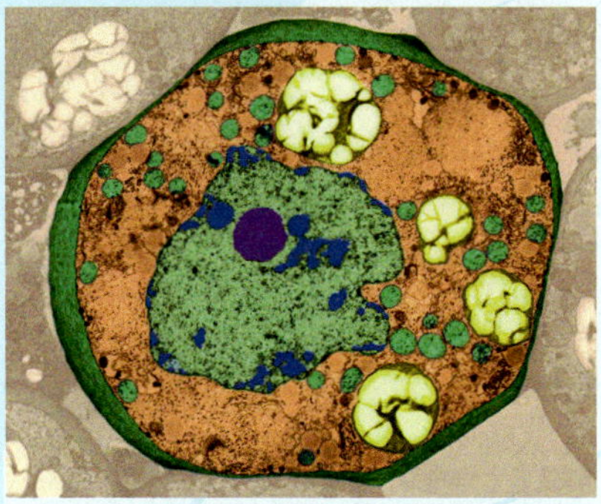

1 *Zelle mit verschiedenen Kompartimenten*

Die Zelle — eine Funktionseinheit

Die strukturelle und funktionelle Grundbaueinheit des Lebendigen ist die Zelle. Die Zelle ist unterteilt in kleinere Funktionseinheiten, die Organellen. Diese kleinen Räume ermöglichen viele verschiedene Reaktionen nebeneinander, die für die differenzierten Funktionen der Zelle notwendig sind. Die Biomembranen sind hierfür die strukturelle Grundlage.

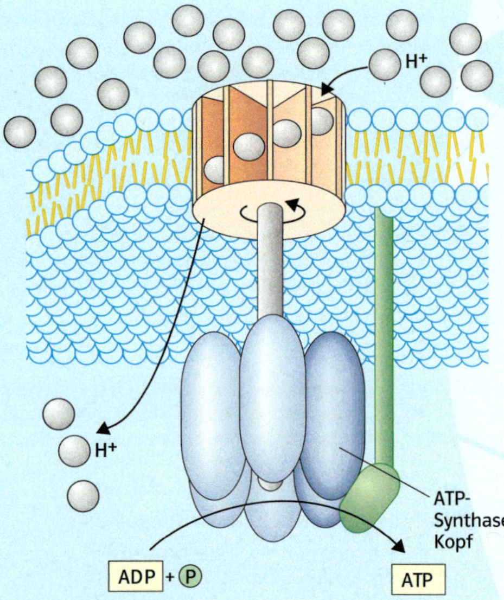

2 *ATP-Synthase*

Zellmembranen

Zellmembranen teilen nicht nur die Zelle auf, sondern ermöglichen auch einen gezielten Transport. Dieser ist auf molekularer Ebene z. B. an Ionenkanäle gebunden, die die Membran durchqueren. Die Ionenkanäle haben durch ihre unterschiedlichen Strukturen unterschiedliche Funktionen. Sie können spezifisch Wasser, Ionen, organische Substanzen oder Protonen transportieren. Die ATP-Synthase übernimmt durch ihre Struktur die Synthese des ATP. Aquaporine transportieren große Mengen Wasser gezielt durch die Biomembran und ermöglichen dadurch ein schnelles Wachstum von Zellen.

Oberflächenvergrößerung

Über Oberflächen von Zellen, Organen oder Organismen erfolgt ein Stoffaustausch oder eine Wärmeabgabe. Durch eine Vergrößerung der Oberfläche wird ein erhöhter Stoffaustausch ermöglicht. Oft sind diese Austauschflächen räumlich begrenzt, aber durch Einfaltungen oder feinste Verästelungen können diese Flächen pro Volumeneinheit deutlich erhöht werden Zum Beispiel ist die innere Membran der Mitochondrien stark gefaltet, dadurch wird nicht nur der Austausch erhöht, sondern es erfolgen auch mehr Reaktionen zur Energieumwandlung.

3 *Mitochondrium geöffnet*

Schlüssel-Schloss-Prinzip

In den Zellen ermöglichen Enzyme einen effizienten Stoffumsatz. Ein Substrat passt nur zu der spezifischen Struktur eines bestimmten Enzyms wie ein Schlüssel zum Schloss. Auch zwischen den Zellen gibt es spezifische Passungen, wie zum Beispiel beim Immunsystem. Antikörper binden nur an bestimmten Oberflächenstrukturen. In der Forschung nutzt die Immunfluoreszenz-Mikroskopie dieses Prinzip mit spezifischen mit Fluoreszenzfarbstoff markierten Antikörpern.

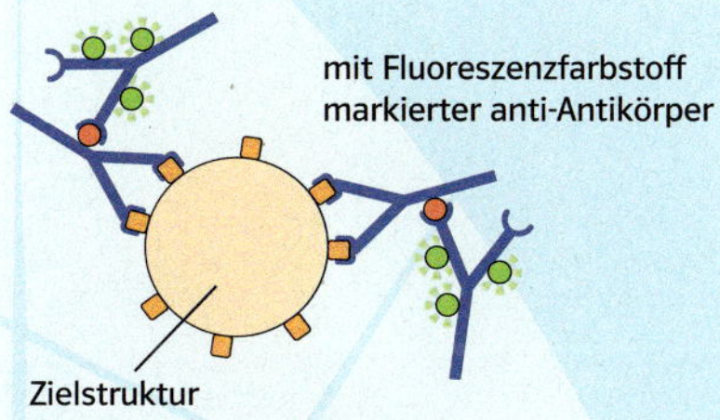

4 *Fluoreszenzmarkierung*

Prinzip der Gegenspieler

Muskeln können nur kontrahieren. Ein zweiter Muskel muss den kontrahierten Muskel wieder dehnen. Dieses Prinzip der Gegenspieler ist in allen Organismen vorhanden. Am Oberarm sind die Gegenspieler der Beuger und der Strecker. Das Prinzip der Gegenspieler findet man auch auf der molekularen Ebene. Das Hormon Insulin senkt den Blutzuckerspiegel, während ihn Glukagon erhöht.

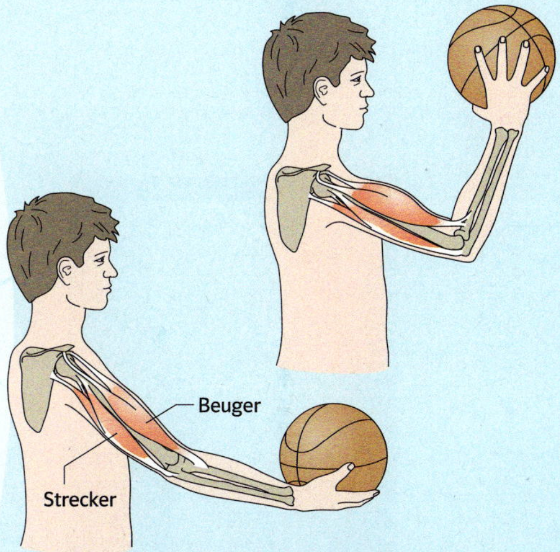

5 *Gegenspielerprinzip bei den Muskeln*

Cytoskelett

Bei allen Vorgängen, wie Veränderung der Zellform, Bewegung von Zellen, intrazellulärer Transport von Vesikeln oder Chromosomen, ist das Cytoskelett die Grundlage der Bewegung. Durch seine Strukturen ist die ständige Veränderung als Funktion erst möglich. Auch die Muskelbewegung ist auf das Cytoskelett zurückzuführen, da Aktin und Myosin die Bewegung ermöglichen.

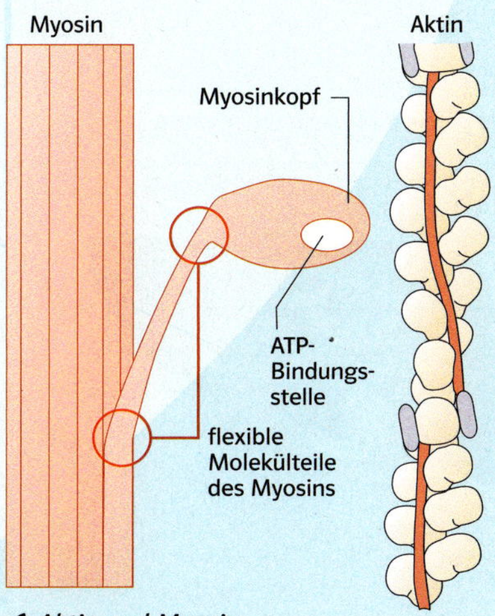

6 *Aktin und Myosin*

A1 Betrachten Sie die Struktur des Golgi-Apparates (s. Seite 66) unter dem Prinzip der Oberflächenvergrößerung und stellen Sie die Ergebnisse strukturiert zusammen.

A2 Fluoreszenzfarbstoffe werden mit Antikörpern verbunden und ermöglichen den mikroskopischen Nachweis verschiedener Substanzen. Beschreiben und erklären Sie diese Untersuchungsmethode unter dem Aspekt des Schlüssel-Schloss-Prinzips (s. Seite 37).

A3 Erläutern Sie die Bedeutung der Oberfläche in Bezug auf das Körpervolumen bei Organismen in kalten und warmen Lebensräumen (s. Seite 86).

A4 Der Protonengradient ermöglicht erst die ATP-Synthese. Erstellen Sie eine Zeichnung, mit deren Hilfe Sie das Konzept von Struktur und Funktion verdeutlichen.

Basiskonzepte
Entwicklung

Das Basiskonzept Entwicklung beschäftigt sich mit den zeitlichen Veränderungen von Systemen. Veränderungen können auf den verschiedenen Systemebenen ablaufen. In der Systemebene der Zelle findet man die Entwicklung in Form der Zellteilung, des Zellwachstums oder der Zelldifferenzierung. In der Systemebene des Organismus geht es um das Wachstum bei Pflanzen, Tieren oder Menschen oder die Differenzierung durch besondere Beanspruchung, wie beim Sport. Neben dieser Individualentwicklung spielt auch die stammesgeschichtliche Entwicklung eine Rolle. Veränderungen im Laufe der Evolution spielen bei der Angepasstheit von Zellen und Lebewesen die entscheidende Rolle.

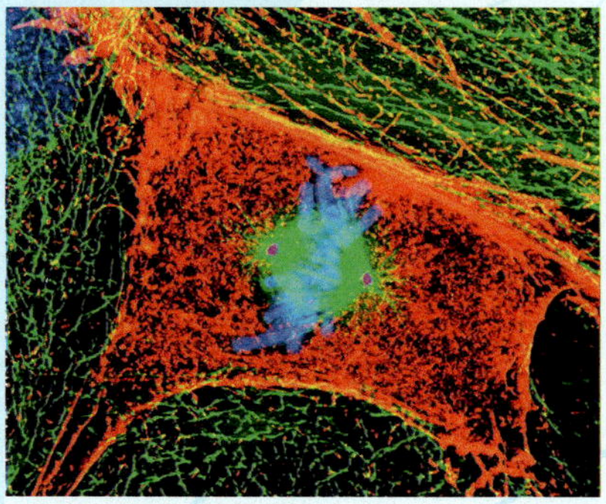

1 *Zelle während der Mitose*

Mitose

Die Mitose ist innerhalb des Zellzyklus der Abschnitt, in dem der Zellkern geteilt wird. Durch die Teilung der Zweichromatid-Chromosomen zu Einchromatid-Chromosomen ist die Grundlage geschaffen, eine Zelle in zwei Zellen mit dem jeweils gleichen Genom zu teilen. Die zweite Grundlage ist jedoch der Stoffwechsel, der die Bausteine für die Bildung der neuen Zellmembran und der neuen Organellen bereitstellt. Er ist auch Voraussetzung für das Funktionieren des Cytoskeletts, das die Trennung der Chromatiden und der Zellbestandteile ermöglicht. Die Replikation der DNA erfolgt vor der Mitose in der S-Phase des Zellzyklus.

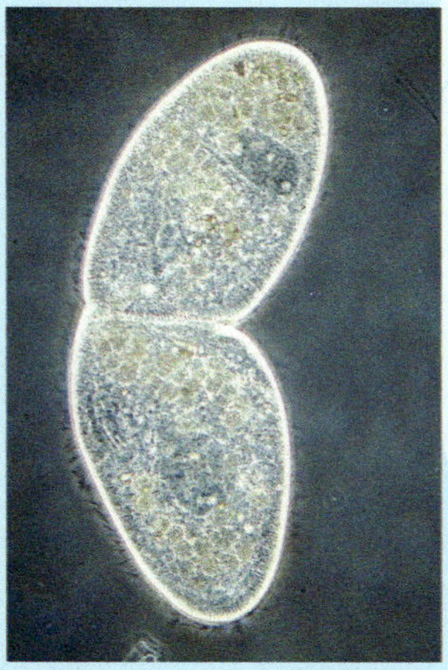

2 *Zellteilung bei Paramecium*

Zellzyklus und Zellteilung

Zellen wachsen und teilen sich. Dies ist die Grundlage für das Wachstum von Lebewesen aber auch zum Erhalt des Gewebes, da ständig Zellen absterben. Innerhalb eines Zellzyklus ist nicht nur die Teilung der Zelle entscheidend, sondern auch der Zellstoffwechsel. Dieser ist die Voraussetzung für den Aufbau der neuen Zelle. Aus den Nährstoffbausteinen, wie Fetten, Proteinen oder anderen Molekülen, werden neues Cytoplasma, neue Organellen und eine neue Zellmembran gebildet. Auch die Verdopplung der DNA im Laufe des Zellzyklus benötigt Nucleotide als Grundbausteine. Der Stoffwechsel ist daher auch die Grundlage der Verdopplung der DNA.

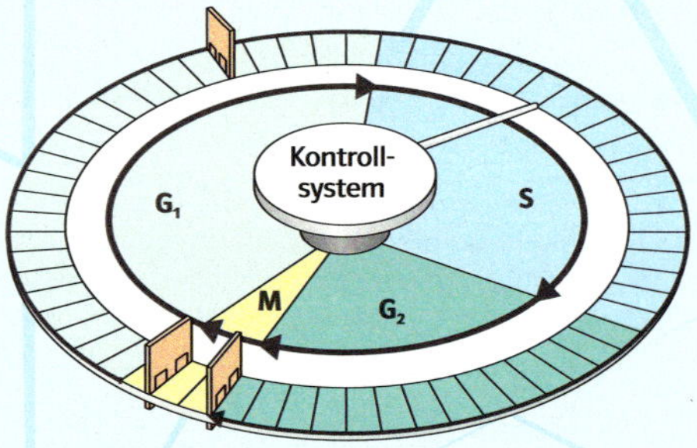

3 *Zellzyklus*

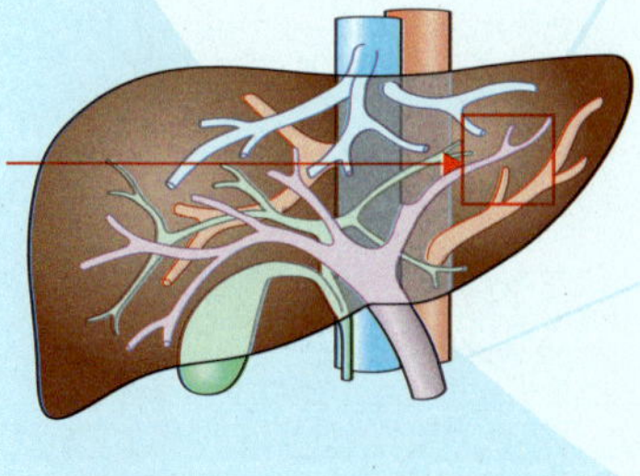

4 *Leber*

Zelldifferenzierung — Organe

Ein Organismus besteht aus verschiedenen Zellen mit spezifischen Aufgaben. Während bei den Einzellern eine Zelle sehr viele verschiedene Aufgaben übernehmen muss, ist bei den Vielzellern eine Spezialisierung in den verschiedenen Organen vorhanden. Bei der Entwicklung eines Lebewesens aus der befruchteten Eizelle entstehen verschiedene Gewebe mit den jeweils spezifischen Zellen. Diese spezialisierten Zellen können sich oft nicht mehr teilen. Sie gehen in eine G_0-Phase, in der die Funktion des Stoffwechsels im Vordergrund steht. Bei Verringerung der Zellzahl z. B. nach einer Operation können manche tierischen Zellen wieder in die G_1-Phase und damit den Zellzyklus eintreten.

Wachstum der Organismen

Organismen haben verschiedene Organe mit verschiedenen spezifischen Zellen. Ein Wachstum der Organismen setzt eine Erhöhung der Zellzahl voraus. Diese Entwicklung von einem Jugendstadium zur ausgewachsenen adulten Lebensform ist im Genom vorgegeben. Diese genetischen Vorgaben steuern die Entwicklung der Zellgröße, Zellanzahl und die Funktion der einzelnen Zelle in den Organismen.

5 *Wachstum*

6 *Individuelles Wachstum*

Training – Muskelentwicklung

Innerhalb des genetisch bedingten Wachstums gibt es individuelle Unterschiede, die durch unterschiedliche Lebensweisen bedingt sind. Die Muskeln entwickeln sich beispielsweise in Abhängigkeit vom Training. Dies kann durch berufliche Tätigkeiten oder Sport erfolgen.

Endosymbiose

Die evolutionäre Entwicklung ist daran gekoppelt, welche genetischen Veränderungen Vorteile in der jeweiligen Lebensumgebung bringen. Diese bessere Angepasstheit ist auch bei Zellen zu finden, deren Stoffwechsel durch die Endosymbiose von spezifischen Bakterien optimiert wurde. Hierdurch kann sowohl eine höhere Leistungsfähigkeit als auch die Erschließung neuer Lebensformen in verschiedenen Lebensräumen ermöglicht werden.

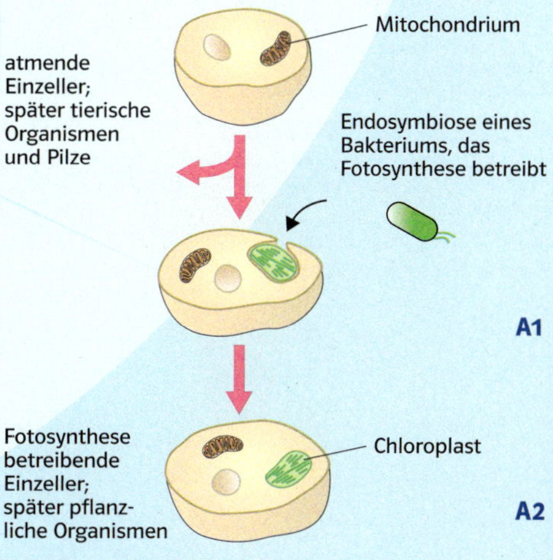

7 *Endosymbiose*

A1 Stellen Sie tabellarisch Entwicklungsvorgänge auf verschiedenen Systemebenen zusammen. Erläutern Sie, weshalb nur die Betrachtung auf den verschiedenen Systemebenen sinnvoll ist.

A2 Vergleichen Sie die Vorgänge bei der individuellen und der evolutionären Entwicklung.

Lösungen zu Seite 68/69

A1 siehe Tabelle

Membrantyp	Funktion
Zellorganellen mit doppelter Membran	
Zellkern	DNA-Replikation, Transkription (damit: Steuerung und Regelung der zentralen zellulären Prozesse)
Mitochondrien	Zellatmung, Energiegewinnung („Kraftwerke der Zelle")
Chloroplasten	Ort der Fotosynthese
Zellorganellen mit einfacher Membran	
ER	Synthese von Eiweißen, Transport
Dictyosom, Golgi-Apparat	Speicherung und Transport von Eiweißen, Fetten etc.
Peroxisomen	Speicherung von Enzymen (u.a. von Peroxidasen, die der Zellentgiftung dienen; der Name stammt daher)
(Zellsaft-) Vakuole	Abbau, Ablagerung, Speicherung von Stoffen
Lysosomen	Speicherung von Enzymen, die Zellmaterial abbauen (lysieren); (der Name stammt daher)
Zellorganellen ohne Membran	
Ribosomen	Ort der Proteinsynthese
Biomembran	
Aufgaben allgemein	selektiver Durchlass von Stoffen, Kompartimentierung, Osmoregulation, Barrierefunktion

A2 Erkennbar sind:
1) Kernplasma/Cytoplasma des Zellkerns
2) Chromatin (im Kernplasma)
3) Doppelmembran
4) Nucleolus (Kernkörperchen)
5) Kernpore

A3 Mitochondrien erreichen durch ihre zahlreichen tiefen Einfaltungen der Innenmembran (Cristae) eine sehr große Oberfläche. Diese Fläche wäre deutlich kleiner, wenn es diese tiefen Einfaltungen nicht gäbe. Die Oberfläche der Innenmembran hätte dann annähernd die Fläche der Außenmembran. In diesem Fall wäre auch der Intermembranraum entsprechend klein.

A4 Die polaren hydrophilen „Köpfe" der Moleküle können mit dem ebenfalls polaren Wasser beiderseits der Lipiddoppelschicht in Wechselwirkung treten. Die unpolaren hydrophoben „Schwänze" bilden im Inneren eine wasserabweisende Schicht. Damit werden zwei Komponenten getrennt.

A5 In der Abb. 3 sind zwei Krallenfrösche zu sehen, die eine unterschiedliche Färbung haben. Auf der zellulären Ebene machen die Pigmente in den Zellen des hellen Frosches nur einen kleinen Prozentanteil aus, bei dem dunkleren Frosch die gesamte Zelle. Im dritten Teil der Abbildung sieht man Mikrotubuli, die an der Zellmembran ansetzen.

A6 Die Hautfarbe hängt von der Verteilung der Pigmente in den Hautzellen, den Melanophoren, ab. Liegen die Pigmente gehäuft an einer Stelle, sieht die Haut hell aus. Die Mikrotubuli werden als Gleise für den Transport von Vesikeln von der Mitte der Zelle bis zur Zellmembran eingesetzt. Die Pigmente werden auf den Mikrotubuli durch die Zelle verteilt. Hierdurch werden die Melanophoren und die Haut dunkler.

A7 Zellen, aus denen ein vollständiges Individuum mit den verschiedenen differenzierten Geweben entstehen kann, sind totipotente Zellen.

A8 Aus dem Gewebe einer Möhre werden Stücke entnommen. Die Zellen in diesen Gewebestücken sind differenziert. In einer geeigneten Nährlösung wuchern Zellen auf dem differenzierten Gewebe. Die Zellen werden getrennt und leben in einem Nährmedium weiter. Einzelne Zellen vermehren sich durch Zellteilungen, aus denen Möhrenpflanzen mit verschiedenen Geweben entstehen. Diese Gewebe bestehen aus unterschiedlich differenzierten Zellen. Dies stimmt mit der Definition der Totipotenz überein.

A9 Bei dem Möhrenexperiment werden differenzierte Zellen aus einem Gewebestück entnommen und vereinzelt. Aus jeder dieser Zellen entstehen die verschiedenen Gewebe einer Möhre. Beim Krallenfroschexperiment wurde keine Zelle, sondern der Zellkern einer Zelle verwendet. Der Zellkern wurde in eine kernlose Eizelle eingepflanzt, die sich wie eine normale befruchtete Eizelle zu einem Krallenfrosch entwickelte. Bei der Möhre handelt es sich um eine Körperzelle, beim Krallenfrosch um den Zellkern einer Körperzelle. In beiden Fällen lag jedoch eine Totipotenz vor.

A10 Die Grundsubstanz der Mitochondrien (oder Chloroplasten) bleibt bei einer Teilung immer vom Cytoplasma getrennt. Durch Phagocytose entstehende Vesikel können mit Lysosomen verschmelzen, wodurch unterschiedliche Kompartimente verschmelzen. Trotzdem bleibt in beiden Fällen die Kompartimentierungsregel erhalten, d.h. stets grenzt eine Membran eine plasmatische Phase von einer nicht plasmatischen Phase ab.

A11 Die Mitochondrien der Leberzellen der Ratte weisen einen hohen Anteil am Zellvolumen auf. Auch das raue und glatte ER ist relativ stark ausgeprägt. Die Leberzelle hat demzufolge einen hohen Energiestoffwechsel (Mitochondrien) und eine hohe (Protein-) aktivität (ER-gebundene Ribosomen).

A12 Weiße Blutzellen können ihre Form ständig verändern. Sie bewegen sich durch diese Veränderung zu Bakterien, die sie als körperfremd erkennen. In Abb. 2 und 3 umfließt die Weiße Blutzelle das Bakterium, indem sie durch eine Formveränderung armartige Ausstülpungen entwickelt, die das Bakterium umschließen.
In Abb. 3 und Abb. 4 wird das Bakterium in ein Bläschen eingeschlossen und der Verdauungsvorgang beginnt. Hierzu lagern sich in Abb. 5 Lysosomen an das Bläschen an.
In Abb. 6 ist das Bakterium bereits verdaut und die Bausteine werden vom Bakterium absorbiert.

A13 Bei der Phagocytose spielt das Cytoskelett eine Rolle, da die Einstülpung der Zelloberfläche durch Verkürzungen und Verlängerungen des Cytoskeletts erfolgt. Durch das Verlängern der Cytoskelettfilamente wachsen die armartigen Ausstülpungen. Durch die Verkürzung der Filamente zieht sich die Oberfläche der Zelle ein.
Im Golgi-Apparat sind abbauende Enzyme, die Krankheitserreger abbauen können. Die Enzyme sind in Vesikeln, den Lysosomen, verpackt, die sich vom Golgi-Apparat abschnüren. Bakterien werden durch Endocytose in die Zelle als Vesikel aufgenommen. An diese werden die Lysosomen gezielt angedockt und geben die Enzyme frei. Durch die Enzyme werden die Bakterien in ihre Bausteine zerlegt.

Lösungen zu den Übungsseiten

Lösungen zu Seite 118/119

A1 In künstliche kleine Biomembrankugeln wurden isolierte Ionenpumpen eingebaut. Dann wurde die ATP-Produktion gemessen und ebenso die Protonenkonzentration (also der pH-Wert) im Innenraum der Kugeln und im Außenmedium. Im zweiten Schritt wurde in die Kugeln das Enzym ATP-Synthase eingebaut und die pH-Werte wurden wiederum gemessen.

A2 Der Protonengradient zwischen Kugelinnenraum und Umgebung führt allein nicht zu einer ATP-Produktion. Erst der Protonengradient und das Enzym ATP-Synthase zusammen führen dazu, dass ATP aus ADP und Phosphat gebildet wird. Mit diesem Experiment konnte die Bedeutung der ATP-Synthase verdeutlicht werden.

A3 Im linken Diagramm ist die CO_2-Abgabe in Gramm pro Stunde gegen die Tageszeit aufgetragen. Gegen 8:00 Uhr liegt die Abgabe bei ca. 0,1 g/h. Die CO_2-Abgabe steigt steil an und erreicht gegen 16:00 Uhr ihr Maximum bei ca. 1,0 g/h. Danach fällt die CO_2-Abgabe bis 20:00 Uhr auf den Ausgangswert von ca. 0,1 g/h zurück. Im rechten Diagramm ist die Kolbentemperatur und Lufttemperatur in °C gegen die Tageszeit aufgetragen. Die Kolbentemperatur liegt um 8:00 Uhr bei ca. 25 °C, die Temperatur der Luft ebenfalls. Die Kolbentemperatur steigt bis 16:00 Uhr steil auf ca. 34 °C an, die Lufttemperatur hingegen nur auf 26 °C. Nach 16:00 Uhr sinkt die Kolbentemperatur rapide bis 20:00 Uhr auf ca. 25 °C, die Lufttemperatur ebenfalls.

A4 Der Aronstab wächst im schattigen Wald und hat daher andere Bestäuber als Pflanzen in sonnigen Biotopen. Durch das Verströmen von kotartigem Geruch werden Käfer und Fliegen angelockt. Die Erhöhung der Kolbentemperatur im Tagesverlauf erhöht die Verbreitung des Geruchs und daher die Anlockungserfolge. Die Temperaturerhöhung geht parallel mit der Stoffwechselrate im Kolben. Die CO_2-Abgabe verläuft parallel zur Temperatur im Kolben. Die Aktivität in den Mitochondrien und die Möglichkeit anstelle der ATP-Produktion die Temperatur zu erhöhen, machen diesen Vorgang möglich. Einen Einfluss der Lufttemperatur auf die Kolbentemperatur kann man ausschließen, da die Lufttemperatur wesentlich niedriger bleibt.

A5 In der Grafik ist die Körpertemperatur in °C von Insekten im Brustbereich und im Hinterleib gegen die Umgebungstemperatur in °C aufgetragen. Die Temperatur im Brustbereich liegt bei einer Außentemperatur von 10 °C bei ca. 35 °C und steigt bis auf ca. 45 °C bei einer Außentemperatur von 45 °C. Die Temperatur im Hinterleib liegt bei einer Außentemperatur von 10 °C bei ca. 12 °C und steigt mit zunehmender Außentemperatur kontinuierlich bis 45 °C bei 40 °C Außentemperatur an. Insekten haben im Brustbereich durch die vielen Muskeln eine hohe Stoffwechselrate, die zu einer Erhöhung der Körpertemperatur führt. Hierdurch können die Poikilothermen die Temperatur auch bei niedrigen Außentemperaturen erhöhen. Im Bereich des Hinterleibs, in dem wenig Muskeln und Organe mit Stoffwechselaktivitäten vorliegen, ist die Körpertemperatur an die Außentemperatur gebunden.

A6 Das Phänomen zeigt, dass die Körpertemperatur an die Außentemperatur gekoppelt ist und nur gezielte Muskelaktivitäten zu einer punktuellen Erhöhung der Körpertemperatur führen. Bei Homoiothermen ist durch die gleichbleibend hohe Stoffwechselrate z. B. der Leber ein Einfluss durch die Umgebungstemperatur auf die Körpertemperatur nicht vorhanden.

A7 Bei allen Partialdrücken ist das fetale Hämoglobin stärker mit Sauerstoff gesättigt als das mütterliche. Es hat also eine höhere Affinität zu Sauerstoff und kann dem mütterlichen Blut dadurch Sauerstoff entziehen. Dies ist gerade in der Phase von Wachstum und Entwicklung überlebenswichtig.

A8 Sauerstoff oxidiert in der Endoxidation $NADH + H^+$ zu NAD^+. Dabei wird Energie freigesetzt. Ohne Sauerstoff kann diese Reaktion allerdings nicht stattfinden. Daher steht dem Organismus zunehmend weniger NAD^+ zur Verfügung (und $NADH + H^+$ reichert sich an). NAD^+ wird aber in der Glykolyse zwingend zur Oxidation benötigt. Ohne NAD^+ kann daher die Glykolyse und damit der erste Teil der Glucose-Zerlegung nicht ablaufen. Die Versorgung des Körpers mit energiereichen Stoffen wäre dann nicht mehr gewährleistet. Die Gärung ist eine Angepasstheit daran, da durch Bildung von Ethanol oder Milchsäure NAD^+ regeneriert wird. Dazu reagiert Brenztraubensäure mit dem vorhandenen $NADH + H^+$.

A9 individuelle Lösung

A10 Die Blindprobe läuft genauso schnell durch das Versuchsgefäß wie die Probe mit Amylase; dies bedeutet, dass Amylase das Hühnereiweiß nicht zersetzen kann.
Da das Eiweiß allerdings bei Zugabe von Pepsin schneller durch das Rohr läuft, hat dieses die sperrigen Proteinketten in kleinere Einheiten zerlegt. Diese passen besser durch das Röhrchen, was den schnelleren Durchstrom erklärt.
Dieser Zersetzungsvorgang verläuft in den ersten Sekunden recht schnell, verlangsamt sich dann aber von Sekunde zu Sekunde. Dies bedeutet, dass das Pepsin nahezu alle Möglichkeiten ausgeschöpft hat, die an Schnittstellen durch das Eiweiß angeboten werden. Eine weitere Zersetzung ist nun nicht mehr möglich.
Insgesamt belegt der Versuch das Schlüssel-Schloss-Prinzip, demgemäß ein Enzym nur ganz bestimmte Substrate umsetzen kann: Pepsin kann Eiweiße zerlegen, Amylase aber nicht.

A11 In der Abbildung ist der Anteil der verfügbaren Energie in % gegen den Zeitraum einer intensiven Arbeit in Stunden aufgetragen. Der Anteil des verfügbaren Muskelglykogens sinkt vom Beginn der Arbeit über den Zeitraum von einer Stunde von 100 % auf 0 %. Nach ca. 10 Minuten Arbeit steigt der Anteil des Leberglykogenabbaus von 0 % auf ca. 50 % und sinkt nach ca. 70 Minuten langsam auf einen Wert von ca. 10 %, der nach 150 Minuten erreicht ist. Nach 2 Stunden Arbeit wird Glucose neu gebildet und steigt von 0 % auf 20 %. Der Anteil der Fettsäuren steigt nach ca. 30 Minuten von 0 % kontinuierlich auf ca. 70 %.
Die Energiereserve in den Muskeln in Form der tierischen Stärke Glykogen dient als erste Reserve bei langfristigen körperlichen Leistungen. Bei anhaltender Belastung wird das Glykogen in der Leber mobilisiert. Fette stehen im Körper verteilt zur Verfügung und stellen energiereiche Reserven dar. Der Glucoseanteil darf jedoch trotz der Belastung nicht unter eine bestimmte Schwelle sinken, da hierdurch die Versorgung des Gehirns nicht gewährleistet ist. Sie muss daher bei sinkender Kohlenhydratversorgung und stärkerer Fettnutzung intensiviert werden.

A12 Der Citronensäurezyklus spielt bei diesen Vorgängen eine Rolle als Protonenlieferant für die ATP-Synthese, aber auch für die Nutzung von Fetten und die Umwandlung von Fetten in Kohlenhydrate, die für das Gehirn genutzt werden.

Glossar

aerob
werden Stoffwechselprozesse genannt, die nur in Gegenwart von Sauerstoff ablaufen, bzw. die Lebensweise in sauerstoffhaltiger Umgebung (s. *anaerob*)

Agglutination
Zusammenballung von Blutzellen oder Bakterien unter dem Einfluss von Brückenmolekülen (z. B. Antikörpern)

Aktinfilamente
fadenförmige Proteine, die Bestandteil des Cytoskeletts sind

allosterisch
Fähigkeit eines Moleküls, reversibel mehrere stabile Formen einnehmen zu können

Aminosäure
organische Säure, die neben der Carboxylgruppe eine Aminogruppe enthält; kommt in freier Form und als Baustein von Peptiden und Proteinen in der Zelle vor

anaerob
werden Stoffwechselprozesse genannt, die ohne Beteiligung von Sauerstoff ablaufen, bzw. die Lebensweise von Organismen in sauerstofffreier Umgebung (s. *aerob*)

Antigen
Substanz, die eine Antikörperproduktion durch das Immunsystem auslöst

Antikörper
Moleküle in den Körperflüssigkeiten der Wirbeltiere, die spezifisch andere Moleküle (*Antigene*) binden können

Archaebakterien (Archaea)
urtümliche, an extreme Lebensbedingungen angepasste Prokaryoten; im Zellaufbau den echten Bakterien *(Eubacteria)* ähnlich

Assimilation
bei Stoffwechselvorgängen: Aufbau organischer Substanzen aus anorganischen Ausgangsstoffen; auch Umbau aufgenommener Nährstoffe in körpereigene Stoffe

Atmung
äußere Atmung: Sauerstoff- und Kohlenstoffdioxidaustausch mit der Umgebung; *innere Atmung* bzw. *Zellatmung:* aerobe Stoffwechselvorgänge zur Energiefreisetzung in Zellen

Atmungskette
Kette von Redoxreaktionen in Mitochondrien, bei der Elektronen von wasserstoffhaltigen Verbindungen auf Sauerstoff übertragen werden; aufgrund des entstehenden H^+-Konzentrationsunterschieds wird ATP gebildet (s. *Endoxidation*)

ATP (Adenosintriphosphat)
wichtigster Energiespeicher und -überträger des Stoffwechsels, entsteht aus ADP und Phosphat unter Energieaufnahme; setzt beim Zerfall 30,5 kJ/mol frei und treibt dadurch endergonische Reaktionen an oder macht durch Übertragung von Phosphat andere Stoffe energiereicher und damit reaktionsfähiger

Autotrophie
Ernährungsweise, bei der nur anorganische Stoffe benötigt werden (Fotosynthese, Chemosynthese; s. *Heterotrophie*)

Bakteriophage (Phage)
Virus, das Bakterien befällt; es nutzt den Syntheseapparat der Bakterienzelle zur eigenen Vermehrung

Bakterium
Angehöriger einer systematischen Gruppe von einzelligen, zellkernlosen (prokaryotischen) Kleinstlebewesen; man unterscheidet echte Bakterien (*Eubacteria*) von den Archaebakterien (*Archaea*)

Befruchtung
Verschmelzung der Zellkerne zweier Keimzellen zur befruchteten Eizelle (*Zygote*)

Besamung
Eindringen der Spermienzelle in die Eizelle; die Besamung geht der *Befruchtung* voraus

Biomembran
Doppelmembran mit einer immer gleichen Grundstruktur, die jede Zelle umgibt bzw. in kleinere Räume aufteilt

Blotting
Basismethode der Molekularbiologie, mit der Moleküle (Proteine, Nucleinsäuren) aus Elektrophorese-Gelen zur weiteren Bearbeitung in gleicher Anordnung auf Membranen übertragen und so isoliert werden

Brown'sche Molekularbewegung
durch Kollisionen und Schwingungen in Geschwindigkeit und Richtung ständig wechselnde Bewegungen kleinster Teilchen

Calvinzyklus
zyklische Reaktionsfolge, die der lichtabhängigen Reaktion der *Fotosynthese* nachgeschaltet ist, bei der CO_2 fixiert und Glucose gebildet wird

Carrier
integrales Protein in der Biomembran, das einen Transport spezifischer Substanzen durch die Biomembran ermöglicht; Transportproteine, Translokatoren

Chemosynthese
Form der *autotrophen* Lebensweise, bei der anorganische Verbindungen für die Gewinnung von Reduktionsäquivalenten und ATP oxidiert werden

Chloroplast
fotosynthetisch aktives, Chlorophyll enthaltendes Zellorganell (s. *Plastid*)

Chromatographie
Auftrennen von Stoffgemischen unter Ausnutzung der unterschiedlichen Beweglichkeit von Stoffen in einem Strom aus Trägersubstanz (Flüssigkeit oder Gas)

Chromosom
Träger der Erbinformation in einer Zelle; Chromosomen enthalten Gene in spezifischer Anordnung und können identisch verdoppelt werden (*Replikation*). Bei Eukaryoten werden sie vor allem bei der Zellteilung lichtmikroskopisch sichtbar.

Citronensäurezyklus
wichtigste, zyklisch verlaufende Reaktionsfolge zum oxidativen Endabbau von Kohlenstoffverbindungen

Coenzym
Hilfsmolekül bei Enzymen, das Elektronen, Protonen oder Substratbestandteile bei enzymatischen Reaktionen vorübergehend übernimmt (auch *Cosubstrat* genannt)

Cytokinese
Zellteilung nach der Kernteilung (s. *Mitose*)

Cytoplasma
von der Zellmembran umgebener Zellinhalt mit Ausnahme des Zellkerns; in der Grundsubstanz des Cytoplasmas liegen die Organellen

Cytoskelett
Netzwerk feiner Proteinstrukturen, die der Zelle Stabilität und Festigkeit verleihen und Transportaufgaben erfüllen

Denaturierung
durch Hitze, organische Lösungsmittel, pH-Wert-Änderungen oder Salze verursachte Konformationsänderung von *Nucleinsäuren* oder *Proteinen*; in der Regel mit Funktions- oder Aktivitätsverlust verbunden

Destruent
Organismus, der sich von totem organischem Material ernährt und es zu anorganischer Substanz abbaut

Dictyosom
Zellorganell, bestehend aus einem Stapel flacher Membranvesikel; exportiert Proteinsekrete; die Gesamtheit der Dictyosomen einer Zelle bildet den *Golgi-Apparat*

Diffusion
Konzentrationsausgleich durch Vermischung verschiedener Teilchen aufgrund der Brown'schen Molekularbewegung

diploide Zelle
Zelle mit zwei homologen Chromosomensätzen (2n), von denen einer von der Mutter und einer vom Vater stammt

Dissimilation
Gesamtheit aller abbauenden, der Energiefreisetzung dienenden Stoffwechselwege

DNA = DNS (Desoxyribonucleinsäure)
schraubig gewundene, zweisträngige Kette von *Nucleotiden* (besteht aus dem Zucker Desoxyribose, Phosphat und einer der 4 Basen Adenin, Thymin, Guanin und Cytosin); die Reihenfolge der Nucleotid-Typen in einem Nucleinsäurestrang verschlüsselt die genetische Information einer Zelle

Elektronenmikroskopie
Vergrößerungsverfahren, die in Elektronenmikroskopen Elektronenstrahlen statt Licht benutzen, wodurch feine Strukturen, Viren und Moleküle sichtbar gemacht werden können

Elektrophorese
Methoden, mit denen Moleküle in einem Gleichspannungsfeld nach ihrer Masse und Ladung aufgetrennt werden

Endoplasmatisches Retikulum (ER)
Organell in Eukaryotenzellen, das aus einem Membransystem besteht; es wirkt bei Synthese, Umwandlung und Transport von Stoffen mit

Endosymbiontentheorie
Theorie über den Ursprung der Eukaryotenzelle (*Eucyte*): sie ist aus einer symbiotischen Gemeinschaft von Zellen hervorgegangen; *Mitochondrien* entstanden aus bakterienartigen Zellen, Plastiden aus cyanobakterienartigen Zellen

Endoxidation
Übertragung von Elektronen im aeroben Stoffwechsel von wasserstoffhaltigen Verbindungen auf Sauerstoff unter Bildung von Wasser in den Mitochondrien zur Gewinnung von ATP (s. *Atmungskette*)

Enzym
Protein, das als Biokatalysator wirkt und dadurch die chemische Umsetzung bei Stoffwechselprozessen beschleunigt

Epidermis
Abschlussgewebe bei Pflanzen und Tieren

Eucyte
Zelltyp; Grundbaustein aller *Eukaryoten*; unterscheidet sich u. a. durch den Besitz von Zellkern (*Nucleus*), *Mitochondrien* und die Kompartimentierung von der *Procyte*

Eukaryoten (auch Eukaryonten)
Lebewesen, deren Zelltyp die Eucyte ist (Protisten, Pflanzen, Pilze und Tiere)

Evolution
alle Prozesse, die zur Entstehung des Lebens in seiner heutigen Vielfalt geführt haben

Fluoreszenz
Aufleuchten von Stoffen bei Bestrahlung mit Licht, wobei das ausgesandte Licht eine größere Wellenlänge aufweist als das absorbierte

Fortpflanzung
Kennzeichen des Lebens, wobei durch die Weitergabe genetischer Information artgleiche, eigenständige Individuen entstehen. Zur geschlechtlichen (*sexuellen*) Fortpflanzung gehört die Befruchtung von Keimzellen. Bei der ungeschlechtlichen (*asexuellen*) Fortpflanzung entstehen neue Lebewesen aus einem Teil des Elternorganismus. Fortpflanzung ist meistens mit einer *Vermehrung* verbunden.

Gamet (Geschlechtszelle, Keimzelle)
haploide Ei- oder Spermienzelle, die sich nach einer Befruchtung zu einem mehrzelligen Organismus weiterentwickelt; in diploiden Organismen entstehen Gameten durch *Meiose*, in haploiden Organismen durch *Mitose*

Gärung
anaerobe Form der Energiefreisetzung; je nach Gärungstyp entstehen Endprodukte wie Ethanol und CO_2 oder Milchsäure

Gegenspielerprinzip
Prinzip, nach dem ein Zustand in einem Organismus durch mindestens zwei gegeneinander wirkende Steuermechanismen kontrolliert und geregelt wird (s. *Antagonist*)

Glykolyse
erster Teil des Glucoseabbaus bis zur Brenztraubensäure

Golgi-Apparat
Gesamtheit der *Dictyosomen* in einer Zelle; modifiziert und speichert Produkte des *ER*

Grundumsatz
minimaler Energieumsatz eines homoiothermen Tieres in Ruhe; setzt sich zusammen aus dem Erhaltungsumsatz für die Lebensvorgänge in Zellen und der Energie für die Tätigkeitsbereitschaft des Organismus

Gruppe, prosthetische
Nichteiweißanteil eines Proteids (= *Protein* + prosthetische Gruppe), der wichtig für dessen Funktion ist, z. B. als metallhaltiger Molekülanteil eines Enzymkomplexes

Hemmung, allosterische
durch die Veränderung der räumlichen Struktur des Enzymmoleküls bedingte Hemmung der Enzymfunktion

Hemmung, kompetitive
Hemmung der Enzymfunktion durch mit dem Substrat konkurrierende, ähnlich strukturierte Substanzen an der Substratbindungsstelle

Heterotrophie
Ernährungsweise, bei der organische Nahrungsstoffe als Energie- und Kohlenstoffquellen aufgenommen und in körpereigene Verbindungen umgewandelt bzw. abgebaut werden

homoiotherm (gleichwarm)
Temperaturkonstanz von Organismen, die ihre Körpertemperatur stoffwechselphysiologisch unabhängig von den Außenbedingungen innerhalb enger Grenzen regeln; homoiotherm sind Säugetiere und Vögel

Glossar

hydrophil
wasserliebend, in Wasser löslich; polare Substanzen, die Wassermoleküle anziehen und locker binden (Wasserstoffbrückenbindungen); Gegensatz: *hydrophob, lipophil*

hydrophob
wasserabweisend, wasserunlöslich; unpolare Substanzen, die Wassermoleküle nicht binden und daher von ihnen ausgegrenzt werden (s. *lipophil*, Gegensatz: *hydrophil*)

hypertonisch
Die Konzentration der gelösten Teilchen in der Lösung ist höher als in einer Vergleichslösung (s. *Osmose*)

hypotonisch
Die Konzentration der gelösten Teilchen in der Lösung ist geringer als in einer Vergleichslösung (s. *Osmose*)

isotonisch
Die Konzentration der gelösten Teilchen in der Lösung ist identisch mit der in einer Vergleichslösung (s. *Osmose)*

Klonen
Vervielfältigung genetisch identischer Zellen

Kohlenhydrat
stickstofffreier biologischer Bau-, Gerüst- und Reservestoff der allgemeinen chemischen Zusammensetzung $C_n(H_2O)_n$; Beispiele: Zucker, Stärke, Cellulose

Kompartimentierung
Unterteilung des Zellinhaltes in Reaktionsräume, die durch Membranen abgegrenzt sind

Kutikula
von Epidermiszellen der Pflanze nach außen abgesonderte, meist wenig durchlässige Schutzschicht aus wachsartigen Substanzen

Lipid
unpolare chemische Verbindung, die sich schlecht in Wasser löst; Fette und fettähnliche Substanzen.

lipophil
fettliebend; unpolare Substanzen, die sich mit anderen unpolaren (z. B. *Lipiden)* mischen (s. *hydrophob*, Gegensatz: *hydrophil)*

Makrophage
differenzierte Zelle des Immunsystems, die auf *Phagocytose* spezialisiert ist (Abbau meist körperfremder Zellen und Stoffe)

Mikrotubulus
röhrenförmige Proteinstruktur, die an der Bildung des Cytoskeletts, der Mitosespindel und von Geißeln beteiligt ist

Mineralstoffe (auch Mineralsalze)
anorganische Verbindungen, die vom pflanzlichen und tierischen Organismus für den Aufbau von Körpersubstanz und für einen geregelten Stoffwechsel aufgenommen werden müssen

Mitochondrium
in der Eucyte vielfach vorhandenes Organell mit einer Doppelmembran, in dem die *Zellatmung* abläuft

Mitose
Kernteilung, bei der die zwei Chromatiden eines Chromosoms auf die beiden neu entstehenden Tochterzellen verteilt werden; die Chromosomenzahl bleibt erhalten. Der Kernteilung folgt in der Regel die Zellteilung (s. *Cytokinese*)

NAD^+
Nicotinamid-Adenin-Dinucleotid; ein in allen Zellen vorhandenes, bei Redoxreaktionen Wasserstoff und Elektronen übertragendes Coenzym (Cosubstrat); reduzierte Form $NADH + H^+$

$NADP^+$
Nicotinamid-Adenin-Dinucleotid-Phosphat; Wasserstoff und Elektronen übertragendes Coenzym (Cosubstrat) bei Redoxreaktionen, vor allem Reduktion beim Stoffaufbau in der Fotosynthese; reduzierte Form $NADPH + H^+$

Natrium-Kalium-Pumpe
ATP verbrauchender Transportmechanismus in der Zellmembran, der auch gegen einen hohen Konzentrationsunterschied Na^+- gegen K^+-Ionen austauschen kann; wichtig für das Ruhepotential, vor allem an Muskel- und Nervenzellen

Nucleinsäure
aus *Nucleotiden* aufgebautes Makromolekül, das als DNA oder RNA Erbinformation speichert bzw. überträgt

Nucleolus
Kernkörperchen; Syntheseort der ribosomalen RNA im Zellkern

Nucleotid
aus Zucker, Phosphat und einer stickstoffhaltigen Base zusammengesetzter Baustein der Nucleinsäuren bzw. der Coenzyme ADP, NAD^+ und $NADP^+$

Nucleus (Zellkern)
enthält den größten Teil der Erbinformation; Steuerzentrum der Zelle; kommt nur in der *Eucyte* vor

Oberflächenvergrößerung
bei Lebewesen zu beobachtendes und von ihnen genutztes Strukturprinzip; eine möglichst große Oberfläche bei gegebenem Volumen verbessert die Funktion als Austausch- und Reaktionsfläche

Organell
abgrenzbare Bau- und Funktionseinheit im Cytoplasma der Zelle

Osmose
Diffusion zwischen zwei durch eine *semipermeable Membran* getrennten Lösungen, bei denen nur die Lösungsmittelteilchen, nicht aber die Teilchen des gelösten Stoffes die Membran passieren können

Oxidation
Elektronenabgabe einer Substanz; in biologischen Systemen meist einhergehend mit der Abgabe von Wasserstoff oder der Aufnahme von Sauerstoff (s. *Reduktion*)

Peptidbindung
chemischer Bindungstyp zwischen zwei Aminosäuren in Peptiden und Proteinen, der die Primärstruktur erzeugt

Phagocytose
Anlagerung, Einverleibung und Verdauung körperfremder Materialien, insbesondere durch Zellen des Immunsystems; alle Weißen Blutzellen phagocytieren (s. *Makrophage*)

Plasmid
ringförmiges DNA-Molekül; Plasmide kommen hauptsächlich in Bakterien vor, Bakterien können sie an andere weitergeben

Plasmolyse
Abgabe von Wasser aus der Zellvakuole aufgrund osmotischer Vorgänge, bis sich der Protoplast von der Zellwand löst; Umkehrung: *Deplasmolyse*

Plastid
in Pflanzenzellen und verschiedenen Algen vorkommendes, von zwei Membranen umgebenes Zellorganell mit eigener *DNA* und 70-S-Ribosomen; wichtigster Typ sind die *Chloroplasten*; außerdem kommen Chromoplasten und Leukoplasten vor

poikilotherm (wechselwarm)
Organismen, deren Körpertemperatur weitgehend von der Umgebungstemperatur abhängt

Procyte (Protocyte)
Zelltyp der Prokaryoten, der keinen Zellkern besitzt (s. *Eucyte*)

Prokaryot (auch Prokaryont)
einzelliges, aus einer *Procyte* (auch *Protocyte)* bestehendes Lebewesen; zu den Prokaryoten gehören Eubakterien und Archaebakterien (s. *Eukaryot*)

Protein (Eiweiß)
hochmolekulare Kette aus verschiedenen Aminosäuren mit einer dreidimensionalen Struktur, die eine große Bedeutung in der Zelle als Gerüstsubstanz, Enzym bzw. kontraktiles Filament hat

Protisten
eukaryotische Einzeller bzw. einfache Mehrzeller, die nicht zu den Pilzen, Pflanzen und Tieren gehören; Beispiele: Kieselalgen, Grünalgen, Amöben

Protonengradient
Unterschied in der Protonenkonzentration zwischen zwei durch eine Membran abgegrenzten Räumen in Zellen oder Organellen, z. B. in *Mitochondrien* oder *Chloroplasten*; z. B. wichtig bei der ATP-Synthese

Rasterelektronenmikroskopie (REM)
Variante der Elektronenmikroskopie, bei der das Präparat mit einem Elektronenstrahl abgetastet wird; für die Darstellung von Oberflächen besonders geeignet

Reduktion
Elektronenaufnahme durch eine Substanz; in biologischen Systemen meist verbunden mit der Anlagerung von Wasserstoff bzw. Abgabe von Sauerstoff (s. *Oxidation*)

Regelung
Aufrechterhalten eines bestimmten Zustandes gegenüber verändernd wirkenden Einflüssen; Ausgleich von Störungen und Einstellung eines Gleichgewichts erfolgen meist durch negative Rückkopplung

Replikation
identische Verdopplung der DNA, die vor jeder Zellteilung stattfindet; der DNA-Doppelstrang wird getrennt und die elterlichen Einzelstränge dienen jeweils als Vorlage für einen Tochterstrang

Resorption
Stoffaufnahme durch lebende Zellen, im Allgemeinen aktiver Transportprozess ins Zellinnere bzw. ins Blut

respiratorischer Quotient (RQ-Wert)
Verhältnis von CO_2-Abgabe zu O_2-Aufnahme; Maß für Art und Anteil der Nährstoffe, die abgebaut werden

Restriktionsenzym
Enzym, das doppelsträngige DNA an einer spezifischen Basensequenz schneiden kann

RGT-Regel
Zusammenhang zwischen Reaktionsgeschwindigkeit einer chemischen Reaktion und der Umgebungstemperatur; im Allgemeinen steigt die Reaktionsgeschwindigkeit bei einer Temperaturerhöhung um 10 °C auf das Doppelte bis Dreifache

Ribosom
aus RNA und Proteinen aufgebautes Organell, an dem die Proteinsynthese stattfindet

RNA (Ribonucleinsäure)
im Vergleich zur DNA kurze Kette von *Nucleotiden*, bestehend aus dem Zucker Ribose, einem Phosphatrest und einer der vier Basen Adenin, Uracil, Guanin und Cytosin; man unterscheidet messenger-RNA, transfer-RNA und ribosomale RNA, RNA ist Bestandteil der Ribosomen

Schlüssel-Schloss-Prinzip
räumliches Passen zweier Moleküle zueinander, z. B. Enzym und Substrat

semipermeabel
Membraneigenschaft: durchlässig für das Lösungsmittel und undurchlässig für gelöste Stoffe; führt bei Membrankontakt unterschiedlich konzentrierter Lösungen zu Osmose

Stammzelle
nicht ausdifferenzierte, teilungsfähige Zelle im Gewebe von Mehrzellern, die Wachstum und Erneuerung von Geweben ermöglicht

Steuerung
im Unterschied zur *Regelung* die Beeinflussung der Richtung oder Intensität von Größen oder Vorgängen

System
Einheit mit festgelegten Grenzen, bestehend aus Teilen (*Elementen*) und deren Beziehungen (*Relationen*)

Totipotenz
Fähigkeit bestimmter Zellen, durch Teilung und Differenzierung einen vollständigen Organismus hervorzubringen

Vakuole
mit Flüssigkeit gefüllter, von einer einfachen Membran umgebener Raum in der Zelle

Vermehrung
Kennzeichen des Lebens, bei dem die Anzahl der Individuen vergrößert wird; Vermehrung ist stets mit *Fortpflanzung* verbunden

Wasserstoffbrückenbindung
Wechselwirkung zwischen Molekülgruppen mit einem partiell positiv geladenen Wasserstoffatom und Nachbarmolekülen mit einem freien Elektronenpaar

Zellatmung
Energiefreisetzung in der Zelle durch Oxidation von energiereichen chemischen Verbindungen unter Sauerstoffaufnahme

Zelle
kleinste, mit allen Merkmalen des Lebens ausgestattete Bau- und Funktionseinheit aller Lebewesen; Zellen entstehen aus Zellen. Die Zelle kommt als *Procyte* (auch *Protocyte)* und *Eucyte* vor. Aus Eucyten bestehende Lebewesen können ein-, mehr- oder vielzellig sein.

Zellzyklus
regelmäßige Abfolge von Zellteilung sowie Protein- und DNA-Synthese in einer Zelle; der Zellzyklus wird in Phasen untergliedert und sein Ablauf durch verschiedene Steuer- und Regelmechanismen kontrolliert

Zygote
befruchtete Eizelle; Produkt der Verschmelzung von Eizelle und Spermium

Register

Register

Bildnachweis

U1.1 Getty Images RF (Glowimages), München; **U1.2** Corbis (Jeff Kerr/Science Photo Library), Düsseldorf; **U1.3** Corbis (Andrew Syred/Science Photo Library), Düsseldorf; **3.1** Klett-Archiv (Aribert Jung), Stuttgart; **3.2** FOCUS (Thomas Deerinck, NCMIR/SPL), Hamburg; **4.1** Avenue Images GmbH (PhotoDisc), Hamburg; **4.2** shutterstock (bikeriderlondon), New York, NY; **4.3** Thinkstock (iStock/nikesidoroff), München; **4.5** Okapia (Nigel Cattlin/Holt Studios), Frankfurt; **8.1** Marcus Sommer SOMSO Modelle GmbH, Coburg; **8.2** shutterstock (Elena Ray), New York, NY; **8.3a** FOCUS (Dr. George Chapman, Visuals Unlimited/SPL), Hamburg; **8.3b** FOCUS (Dr. Kenneth R. Miller/SPL), Hamburg; **8.5** ©3B Scientific GmbH, 2014, Hamburg; **8.6a; 8.6b** Klett-Archiv (Jürgen Markl), Stuttgart; **10.1** Ullstein Bild GmbH (imagebroker. net/ Michael Weber), Berlin; **10.2** Klett-Archiv (Aribert Jung), Stuttgart; **10.3** Corbis (Dennis Kunkel Microscopy, Inc./Visuals Unlimited), Düsseldorf; **11.1** shutterstock (Lebendkulturen.de), New York, NY; **11.2** FOCUS (Dr. Alexey Khodjakov/Science Photo Library), Hamburg; **12.2** gemeinfrei; **13.3a** Mauritius Images (MicroScan/Phototake), Mittenwald; **13.3b** Getty Images (De Agostini Picture Library), München; **14.1** Fotolia.com (Philipp Sürth), New York; **14.2** Klett-Archiv (Ekkehard Schmale), Stuttgart; **14.3** Klett-Archiv (Aribert Jung), Stuttgart; **15.4** FOCUS (SPL/Dr Alexey Kodjakov), Hamburg; **18.1a** Corbis (Visuals Unlimited), Düsseldorf; **18.1b** Corbis (Thomas Deerinck/Visuals Unlimited), Düsseldorf; **18.2** FOCUS (Professors P. Motta & T. Naguro/SPL), Hamburg; **19.3** Getty Images (Photo Researchers/Biophoto Associates), München; **19.5** Okapia (NAS/ Dr. D. W. Fawcett), Frankfurt; **23.5** FOCUS (Pascal Goetgheluck/ Science Photo Library), Hamburg; **25.4** Diez, Prof. Dr. Stefan, Max-Planck-Institute of Molecular Cell Biology and Genetics, Dresden, aus: Biomolecular Motors Operating in Engineered Environments, J. H. Helenius, S. Diez, J. Howard, In: Nanobiotechnology. (Eds.) Mirkin Niemeyer.,Hoboken, USA,Wiley (2004),185-199 Ch. 14; **26.1** PantherMedia GmbH (Martin Kreutz), München; **26.3** Klett-Archiv (Aribert Jung), Stuttgart; **27.1a; 27.1b** gemeinfrei; **27.1c** FOCUS (SPL/Frank Fox), Hamburg; **28.1** FOCUS (Andrew Syred/SPL), Hamburg; **29.1a** Getty Images (Visuals Unlimited/Dr. Gladden Willis), München; **29.1b** Okapia (CNRI), Frankfurt; **30.1** Okapia (Kwangshin Kim/NAS), Frankfurt; **32.2; 32.3** Berger-Seidel, Prof. Dr. Sigrid, Heidelberg; **33.1** Berger-Seidel, Prof. Dr. Sigrid, Heidelberg; **35.3** FOCUS (Dr. Gopal Murti/SPL), Hamburg; **37.2** FOCUS (Lawrence Lawry/SPL), Hamburg; **38.1; 38.2; 38.3; 38.4; 38.5** FOCUS (PR. G. Gimenez-Martin/SPL), Hamburg; **39.1** FOCUS (Dr. Alexey Khodjakov/ Science Photo Library), Hamburg; **40.2** shutterstock (Nejron Photo), New York, NY; **41.2** Geoff Gallice, Gainesville, FL; **42.Rd.** Glow Images GmbH (SciencePhotoLibrary), München; **43.1** Getty Images (The Image Bank/Siqui Sanchez), München; **43.2** © Fraunhofer IGB, Stuttgart; **45.4** shutterstock (optimarc), New York, NY; **46.Rd.** laif (Thorsten Futh), Köln; **50.1** Ullstein Bild GmbH (Grabowsky), Berlin; **50.2** laif (Ronald Frommann), Köln; **51.3** shutterstock (MamaMiaPL), New York, NY; **51.4** Klett-Archiv (Nature + Science AG/Mangler), Stuttgart; **53.3; 53.4** Klett-Archiv (Aribert Jung), Stuttgart; **54.1** Klett-Archiv (Horst Bickel), Stuttgart; **54.2** Okapia (Konrad Wothe), Frankfurt; **54.3** shutterstock (Lebendkulturen.de), New York, NY; **55.4a; 55.4c** Corbis (Visuals Unlimited), Düsseldorf; **55.4b** Getty Images (Custom Medical Stock Photo), München; **55.6** Keystone (Zick), Hamburg; **56.1** Getty Images (Photo Researchers/Don W. Fawcett), München; **58.1** Okapia (NAS/Dr. D. W. Fawcett), Frankfurt; **59.6** Timothy J. Byers and Daniel Branton: Visualization of the protein associations in the erythrocyte membrane skeleton, Proc. Natl. Acad. Sci. USA Vol 82, pp. 6153-6157, 1985, p. 6155, fig. 2a; **61.Rd.** Corbis (Dennis Kunkel Microscopy, Inc./Visuals Unlimited), Düsseldorf; **62.1** Fotolia.com (Team 5), New York; **63.1** Getty Images (National Geographic/Jim Richardson), München; **63.2** Okapia (Nigel Cattlin/Holt Studios), Frankfurt; **64.2** Getty Images (Photo Researchers/Don W Fawcett), München; **68.1** Mauritius Images (Biophoto Associates/Photo Researchers, Inc.), Mittenwald; **69.7** FOCUS (eye of science, Meckes/Ottawa), Hamburg; **70.1** Ullstein Bild GmbH (KPA), Berlin; **70.2** Thinkstock (iStockphoto), München; **70.3** Thinkstock (Goodshoot), München; **71.1** FOCUS (Thomas Deerinck, NCMIR/SPL), Hamburg; **71.2** shutterstock (B. and E. Dudzinscy), New York, NY; **72.2** shutterstock (HTU), New York, NY; **74.1** Fotolia.com (Marina Lohrbach), New York; **79.3** Picture-Alliance (WILDLIFE), Frankfurt; **81.l** Getty Images RF (PhotoDisc), München; **84.1** Das Fotoarchiv (Knut Mueller), Essen; **84.2** Picture-Alliance (dpa/Nestor Bachmann), Frankfurt; **84.3** © BRAIN AG, Zwingenberg; **84.4** BigStockPhoto.com (Tomfreeze), Davis, CA; **85.6** shutterstock (hjschneider), New York, NY; **86.1** Thermografie W. Schlosser, Altenkirchen-Fluterschen; **86.2** Getty Images (Photo Researchers/ Edward Kinsman), München; **87.4** Corbis (Tim Davis), Düsseldorf; **88.1** YOUR PHOTO TODAY (phanie), Taufkirchen; **90.1** Getty Images (National Geographic/Barry C. Bishop), München; **91.Rd.** Corbis (Visuals Unlimited/Dennis Kunkel Microscopy, Inc.), Düsseldorf; **93.1** PantherMedia GmbH (Thomas Lammeyer), München; **93.4** Fotolia.com (ozgur), New York; **96.1** Corbis (Visuals Unlimited), Düsseldorf; **96.2** Picture-Alliance (BSIP/SERCOMI), Frankfurt; **97.1** Fotolia.com (Monkey Business), New York; **98.1** shutterstock (Jason Stitt), New York, NY; **105.2** Fotolia.com (victoria p.), New York; **106.2** Fotolia.com (Printemps), New York; **107.1** Fotolia. com (Steve Byland), New York; **107.2** gemeinfrei; **110.1** Thinkstock (iStockphoto), München; **110.2; 110.3; 110.4** Thermografie W. Schlosser, Altenkirchen-Fluterschen; **111.1** shutterstock (wim claes), New York, NY; **114.1** Imago (Chai v.d. Laage), Berlin; **115.4** Imago (Euroluftbild.de), Berlin; **116.1** Ullstein Bild GmbH (Zöllner), Berlin; **117.1** dreamstime.com (Yanlev), Brentwood, TN; **118.5** Imago (blickwinkel), Berlin; **119.9** Thinkstock (iStock/David Lee), München; **121.3** Thinkstock (Fuse), München; **122.1** Corbis (Dennis Kunkel Microscopy, Inc./Visuals Unlimited), Düsseldorf; **122.2** FOCUS (Professors P. Motta & T. Naguro/SPL), Hamburg; **124.1** Mauritius Images (Science Source/Michael Abbey/Photo Researchers, Inc.), Mittenwald; **124.2** FOCUS (D. Alexey Khodjakov/Science Photo Library), Hamburg; **125.5** Getty Images (Visuals Unlimited/Adam Jones), München; **125.6** Die Bildstelle (Rex Features Ltd.), Hamburg

Sollte es in einem Einzelfall nicht gelungen sein, den korrekten Rechteinhaber ausfindig zu machen, so werden berechtigte Ansprüche selbstverständlich im Rahmen der üblichen Regelungen abgegolten.